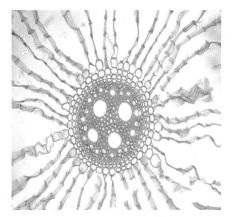

水稻 *Oryza sativa* L. 根横切面

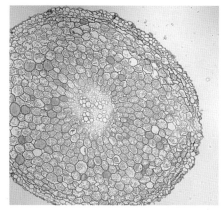

北细辛 *Herba asari* H. 根横切面

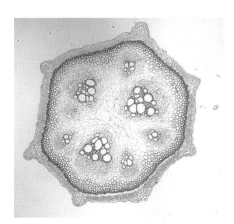

马兜铃 *Aristolochia debilis* Sieb. et Zucc.
一年生茎横切面

马兜铃 *Aristolochia debilis* Sieb. et Zucc.
四年生茎横切面

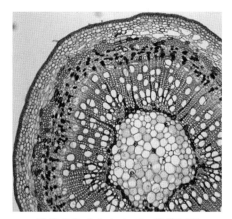

垂柳 *Salix babylonica* L. 茎横切面

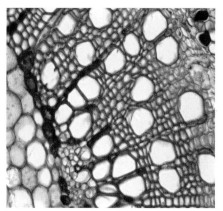

垂柳 *Salix babylonica* L. 茎横切面

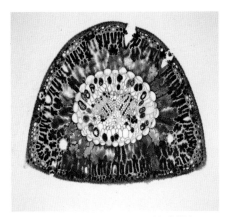

黑松 *Pinus thunbergiana* F. 针叶横切面

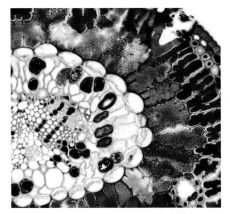

黑松 *Pinus thunbergiana* F. 针叶横切面

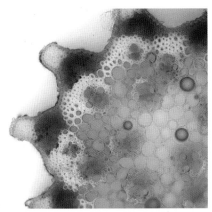

狗尾草 *Setaria viridis*（L.）Beauv.
花序轴横切面

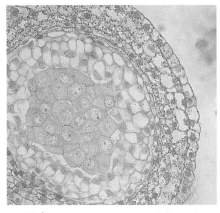

百合 *Lilium brownii* var.viridulum B.
花药横切面示小孢子母细胞

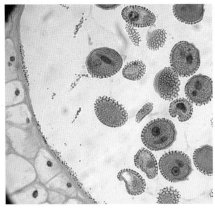

百合 *Lilium brownii* var.viridulum B.
花药横切面示四分体

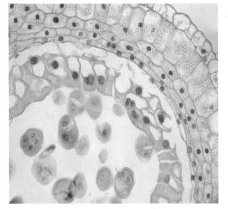

百合 *Lilium brownii* var.viridulum B.
花药横切面示成熟花粉

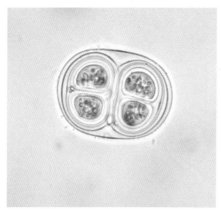

色球藻属 *Chroococcus*

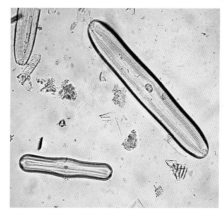

羽纹硅藻属 *Pinnularia*

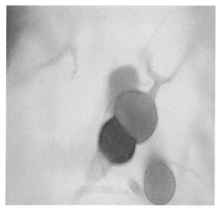

匍枝根霉 *Rhizopus scolonifer* V. 接合孢子

灯笼菌 *Dictydium cancellatum* (Batsch) M.

竹荪 *Dictyophora indusiata* (Vent.ex Pers)F.

红鬼笔 *Phallus rubicundus* (Bosc.)Fr.

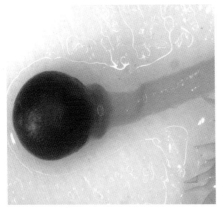

泥炭藓 *Sphagnum cymbifolium* E. 孢子体

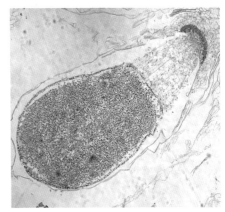

地钱 *Marchantia polymorpha* L. 孢子体

蛇苔 *Conocephalum conicum* Dumortier

芒萁 *Dicranopteris linearis* B. 孢子囊群

卷柏 *Selaginella tamariscina* (B.) S.

水龙骨 *Polypodiodes niponica* C. 孢子囊群

苏铁 *Cycas revolute* Thunb. 大孢子叶球

天目山的古银杏 *Ginkgo biloba* L.

日本柳杉 *Cryptomeria japonica* D.Don

罗汉松 *Podocarpus macrophyllus* Sweet

竹柏 *Podocarpus nagi* Zoll.et Moritz.ex Zoll.

池杉 *Taxodium ascendens* Brongn

醉蝶花 *Cleome spinosa* L.

鹅掌楸 *Liriodendron chinense* S.

辛夷 *Magnolia liliflora* Desr

深山含笑 *Michelia maudiae* Dunn.

睡莲 *Nymphaea tetragona* Georgi

王莲 *Victoria amazonica* (Popp.) Sowerby

白英 *Solanum lyratum* Thunb.

中华秋海棠 *Begonia sinensis* A.DC.

四照花 *Dendronenthamia japonica* var.chinensis

西番莲 *Passionfora edulis* f. flavicarpa Deg.

半边莲 *Herba Lobeliae* Chinensis

紫花前胡 *Peucedanum decursivum* M.

凤尾兰 *Yucca gloriosa* L.

喇叭水仙 *Hyacinths orientalis*

水竹叶 *Murdannia triquetra* (Wall.) B.

七叶一枝花 *Paris polyphylla* Sm.

浙贝母 *Fritillaria thunbergii* Miq.

鱼尾葵 *Caryota ochlandra* Hance

The plant biology experiment

植物生物学实验

常福辰　陆长梅　沙莎　主编

南京师范大学出版社
NANJING NORMAL UNIVERSITY PRESS

图书在版编目(CIP)数据

植物生物学实验 / 常福辰，陆长梅，沙莎主编. — 南
京：南京师范大学出版社，2007.11
　ISBN 978-7-81101-650-5

　Ⅰ. ①植… Ⅱ. ①常… ②陆… ③沙… Ⅲ. ①植物学
：生物学—实验—师范大学—教材　Ⅳ. ①Q94—33

中国版本图书馆 CIP 数据核字(2007)第 173712 号

书　　名　植物生物学实验
主　　编　常福辰　陆长梅　沙　莎
责任编辑　庞　宏　黄　瑛
出版发行　南京师范大学出版社
地　　址　江苏省南京市宁海路 122 号(邮编：210097)
电　　话　(025)83598919(总编办)　83598412(营销部)　83598297(邮购部)
网　　址　http://www.njnup.com
电子信箱　nspzbb@163.com
印　　刷　江苏凤凰通达印刷有限公司
开　　本　787 毫米×1092 毫米　1/16
印　　张　15.75
插　　页　4
字　　数　354 千
版　　次　2007 年 12 月第 1 版　2014 年 6 月第 2 次印刷
书　　号　ISBN 978-7-81101-650-5
定　　价　36.00 元

出 版 人　彭志斌

《植物生物学实验》编委会

前　言

　　植物生物学是一门实验性极强，又与农业生产联系非常紧密的学科。在现代生物技术与现代植物生物学在微观与宏观领域迅速发展之际，为了满足植物生物学教学体系与内容的革新和加强学生素质教育的需求，我们编写了这本《植物生物学实验》。

　　全书共分上、中、下三篇。上篇为植物学部分，计 25 个实验，内容涉及植物细胞、组织、器官、个体结构、个体和系统发育、植物各大类群分类等，同时结合不同的生境探讨植物结构多样性与适应性的关系，主要由南京师范大学生命科学学院常福辰编写。中篇为植物生理学部分，收集了 26 个实验，内容涉及植物生理学基础理论和基本方法，主要由南京师范大学生命科学学院陆长梅编写。下篇为具有研究性质的综合实验部分，共安排了 10 个实验，内容涉及植物形态解剖学、植物胚胎发育学和植物生理学等领域，分别由南京师范大学生命科学学院陆长梅、常福辰和沙莎编写。附录部分主要由沙莎编写。编委会其他老师分别承担了本书一些章节的编写工作，全书由南京师范大学施国新教授、陈国祥教授主审。

　　本教材将绝大部分实验由过去的单纯的验证性实验改为综合性实验，在各个基础实验中安排了适量探索性的问题，并在下篇中设计了一些与生产实践密切相关的探索性实验。这些探索性问题与探索性实验的安排，旨在培养学生实验操作技能的同时，尽量向学生介绍现代生物科学的新技术和新成就，充分发挥学生的主观能动性，提高学生的综合素质。基础实验中还配有一定数量的图片，力求图文并茂，以利于提高教学质量。结合植物生物学实验课程的特点，本教材还将部分实验开设于室外与田间，或将室内与室外的实验相结合，力求将理论运用于实践。在各实验后还设置了若干思考题，突出对学生知识的考核。

　　本教材可供师范类、农学类、林学类及各综合性大学的生物专业、生物技术专业及其他相关专业学生选作教材或教学参考书，同时也可作为相关专业研究生和中学生物教师的参考用书。

　　本书大部分内容借鉴了国内外的一些优秀教材与文献；在本书编写过程中，还得到了各兄弟院校老师的帮助，得到了南京师范大学生命科学院与实验教学中心有关领导的支持。在此一并向所有给予我们帮助与支持的人表示感谢！

　　由于编者水平有限，在取材、实验方法和编排等方面难免存在问题，敬请各位读者和专家们批评指正。

《植物生物学实验》编委会

2007 年 11 月

目　录

上篇　植物学基础与综合性实验

中篇　植物生理学基础与综合实验

下篇　植物生物学拓展实验

附　录

上篇　植物学基础与综合性实验

第一章　植物细胞与组织

实验一　植物细胞的基本结构

植物的一切生命活动都发生于细胞之中。植物细胞由细胞壁和原生质体两大部分组成。光学显微镜下所观察到的细胞结构称为显微结构。

一、实验目的与要求

1. 掌握光学显微镜的使用和保养。
2. 掌握植物细胞的显微构造。
3. 了解原生质体的形态特征。
4. 掌握临时装片法和部分染色方法。
5. 掌握植物生物学实验报告的制作及生物绘图方法。

二、仪器、药品与材料

(一)实验材料

洋葱(*Allium cepa* L.)的鳞叶,黑藻(*Hydrilla verticillata* Royle)、吊竹梅(*Zebrina pendula* Schnizl.)、蚕豆(*Vicia faba* L.)、提灯藓属(*Mnium*)植物的叶,辣椒(*Capsicum annuum* L.)的红色果实。

(二)仪器与用品

显微镜,载玻片,盖玻片,刀片,镊子,吸水纸,擦镜纸,培养皿,滴管。

(三)试剂

碘—碘化钾溶液(3 g 碘化钾溶于 100 mL 蒸馏水中,再加入 1 g 碘,溶解并混匀),70%的硫酸溶液,0.5 mol/L 的蔗糖溶液。

三、实验内容与方法

(一)植物细胞的基本结构

取新鲜洋葱的肉质鳞叶,用刀片在其外表皮上轻轻划出边长约为 0.5 cm 的小方块,用镊子夹住切口的一边,轻轻撕取 2~3 块表皮。将撕取面朝下迅速放在滴有清水的载玻片上,使表皮平展,如有重叠或被折处,可用解剖针将其展平。再用镊子镊住盖玻片的一侧,使盖玻片的另一侧接触载玻片上的水滴,缓缓盖上盖玻片,避免产生气泡,影响观察。如盖玻片浮动,表明所加清水过多,须从盖玻片的侧面用吸水纸吸取部分水分,否则也会影响对装片的观察。

制成临时装片后,在显微镜下进行初步观察,再用碘—碘化钾溶液染色后进行观察,并区别染色前后洋葱表皮细胞的差别。染色时可先将盖玻片拿起,将水吸干,再加滴染色液在洋葱表皮上,盖上盖玻片;或是不将盖玻片拿起,而是将染色液滴在盖玻片的一侧,在盖玻片的另一侧用吸水纸将水吸出,使染色液流入盖玻片下,对洋葱表皮细胞进行染色。染色后的装片中,细胞核染色较深,细胞质染色较浅,而液泡不被染色,染色后细胞内的结构更为清晰。

在取材时,如果撕取洋葱鳞叶内表皮,操作容易;如果撕取洋葱鳞叶外表皮,根据液泡内所含的花青素的颜色,观察液泡的形态更为理想。

在光学显微镜下可以观察到洋葱表皮细胞的细胞壁、细胞核、细胞质和液泡等结构(图1)。

1.细胞壁。植物细胞初生壁主要是由纤维素、半纤维素、果胶质等物质构成。在未经染色的装片中可以见到几乎透明无色的细胞壁,其组成包括两相邻细胞的初生壁以及两初生壁之间的中层(胞间层),故所见的细胞壁呈三层结构。

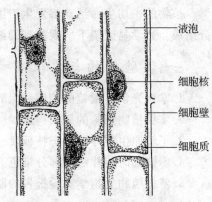

图 1 洋葱表皮细胞

试调节显微镜的虹彩光圈和细准焦螺旋,能否看见这三层结构?

另可以通过染色进行观察,先滴一滴 70% 的硫酸,2~3 min 后吸去部分溶液,再滴一滴碘—碘化钾溶液。盖上盖玻片后,可以观察到含纤维素的细胞壁被染成蓝色(由于纤维素被硫酸降解为多糖,再与碘—碘化钾反应呈蓝色),而细胞的中层(此时由于硫酸的作用而膨胀)则呈淡黄色。通过该复染法,可以较好地区分出初生壁和中层(胞间层)。

2.细胞核。细胞核为半透明状的圆球体。因其有较强的折光,所以容易观察到,即使是未经染色的装片也可以见到部分细胞中的细胞核。用碘—碘化钾溶液和 70% 的硫酸溶液复染后,在碘的作用下,球形的细胞核和分布其内的多个颗粒状的核仁清晰可见。在成熟细胞中,由于中央大液泡的存在,细胞核总是位于靠近细胞壁的部位。

在观察中并不是所有的细胞都能见到细胞核的,为什么?

3.细胞质。在光学显微镜下,细胞质呈透明状。由于中央大液泡的存在,细胞质紧贴在细胞壁内侧,为薄薄的一层,由于折光不明显而不易观察,但位于细胞核周围的细胞质较易观察到。

4.液泡。植物成熟细胞具有一个大的中央液泡,液泡由液泡膜包围,其间充满细胞液。由于液泡呈透明状而不易观察,可根据均匀分布于液泡内的花青素的颜色,了解液泡的存在。如加滴 0.5 mol/L 的蔗糖溶液在盖玻片的一侧,几分钟后,可以见到细胞质壁分离的发生,原有的红色部分缩小了,这是由于液泡失水,导致细胞体积变小。

试转动显微镜的细准焦螺旋,观察细胞的不同层面的成像,建立起细胞的立体结构观。

撕取蚕豆叶的表皮,制成临时装片,进行观察,并注意比较细胞外形上的差异。

(二)细胞的质体

质体是植物细胞特有的细胞器,根据质体的形态结构和所含色素的种类及其色素的有无分为叶绿体、有色体和白色体。

1.叶绿体是光合作用的细胞器,主要含有叶绿素等色素。叶绿体的形状、数目和大小随不同植物和不同细胞而异。黑藻生活于水中,叶片薄,细胞层数少,适合作为本实验的观察材料。取一张较幼嫩的叶片制成临时装片。在显微镜下可观察到长方形的细胞内充满了绿色的颗粒,这些就是叶绿体。提灯藓属等藓类植物的叶片也适于进行叶绿体的观察。

2.有色体是仅含有胡萝卜素和叶黄素的质体,常存在于成熟的红、黄色果实和花瓣内。取红色辣椒果实的少许果皮刮去果肉,做成临时装片,可见细胞内分布着一些不规则的红色颗粒,这就是有色体。

有哪些常见的植物果实的颜色是因为有色体的存在? 如何证实?

3.白色体是不含色素的质体。撕取吊竹梅叶片的表皮做成临时装片,可见一些无色透明的小颗粒分布于细胞质中,尤其在细胞核周围这种分布更为明显。这些小颗粒就是白色体。观察时需调小显微镜的虹彩光圈,以增大反差。

四、作业

绘 3~4 个洋葱表皮细胞并注明各部分名称。

五、思考与探索

1. 在观察中,有时可以见到细胞核位于细胞中间,为什么?
2. 你知道植物的液泡有哪些作用吗?

实验二 植物细胞的后含物、胞间连丝与细胞质运动

植物细胞在生长期间,细胞内的细胞质都处于不断运动之中,并通过胞间连丝和纹孔与相邻细胞进行物质和信息的传递。在新陈代谢中,细胞内常有一些贮藏物质或代谢产物,被称作后含物,可通过一些染色方法加以观察。

一、实验目的与要求

1.掌握植物细胞内的几种主要的贮藏营养物质(淀粉粒、糊粉粒、晶体等)的形态结构及检验方法。

2.通过对细胞的胞间连丝、纹孔以及细胞质运动现象的观察,了解植物体本身是一个统一的整体。

3.掌握植物组织离析法。

二、仪器、药品与材料

(一)实验材料

马铃薯(*Solanum tuberosum* L.)的块茎,桔梗(*Platycon grandiflorus* A. DC.)的根,半夏(*Pinellia ternata* Breit.)的球茎,蓖麻(*Ricinus communis* L.)的种子,鸭跖草(*Commelina communis* L.)、四季海棠(*Begonia semperflore* Link et Otto)、印度橡皮树(*Ficus elastica* Rixb.)、穿心莲(*Andrographis paniculata* Nees)的叶,柿(*Diospyros kaki* Thunb.)的胚乳切片,黑松(*Pinus thunbergiana* Franco)的离析管胞浸泡材料,黑松(*Pinus thunbergiana* Franco)茎三种切面的模型和切片,黑藻(*Hydrilla verticillata* Royle)的幼嫩植株,吊竹梅(*Zebrina pendula* Schnizl.)的花。

(二)仪器与用品

显微镜,载玻片,盖玻片,解剖刀,刀片,镊子,吸水纸,擦镜纸,培养皿,滴管。

(三)试剂

碘—碘化钾溶液,40%盐酸,5%间苯三酚,10%碘甘油,50%乙醇,乙醚,水合氯醛,硝酸汞溶液。

三、实验内容与方法

(一)植物细胞的后含物

后含物是指植物细胞中的贮藏物质和代谢物质。较常见的有淀粉粒、蛋白质、脂类和晶体等。

1.淀粉粒。取马铃薯的块茎剖开后,用解剖刀在剖面轻轻刮几下,将刀口处的浑浊液体放入载玻片上的水滴中,加一小滴稀甘油,盖上盖玻片。将显微镜从低倍镜逐渐转换到高倍镜,同时将虹彩光圈调小观察,可见许多椭圆形的淀粉粒。每个淀粉粒上具有明暗交替的同心圆花纹,包围着一个常偏在一边的脐点,这些同心圆花纹叫做轮纹。具有一个脐点的淀粉粒叫做单粒淀粉粒;具有两个或两个以上脐点,脐点由各

自的轮纹所包围,并在外围有共同轮纹的淀粉粒叫做半复粒淀粉粒;具有两个或两个以上脐点,每个脐点只被自己的轮纹所包围而没有共同的轮纹的,叫做复粒淀粉粒。后两种淀粉粒在马铃薯中都有分布,需旋转显微镜细调焦螺旋仔细观察。

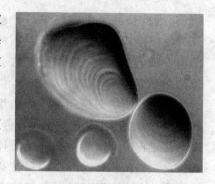

图 2-1　马铃薯淀粉粒

　　观察以后,再用稀释 10 倍的碘—碘化钾溶液染色,将淀粉粒染成淡蓝色,轮纹清晰可见(图 2-1)。

　　取其他一些植物的贮藏根或贮藏茎,如:桔梗、半夏等,分别刮取淀粉粒观察,并与马铃薯淀粉粒进行比较,注意彼此间淀粉粒的大小、形状、轮纹和脐点有何不同,试找出各自淀粉粒的特征。

　　2. 糊粉粒。植物细胞中贮藏蛋白呈颗粒状,称作糊粉粒,主要存在于一些植物的果实和种子的细胞质中,以豆类植物和谷类植物最为常见。取蓖麻种子,剥去种皮,制作子叶的切片加以观察,可以见到在其细胞中充满贮藏物质,其中较小的、见不到同心圆结构的颗粒就是糊粉粒。用组织化学方法鉴定,经过碘—碘化钾溶液染色,被染成蓝色的是淀粉粒,被染成暗黄色的是糊粉粒。如加硝酸汞溶液则淀粉粒呈砖红色。

　　材料中如含有较多量脂肪油,可先用乙醚脱脂后进行实验。具体操作如下:将材料放于载玻片上后,滴加 1～2 滴乙醚,稍等片刻后,略使载玻片倾斜,使细胞内的脂类随乙醚流淌,再加 50％的乙醇稀释后,加一滴 10％的碘甘油试液装片观察。在高倍镜下,可见糊粉粒被膜所包被,有的含有多边体形的蛋白质拟晶体,有的还含有磷酸盐组成的球状体,而一些简单的糊粉粒则仅含有一团无定形蛋白质。经染色后,蛋白质晶体呈暗黄色,基质呈黄色,球状体不被染色。

　　3. 晶体。植物细胞的代谢产物,依化学成分不同可分为草酸钙结晶和碳酸钙结晶。

　　(1)草酸钙结晶。草酸钙结晶形成于细胞液中,存在于液泡内。常见于植物的叶片和树皮的组成细胞内,在形态上有针状、柱状、晶簇状、棱锥状、沙粒状等。

　　取鸭跖草或四季海棠的叶片,撕取表皮制成临时装片,试找出草酸钙结晶,并根据形状区分出是何种形态的结晶。

　　(2)碳酸钙结晶。碳酸钙结晶较为少见,多存在于一些植物叶的表皮细胞中。它的形成常与被称为钟乳体的细胞壁的内突生长物相关。做印度橡皮树叶片的横切面,在形成复表皮的含晶细胞中,可见到形如一串悬挂的葡萄,一端与细胞壁连接,这就是钟乳体。也可用穿心莲叶经水合氯醛透化后,用稀甘油封片,观察钟乳体正面观形态。

　　(二)胞间连丝和纹孔

　　1. 胞间连丝。穿过细胞壁沟通相邻细胞的细胞质丝叫做胞间连丝,它是细胞原生质体间进行物质运输和信号转导的桥梁,一般分布于初生纹孔场上。

　　(1)柿胚乳细胞的胞间连丝。观察柿胚乳切片(图 2-2),多边形的胚乳细胞近于等径。厚厚的细胞壁主要由半纤维素组成,属于初生壁。由于半纤维素是一种贮藏物质,因此柿胚乳细胞属于一种特殊的薄壁组织——贮藏组织。当种子萌发时,这种厚厚的初生壁就会被酶解成其他简单的糖类物质,供给胚生长时使用。柿胚乳细胞的细胞腔很小,原生质体被染成蓝黑色。在制片过程中有时会造成原生质体的脱落,使细胞腔成为空腔。在高倍镜下,可以见到在厚厚的细胞壁的切面上分布有一些相互平行的深

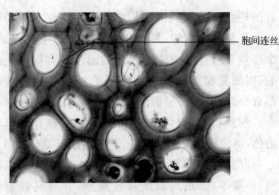

胞间连丝

图 2-2　柿胚乳细胞的胞间连丝

色细丝,这就是胞间连丝。通过它们,相邻细胞的原生质体相互联系。所以说,胞间连丝是细胞间的物质运输通道。

(2)辣椒果皮细胞的胞间连丝。从辣椒果实上取一小块表皮,从内侧刮去果肉,制成临时装片。镜检可见,在细胞壁上有成对的凹陷,在凹陷处有胞间连丝将其相连,这些密集分布胞间连丝的区域多为初生纹孔场。由于辣椒的细胞壁仍属初生壁,所以尚未形成完整的纹孔结构。

2. 纹孔:由纹孔腔和纹孔膜两部分构成。纹孔可分为单纹孔和具缘纹孔。

(1)单纹孔:由纹孔腔和纹孔膜所组成。镊取梨果实近中心处的少量果肉,用镊子柄充分压扁后,滴上一滴 40% 的盐酸,2 min 后再加滴一滴间苯三酚。镜检可见成团排列的石细胞,其次生壁被染成红色,具有分支道的纹孔清晰可见。

(2)具缘纹孔:其结构特点是一部分次生壁形成拱起,覆盖着纹孔腔,形成纹孔缘。纹孔缘中心的开口叫纹孔口。具缘纹孔有多种形态。在松树管胞离析装片中,可以观察到具有纹孔塞的具缘纹孔。结合松树茎三种切面的切片及模型的观察,在头脑中建立起具缘纹孔的立体结构形态。

(三)细胞质运动现象

该现象普遍存在于生活的植物细胞中。细胞质在运动的同时带动其中的细胞器在细胞内沿一定的方向运动。

从生长良好的黑藻植株近茎端取一张完整的幼叶,做成临时装片。镜检观察靠近叶脉处的细胞,可以见到排列成队的叶绿体沿细胞壁内侧作一定方向的运动。这种细胞质运动方式叫做循环式运动,常发生于只有单个大液泡的成熟细胞中。在起始观察时,细胞质运动的速度一般很缓慢,但随着显微镜光源的加温作用,细胞质运动现象越来越显著。在新陈代谢活动旺盛的细胞中,细胞质运动现象较为明显,所以在取材时要尽可能取近茎尖的幼叶。

取含苞待放或刚刚开花的吊竹梅花丝一枚,制成临时装片,可见花丝的表皮毛由若干个排成单列的椭圆状细胞构成,呈念珠状。

观察其细胞内的细胞质运动有何特征,将所观察的两种细胞质运动现象进行比较,分别归纳其特点。

细胞质运动是生活细胞的标志之一,细胞凋亡,运动也就停止。

四、作业

1. 绘马铃薯淀粉粒形态图,注明各部分名称。
2. 绘制所观察的几种晶体形态图,描述草酸钙晶体和碳酸钙晶体的检识方法。
3. 绘柿胚乳细胞,注明胞间连丝。

五、思考与探索

1. 为什么在显微镜下可见到淀粉粒具有轮纹和脐点?
2. 纹孔和胞间连丝之间有什么关系?
3. 你知道有几种细胞质运动方式?

实验三　植物细胞的增殖

植物在生长发育中,进行着有规律的细胞分裂。植物细胞分裂有三种方式:有丝分裂、减数分裂和无丝分裂,其中有丝分裂是真核细胞最普遍的细胞分裂方式。连续分裂的细胞从一次有丝分裂结束到下一次有丝分裂完成所经历的全部过程叫做一个细胞周期。细胞周期可分为间期和分裂期。

一、实验目的与要求

1. 了解植物细胞分裂的主要方式及其生物学意义。
2. 了解植物有丝分裂和减数分裂的基本过程,掌握不同分裂时期细胞的特点,有丝分裂和减数分裂的区别和联系。
3. 了解染色体基本形态和结构特征。
4. 掌握植物根尖压片技术。

二、仪器、药品与材料

(一)实验材料

洋葱(Allium cepa L.)根尖纵切片及鳞茎,玉米(Zea mays L.)花粉(小孢子)母细胞减数分裂各时期的花药横切片。

(二)仪器与用品

显微镜,载玻片,盖玻片,刀片,镊子,吸水纸,擦镜纸,培养皿,滴管,指形管,烧杯,光照培养箱。

(三)试剂

FAA固定液(50%乙醇配制),30%乙醇,50%乙醇,70%乙醇,固定离析液(95%乙醇和浓盐酸等量混合),乙醇—冰醋酸固定液,醋酸洋红染液,1%龙胆紫,20%醋酸(50%乙醇配制)。

三、实验内容与方法

(一)植物细胞的有丝分裂

在这种细胞分裂过程中,细胞核中出现了染色体和纺锤丝,故取名有丝分裂。用临时压片法进行观察。

提前一星期准备实验材料。将洋葱鳞茎置于装有清水的烧杯口之上,使鳞茎下部浸于水中,放入光照培养箱内水培养。经常换水以保持水的清洁,约3~5 d后,可见鳞茎基部有大量不定根生成。待其根长度达到1~1.5 cm时,于上午10:00时左右,剪取根尖约0.5 cm长,置于FAA固定液中,在室温下固定24 h。取出材料,经过30%、50%乙醇脱水,最后置于70%乙醇内保存备用。材料使用前,先置于固定离析液中10~20 min,使根尖细胞的胞间层离析。注意不同植物的材料离析时间的长短有所变化。离析时间不宜过长,否则不易染色。解离后再换入乙醇—冰醋酸固定液中处理 5～10 min,再次对细胞壁进行腐蚀,以起到细胞壁软化的作用。将材料放置在指形管或小烧杯中换水洗 4～5 次,洗去固定液,便于染色。

观察时,剪取根尖 1～2 mm 长,置于载玻片上,加 1 滴醋酸洋红染液,染色 10 min,根尖被染成暗红色。加盖玻片于根尖之上,取吸水纸或纱布放在盖玻片上面,左手按住载玻片,用右手拇指在吸水纸或纱布上,对准根尖部位轻轻挤压,将根尖材料压成一均匀的薄层。挤压时用力要适当,使细胞内的染色体能散开即可,如用力过大则有可能使染色体破坏。压片后加水进行镜检,分别选择具有前期、中期、后期和末期等典型分裂相的细胞进行观察比较。

根据染色体的变化过程可以见到以下四个时期:

1.前期:细胞核中染色质浓集形成染色体,并逐渐变短、变粗,核膜、核仁逐渐消失。纺锤丝出现。

2.中期:浓缩变短的染色体排列到纺锤体中央,染色体的着丝点位于赤道面上。纺锤体形成。

3.后期:每对染色体的着丝点分开,分离为两个子染色体,并在纺锤丝的作用下,移向两极,形成两个独立的染色体。

4.末期:移到两极的染色体成为密集的一团,并逐渐解螺旋、伸长、变细而分散,核膜、核仁重新出现,形成两个新的细胞核。位于纺锤体中部的细胞板向四周扩散,将细胞一分为二。

用 1% 的龙胆紫对各时期细胞压片进行染色,约 1 min 后,再用 20% 醋酸(50% 乙醇配制)冲洗几秒钟,分色后制片观察,可见染色体呈蓝紫色。

取洋葱根尖纵切片,在低倍镜下,将位于根冠上方处的分生区置于视野中央,再逐步转换到高倍镜。该区域细胞近乎等径且排列紧密,细胞核大而显著。仔细找寻具有有丝分裂各时期的细胞分裂相,描述其特征。结合两种方式的观察,加深对细胞有丝分裂的理解。

(二)减数分裂

减数分裂是一种特殊方式的细胞分裂,仅在配子形成过程中发生。减数分裂与有丝分裂一样,也涉及染色体复制、分离和运动等过程,所不同的是它包括了两次连续的细胞分裂,1 个母细胞分裂成 4 个子细胞。由于染色体仅复制一次,子细胞的染色体数目只有母细胞染色体数目的一半,因此称为减数分裂。由于减数分裂包含了两次连续的分裂,通常分为减数分裂Ⅰ和减数分裂Ⅱ。

取玉米不同时期花药横切片,在高倍镜下观察植物细胞减数分裂,了解各时期特点。

1.减数分裂Ⅰ。前期变化过程复杂,有同源染色体联会、交换与分离等现象发生,可分为五个时期。各时期特点如下:

(1)前期:核仁、核膜存在;又可分 5 个时期。

①细线期:染色质浓缩为几条细长的细线,每一条染色体已复制为两个单体。

②偶线期:同源染色体开始配对,称作联会。配对染色体又称四价体。

③粗线期:染色体缩短变粗,染色单体发生片段交换。

④双线期:染色体继续缩短变粗,同源染色体开始分离,此时的交叉很明显,出现

X、Y、V 形。

⑤终变期:染色体缩至最小,并两两成对,核仁、核膜消失。此时为计数的最佳时期。

(2)中期:纺锤体出现,配对的染色体排列在赤道板上。

(3)后期:同源染色体开始分离,向两极移动。

(4)末期:染色体到达两极,并逐渐转为染色质,核仁、核膜出现,形成两个子核,子核的染色体数目已减半。

2.减数分裂Ⅱ。实际上是一次普通的有丝分裂,和有丝分裂一样也分为 4 个时期。

经过上述一次染色体的复制和两次连续的细胞分裂,最后形成 4 个单倍体的子细胞。

通过观察,了解植物细胞减数分裂的过程,特别注意前期中的五个时期的区别。

四、作业

绘洋葱根尖细胞有丝分裂各时期图,注明各分裂时期。

五、思考与探索

列表比较细胞有丝分裂和减数分裂的异同点。

实验四　植物组织的类型及其特征

在植物个体发育中,由具有相同来源的细胞分裂、生长与分化所形成的细胞群叫组织。植物组织分为两大类:分生组织和成熟组织。成熟组织按其功能可分为基本组织、保护组织、输导组织、机械组织和分泌结构等。成熟组织根据其性质又可分为简单组织和复合组织,简单组织是由一种类型的细胞所构成的,如:基本组织、保护组织等;复合组织是由数种不同类型、但具有共同起源的细胞结合在一起所构成的,如:输导组织、次生保护组织等。

一、实验目的与要求

1. 掌握植物体各种组织的类型及其特征。
2. 了解各种组织在植物体内的分布。

二、仪器、药品与材料

(一)实验材料

洋葱(*Allium cepa* L.)根尖纵切片,椴树属(*Tilia*)植物茎横切片,玉米(*Zea mays* L.)节间基部纵切片,女贞(*Ligustrum lucisum* Ait.)叶横切片,夹竹桃(*Nerium indicum* Mill)的叶,龟背竹(*Monstera deliciasa* L.)的根,蚕豆(*Vicia faba* L.)的叶,灯心草(*Juncus effuses* L.)茎横切片,瓦松(*Orostachys fimbriatus* Berger)的叶,陆英(*Herba sambuci* Chinensis)茎横切片,一串红(*Salvia splendens* ker-Gaul.)叶柄横切片,毛茛(*Rununculus japonicus* Thunb.)根横切片,南瓜(*Cucurbita moschata* D.)茎横切片,梨(*Pyrus pyrifolia* Nakai)的果实,黑松(*Pinus thunbergiana* Franco)针叶横切片,蒲公英(*Taraxa cummongolicum* Hand.—Mazz.)的根,天竺葵(*Pelargonium hortorum* Bailey)的叶。

(二)仪器与用品

显微镜,载玻片,盖玻片,刀片,镊子,吸水纸,擦镜纸,培养皿,滴管。

(三)试剂

40%盐酸,5%间苯三酚。

三、实验内容与方法

(一)分生组织

分生组织是植物体内具有分裂能力的细胞群。通常根据分生组织的分布位置,分为顶端分生组织、侧生分生组织和居间分生组织。

1. 顶端分生组织:位于植物的根尖和茎端,染色较深。观察洋葱根尖纵切面可见如下特征:细胞小而等径、具有薄壁;细胞核大、位于细胞中央;液泡小而分散,在显微镜下不易观察到;原生质浓厚,代谢性能旺盛,能不断分裂产生新细胞。该区域能看见细胞有丝分裂的各个时期。

2.侧生分生组织:常位于根和茎的外周部分,靠近器官的边缘。它包括形成层和木栓形成层。

(1)形成层。形成层又称维管形成层,其活动能使根和茎不断增粗,以适应植物体体积的增大。观察椴树属植物茎的试剂横切面,可见维管组织呈环状排列,其中木质部被番红试剂染成红色,韧皮部被亮绿试剂染成绿色。在木质部与韧皮部之间分布着形成层。组成形成层的细胞呈扁砖形,紧密排列成环状,具有分裂能力。

(2)木栓形成层。木栓形成层的活动是使长粗的根、茎表面或受伤的器官表面形成新的保护组织。

可结合椴树属植物茎横切面中周皮的观察,找出木栓形成层(图 4-1)。对木栓形成层和形成层进行比较观察。

3.居间分生组织。居间分生组织是由初生分生组织保留下来的、位于已经成熟的组织之间的分生组织。居间分生组织细胞是未分化的不成熟细胞。在一定时间内仍然具有分生能力。

观察玉米节间基部纵切面,在该部位可以看到有一些成团紧密排列的小细胞,有的细胞还能见到细胞分裂相,这就是居间分生组织。根据其形态特征,分析其作用。

(二)保护组织

保护组织覆盖于植物体表起保护作用。它能有效减少植物失水,防止病原微生物的侵入,控制植物与外界的气体交换。保护组织可分为表皮和周皮。

1.表皮。表皮在性质上属于初生保护组织。观察女贞叶片横切片,最外一层细胞排列紧密,细胞具有细胞核和细胞质,但不含叶绿体,细胞壁外表覆盖一层角质层,这就是表皮。

分别观察夹竹桃叶片的横切面、龟背竹根的横切面,注意其表皮的形态与女贞叶表皮有何不同。

如何解释复表皮的定义?试分析复表皮存在所具有的生态意义。

撕取一小片蚕豆叶下表皮,制成临时装片,观察表皮细胞的表面。镜检可见表皮细胞大,形状不规则,细胞之间呈犬牙交错,紧密镶嵌,无细胞间隙;细胞有细胞核,但无叶绿体。在表皮细胞中还分布有成对排列的保卫细胞,其外形较小、肾状,细胞内有叶绿体和细胞核。每对保卫细胞和它们间的开口共同组成了气孔器。气孔是叶片和外界环境之间进行气体交换和水分蒸腾的孔道。许多植物的保卫细胞周围常具有形态不同于表皮细胞的副卫细胞,由于保卫细胞和副卫细胞的不同排列方式导致气孔器类型的不同。观察不同植物叶片的表皮装片,分析它们的气孔器类型。

在表皮上所见到的表皮毛,也具有一定的保护功能。

2.周皮。周皮在性质上属于次生保护组织,是一种复合组织。由于植物体次生生长的结果,导致表皮组织逐渐破损,失去其保护作用,而由周皮代替表皮行使保护功能。

观察椴树属茎横切面,位于茎外周的细胞可分为三个层次(图 4-1):

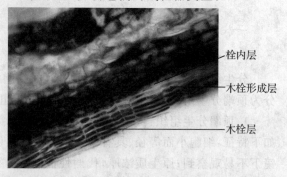

栓内层

木栓形成层

木栓层

图 4-1 椴树茎横切面示周皮

(1)木栓层:由最外的数层细胞组成,细胞呈矩状或片状,细胞壁强烈木栓化,细胞核和细胞质多数已消失。

(2)木栓形成层:位于木栓层内方,细胞一层,呈扁长方形,有明显的细胞核,原生质浓,细胞壁薄。木栓形成层细胞具有分裂能力,向外产生新的木栓层细胞。

(3)栓内层:位于木栓形成层内方,在切片中通常只见到一层细胞,细胞壁薄。椴树茎的栓内层是由木栓形成层的第一次切向分裂所产生的。不同植物栓内层的细胞层数有所不同,一般为1~3层。

共同组成周皮的上述三个部分的细胞具有一个明显特征,其径向排列十分整齐。根据这一特征,可以清楚地将周皮和位于其内方的厚角组织等加以区分。在较幼嫩的椴树属植物茎横切面上,有时还能看到有残余的表皮细胞存在,可以根据其形状和有无覆盖于外方的角质层加以区分。

根据观察结果,分析木栓形成层的发生位置。

(三)基本组织

植物体的各种器官都具有大量的基本组织。基本组织由于其细胞壁薄,又称为薄壁组织。基本组织细胞普遍特征为:细胞内具有较大的液泡,细胞排列疏松,具有明显的细胞间隙。基本组织因其结构功能不同可分为同化组织、贮藏组织、通气组织等。

1.同化组织。观察女贞叶片横切片,表皮以内有许多排列整齐的柱状细胞和近似等径的细胞。细胞特征为:壁薄、具有明显的胞间隙,细胞内含有绿色的球状体,即叶绿体。这种含有叶绿体的薄壁组织能进行光合作用,制造有机物质,所以称为同化组织。

2.贮藏组织。观察毛茛根横切片,位于皮层部位的薄壁细胞细胞壁薄、细胞间隙发达。在每个薄壁细胞内,常可见到许许多多的淀粉粒充满其中。由于这种类型的基本组织主要行使贮藏营养物质的功能,所以称为贮藏组织。

3.通气组织。观察灯心草茎的横切片,茎的大部分区域分布有许多呈星芒状的薄壁细胞,每一细胞具几个指状突起,各细胞的突起相互连接,围成了一个个发达的腔隙。这些腔隙在植物体内形成了相互联结的系统,所以称为通气组织。

基本组织根据其功能还可分为贮水组织等,常见于一些多浆植物。观察瓦松叶片横切片,了解贮水组织的特征。

在实验中观察自带材料,根据你所观察的切片中的基本组织的特征,分析判断它们为何种组织,并列出判断的理由。

(四)机械组织

机械组织对植物体起着主要支持作用。根据细胞的形态和细胞壁加厚方式的不同,机械组织可分为厚角组织和厚壁组织。

1.厚角组织。厚角组织的组成细胞为活细胞。该组织最明显的特征是细胞壁具有不均匀的增厚,这种增厚通常在几个细胞邻接的角隅处特别明显。厚角组织一般分布于器官的外围,或直接位于表皮下方,或与表皮只隔开几层薄壁细胞。在叶片中,一般成束地分布于较大叶脉的一侧或两侧。在茎中,常可见到呈柱桶状排列的厚角组织。厚角组织细胞壁没有木质化,具有相当程度的可塑性,能在一定程度上随着植物的生长作一定的延伸。

观察女贞叶横切片,在叶片主脉上、下方近表皮处的一些细胞的角隅处,细胞壁增厚明显,这就是厚角组织。根据细胞壁加厚方式的不同,厚角组织可分为角隅厚角组织(观察女贞叶片横切片)、片状厚角组织(观察陆英茎的横切片)和腔隙厚角组织(观察一串红叶柄横切片)。

2. 厚壁组织。厚壁组织的细胞具有均匀增厚的次生壁,并且常常木质化。细胞成熟时,原生质体通常死亡分解,成为只留有细胞壁的死细胞。根据细胞的形态,厚壁组织可分为石细胞和纤维。

(1)纤维:在植物体内分布广泛。纤维细胞最显著的特征是细胞壁由纤维素或木质素组成。纤维通常成束存在。

观察椴树属植物茎横切片,试找出韧皮部纤维,并描绘其特征。

(2)石细胞:广泛地分布在植物体内,形态各异(图4-2)。细胞常有较厚的次生壁并强烈木质化,壁上有许多单纹孔或分支的纹孔沟。取梨果肉少许,压片观察,可见有石细胞成群或分散存在。由于细胞壁加厚明显,使得细胞腔缩小,发生几个纹孔汇合的现象,导致呈分支状的纹孔沟的出现。经过间苯三酚和浓硫酸染色,细胞腔和纹孔沟十分清晰。

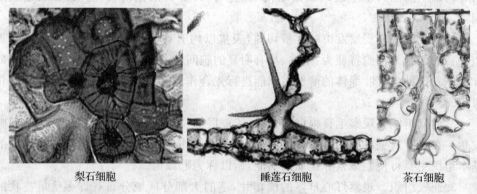

| 梨石细胞 | 睡莲石细胞 | 茶石细胞 |

图 4-2　几种类型的石细胞

(五)输导组织

输导组织为植物体中担负物质长途运输的主要组织。其中输导水分的是导管和管胞,输导有机物的主要有筛管和伴胞。

取南瓜茎纵切片观察,大大小小的导管位于木质部中,在切片中被染成红色。每个导管由许多上下连接的管状细胞连接而成,两个细胞接触端的壁消失,好似打通的竹竿。由于细胞壁木质化增厚方式的不同,而有环纹、螺纹、梯纹、网纹、孔纹导管之分(图4-3)。环纹和多数螺纹导管由于管径小,管壁的加厚在切面上观察较为完整。而梯纹和网纹导管由于管径大,在切面上只能观察到部分加厚的管壁,有时还会出现空腔,这是由于切到导管腔的缘故。

南瓜茎的维管束属双韧型,筛管分子可在木质部两侧的韧皮部内找到。筛管一般被染成绿色,它也是由许多管状细胞所组成。筛管的细胞壁没有木质化,内含原生质,筛管分子相连的端壁不消失,且稍有膨大形成筛板。在筛板上有筛眼状的筛孔,相邻细胞的原生质通过筛孔彼此联系。由于切片上的筛管多为纵切,观察到筛板上筛孔的可能性较小,需在低倍镜下寻找到筛板的斜切面后,再在高倍镜下仔细观察筛板的结构。在筛管旁边贴生有小型的伴胞,呈三角形或四边形,细胞质浓厚,有时能见到细胞内的细胞核。筛管和伴胞一般被染成绿色。

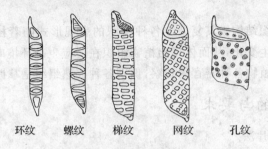

环纹　　螺纹　　梯纹　　网纹　　孔纹

图 4-3　导管的五种类型

(六)分泌结构

植物体中有一些能产生分泌物的细胞或特化的结构,统称为分泌结构。根据分泌物是否排出体外,可分为外分泌结构和内分泌结构两大类。常见的分泌物有树脂、花蜜、乳汁等。

1.内分泌结构:观察松针叶横切片试找出树脂道,找出分泌细胞所在位置分析其形态特征。

观察蒲公英根的横切片,了解乳汁管的结构。乳汁管可分为无节乳汁管和有节乳汁管,蒲公英的乳汁管属于哪一种类型?

2.外分泌结构:观察天竺葵的表皮装片,可以见到大量的表皮毛,其中顶端具有膨大头状细胞的表皮毛是具有分泌功能的腺毛(图 4-4),属于外分泌结构。

图 4-4　腺毛

你还能找到哪些外分泌结构?试描绘它们的形态特征。

四、作业

1.绘 1~2 个环纹导管和螺纹导管的放大图。

2.绘筛管和伴胞结构图。

五、思考与探索

1.厚角组织中细胞壁加厚方式的不同,可分为:角隅厚角组织、片状厚角组织和腔隙厚角组织等。观察不同植物材料,试找出几种类型的厚角组织。

2.从输导组织中导管的多样性探讨其结构上的差异,以及这些差异与不同时期植物生长的关系。

实验五　植物成熟组织的多样性

种子植物的组织结构极其复杂。各种组织的表现形式随着植物种类的不同、所处生境的差异而发生变化,从而体现出植物组织在适应生态环境时,呈现结构上的多样性。通过对不同植物各种器官的观察,识别各种成熟组织是掌握植物结构的基础。

一、实验目的与要求

1. 掌握徒手切片法。
2. 掌握临时封片法。
3. 掌握一些基本的染色方法。
4. 通过观察自制的各类切片,进一步掌握各成熟组织的特征。

二、仪器、药品与材料

(一)实验材料

芹菜(*Apium graveolens* L.)的叶柄,吊兰(*Chlorophytum comosum* Jacq.)的气生根,黑松(*Pinus thunbergiana* Franco)的针叶、及其横切片,黑藻(*Hydrilla verticillata* Royle)叶横切片,苹果(*Malus pumila* Mill.)的果实,芦荟(*Aloe vera* L. var. chinensis Berg.)的叶,水稻(*Oryza sativa* L.)的根,睡莲(*Nymphaea tetragona* Georgi)的叶柄,蚕豆(*Vicia faba* L.)种皮切片,黄芩(*Scutellaria baicalensis* Georgi)根的粉末,忍冬(*Lonicera japonica* Thunb.)、青菜(*Brassica chinensis* L.)的花。

(二)仪器与用品

显微镜,载玻片,盖玻片,刀片,镊子,吸水纸,擦镜纸,培养皿,滴管。

(三)试剂

40%盐酸,5%间苯三酚、水合氯醛。

三、实验内容与方法

(一)植物成熟组织的识别

1. 徒手切片法和临时装片法的练习:以老嫩适中的芹菜叶柄为材料,进行徒手切片和临时装片练习(详细操作方法见附录4)。

2. 选取合格的装片,以间苯三酚染色法进行染色,对比染色前后材料的变化,分析染色技术对于观察植物解剖构造的意义。

3. 观察芹菜叶柄横切片,试找出各种组织所在的位置;讨论各组织的特征及其所起的作用。

(二)成熟组织多样性的观察

植物在长期的演化过程中,为了适应不同的生长环境,其结构会发生相应的变化,如趋同适应、趋异适应。这种对综合环境条件的适应,导致植物的成熟组织呈现出多种多样的表现形式。

1. 保护组织的多样性。保护组织作为植物体与外界环境的直接接触的组织,在形态结构上具有丰富的多样性,通过对不同植物不同器官表皮和复表皮的观察,加深对于保护组织构造多样性及其对环境适应性的理解。

(1)表皮:表皮细胞的外壁常具有角质、蜡质等覆盖。

分别观察黑松针叶横切片和黑藻叶横切片,表皮细胞上有无角质层分布? 为什么? 观察苹果果皮上的白霜,有何作用?

植物各种器官的表皮细胞常具有各种表皮毛。在校园内用放大镜观察各种植物,采摘具有不同表皮毛的材料,制成临时装片,在显微镜下观察并加以区分。分析表皮毛的作用。

(2)复表皮:由表皮和下皮所组成,其中下皮具一至多层细胞。

分别取吊兰的气生根和黑松的针叶制成临时装片,并加以观察。分析复表皮的形态特征及其生态适应性。

2. 基本组织的多样性。组成基本组织的薄壁细胞具有不同形态、执行不同生理功能,因此同样具有多样性。

(1)贮水组织。组成基本组织的薄壁细胞主要行使贮水机能。细胞特征:细胞质为一薄层,叶绿体一般缺失,液泡中多含有黏稠的细胞液,具有较强的持水能力。

取芦荟叶片,制成临时装片,观察并描绘其形态特征及其生态意义。

(2)通气组织。取水稻幼根和老根的横切片分别观察,注意处于不同生长时期的根的基本组织所发生的变化,联系其生态适应性加以讨论。

3. 机械组织的多样性。水生植物和陆生植物对支持植物体力量的要求具有很大的差异,这种植物生活环境的差异导致了植物体内机械组织的多样性。

(1)对比观察蚕豆种皮中的石细胞和睡莲叶柄中的石细胞,描绘它们在形态上的差异及其意义。观察其他材料中的石细胞,分析其类型和作用。

(2)取黄芩粉末少许于载玻片上,加水合氯醛使材料透化,再分别添加 40％盐酸和间苯三酚各 1 小滴,镜检,观察纤维的形状、纤维细胞壁的加厚程度、纤维的排列方式等。

4. 分泌结构的多样性。分泌结构来源复杂,结构差异较大,在植物体外表及其体内都有分布。其种类的多样性较其他各种组织明显丰富。

取忍冬花瓣,撕取表皮制成临时装片,观察腺毛,注意腺毛与其他表皮毛的区分。取青菜花,观察蜜腺。

在观察上述材料的同时,用自己采集的各种材料做徒手切片,运用合适的染色方法进行染色,观察组织的多样性,并探讨其和植物多样性之间的联系。

四、作业

绘芹菜叶柄切片的结构放大图,标明所见各组织所在的位置及名称。

五、思考与探索

1. 探讨植物的多样性在植物组织中的体现。

2. 从厚角组织和厚壁组织细胞加厚方式的不同,探讨其对植物生长发育的影响。

第二章　植物体的形态结构

实验六　种子的构造和类型

种子是种子植物特有的结构,也是种子植物的繁殖单位。种子内含有新一代的幼小植物体。植物种子一般由种皮、胚乳和胚三部分组成。根据成熟种子有无胚乳,可分为有胚乳种子和无胚乳种子两种类型。根据胚的子叶数目的不同,又可分为双子叶植物种子和单子叶植物种子。根据种子萌发时,子叶出土与否,可分为子叶出土幼苗和子叶留土幼苗。

一、实验目的与要求

1. 掌握种子的基本形态和结构。
2. 了解种子的类型。
3. 了解种子萌发时幼苗的类型。

二、仪器、药品与材料

(一)实验材料

吸涨后的蚕豆(*Vicia faba* L.)种子与幼苗,蓖麻(*Ricinus communis* L.)种子,吸涨后的小麦(*Triticum aestivum* L.)颖果、颖果纵切片和幼苗,玉米(*Zea mays* L.)颖果纵切片与幼苗。

(二)仪器与用品

显微镜,载玻片,盖玻片,刀片,镊子,解剖针,培养皿,滴管,恒温箱。

(三)试剂

碘液,碘—碘化钾溶液,苏丹Ⅳ溶液。

三、实验内容与方法

(一)种子的构造

种子的构造以双子叶植物和单子叶植物的种子为例进行观察。

1. 双子叶植物无胚乳种子。取浸水吸涨后的蚕豆种子观察。其种皮革质、包于种子外方,呈绿色或黄绿色;在种皮较阔的一端有一条凹陷的黑沟,叫做种脐,它是种子在脱离豆荚时留下的痕迹。将种脐擦干,用手指轻压,可见有水和

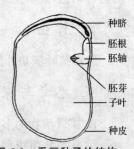

图 6-1　蚕豆种子的结构

气泡从种脐一端的小孔中冒出,这个小孔为种孔。蚕豆发芽时,胚根由种孔穿出。在相对种孔另一端的种皮上,有一个瘤状突起,叫做种脊。将蚕豆种皮剥去,可见两片肥厚的子叶,掰开两片子叶,可见到这两片子叶着生在胚轴上。胚轴的上端为胚芽,两侧着生有两片薄薄的幼叶,如果用解剖针拨开幼叶,在放大镜下观察,可见胚芽的生长点和突起状的叶原基。在胚轴的下端有一个条状物,叫胚根。蚕豆种子结构中没有胚乳的存在,为无胚乳种子。

2.双子叶植物有胚乳种子。取一粒蓖麻种子,先观察外面包被的坚硬有花纹的种皮。在种子扁平一面的中央,为一条稍有隆起的种脊;在种子较窄的一端有一浅色的海绵状突起,为种阜。小心地剥去外种皮,可见白色膜质的内种皮。种皮包裹着的肥厚白色部分为胚乳。从胚乳两侧的裂缝将胚乳分开,用放大镜可观测到具有明显叶脉的薄片,这就是紧贴于胚乳上的子叶。在子叶基部可以见到胚根和极小的胚芽(图6-2)。

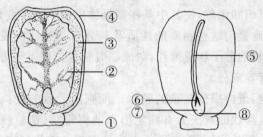

图6-2　蓖麻种子的结构
①种阜　②子叶　③胚乳　④种皮
⑤种脊　⑥胚芽　⑦胚轴　⑧胚根

3.单子叶植物有胚乳"种子"。取一粒浸泡过的小麦颖果进行观察。颖果外形呈椭圆形,腹面具纵向的小沟,叫腹沟;颖果顶端有一丛单细胞的表皮毛,叫果毛;颖果基部的一侧为椭圆形的胚,而其他大部分为胚乳。用刀片通过胚的正中作纵切,取其一半,用解剖镜观察纵剖面。颖果外方为果皮,种皮紧贴着果皮不易分开,和果皮共同组成种子的保护层。种皮内方的大部分是结构较为疏松的胚乳,仅背侧基部的一角与胚乳相对的一方是胚。使用浓度较高的碘液染色,胚乳先被染成蓝色再转深呈黑色,同时,胚则被染成橘黄色。

再取小麦或玉米颖果纵剖面永久装

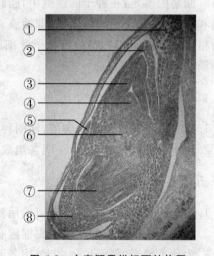

图6-3　小麦颖果纵切面结构图
①盾片　②胚芽鞘　③幼叶　④胚芽生长点
⑤外胚叶　⑥胚轴　⑦胚根　⑧胚根鞘

片,在显微镜下观察胚的结构(图6-3)。胚在结构上可分为胚芽、胚轴、胚根和子叶等四个组成部分。子叶只具一片,叫做盾片,位于胚的内侧与胚乳紧贴。相对子叶的一侧有一小型突出物,叫做外胚叶,通常被认为是一片退化的子叶。子叶最外一层细胞是排列整齐的柱状上皮细胞;在胚根和胚芽外面各包着一个套状组织,分别叫做胚根鞘和胚芽鞘。

(二)幼苗的形态观察

常见的幼苗主要有子叶出土幼苗和子叶留土幼苗这两种基本类型。取几种新鲜的双子叶植物幼苗加以观察,注意它们的真叶、子叶、胚轴及根等部分结构的特点,同时观察它的子叶是否露出土面,分析其属于子叶留土幼苗还是子叶出土幼苗。了解子叶留土和子叶出土的成因。再取新鲜的小麦或水稻幼苗加以观察,注意其胚芽鞘、胚根鞘、叶、主根及不定根。小麦萌发后子叶是否外露? 试区分出胚根和不定根。这种由不定根所形成的根系属于何种根系?

(三)种子中贮藏物质的显微化学鉴定

种子贮藏的物质是植物细胞中主要的新陈代谢产物。显微化学鉴定就是应用化学试剂处理植物的组织和细胞,使其中某些微量物质发生化学变化,从而产生一些特殊的染色反应,并以此鉴定这些物质的性质及其分布状态。在观察中可以用徒手切片的方法,将一些植物的种子切成薄片,制成临时装片。按下列方法分别鉴定或综合鉴定种子中贮藏的营养成分。

1.蛋白质的鉴定:蛋白质是复杂的胶体。细胞内贮藏的蛋白质呈现比较稳定的状态,如无定形的、结晶状的或成为有固定形态的糊粉粒(糊粉粒是植物细胞中贮藏蛋白质的主要形式)。测试蛋白质常用的方法是用碘—碘化钾溶液,浓度较高则效果明显。取浸泡吸涨的大豆种子切成薄片,加一滴碘—碘化钾溶液,当碘液与蛋白质作用时,呈黄色反应。

2.脂肪的鉴定:在种子的细胞中,脂肪大量存在。由于植物的脂肪常含有大量的不饱和脂肪酸,常呈现液体状态,即油滴。取花生种子的子叶,制成切片,滴加苏丹Ⅳ的酒精溶液,20 min后观察,可见子叶细胞内有许多被染成橙黄色的圆球,这些就是呈油滴状的脂肪。

四、作业

1.绘蚕豆种子纵剖面轮廓图,注明种子结构的各部分。
2.绘小麦胚的结构简图,注明各组成部分。

五、思考与探索

1.小麦的胚根鞘和胚芽鞘有何作用?
2.小麦子叶最外层的柱状上皮细胞有何作用?
3.为什么糙米、粗面粉比白米、优等面粉的营养价值高?
4.双子叶植物胚的构造和单子叶植物胚的构造有何不同?

实验七 根的初生结构与次生结构

根作为种子植物的营养器官,一般生长于地下,其主要机能是固着、吸收、输导、合成和贮藏。根的结构主要以根尖的结构、根的初生结构和根的次生结构为重点加以观察。

一、实验目的与要求

1. 了解根尖结构。
2. 掌握双子叶植物根的初生结构和次生结构的一般特征。
3. 分析比较单子叶植物根的结构和双子叶植物根的初生结构的异同点。

二、仪器、药品与材料

(一)实验材料

小麦(*Triticum aestivum* L.)的幼根,玉米(*Zea mays* L.)根尖纵切片,毛茛(*Rununculus japonicus* Thunb.)根横切片,蚕豆(*Vicia faba* L.)的幼根,棉花(*Gossypium hirsutum* L.)老根横切片,小麦(*Triticum aestivum* L.)、玉米(*Zea mays* L.)根横切片,蚕豆(*Vicia faba* L.)侧根发生时期根的横切片和纵切片。

(二)仪器与用品

显微镜,载玻片,盖玻片,刀片,镊子,培养皿,滴管,温度计,恒温箱。

(三)试剂

40%盐酸,5%间苯三酚。

三、实验内容与方法

(一)根尖各部分的观察

1. 材料的培养:在实验前3～5 d,将小麦籽粒浸水吸涨。在培养皿内垫上潮湿的吸水纸,上面再铺上湿纱布,放上小麦籽粒。将培养皿盖上后放在恒温箱内,温度保持在18℃～24℃,培养3～4 d(如温度设定在28℃仅需培养2 d即可;由于在培养中容易感染霉菌,需做好器械的消毒工作)。当幼根长到1～2 cm长时,即可作为实验材料。

2. 根尖外形及分区观察:用水洗净小麦的根部,然后用镊子挑选一段较直的幼根(约1 cm长)放在载玻片上,低倍镜下观察。分生区位于根的尖端2～3 mm处,表面光滑,略呈黄色。在分生区的顶部有一个透明的帽状套子,叫做根冠;在距离顶端6～7 mm处可见密布白色茸毛的区域,即根毛区;在根毛区和分生区之间就是伸长区,一般较为透明。观察上述分区的外形后,再盖上盖玻片,轻压根尖,在中倍镜下进一步观察根各个分区的结构特征。

3. 根尖的内部构造:取玉米根尖纵切片在显微镜下观察,了解根尖各部分细胞的特征(图7-1)。

（1）根冠：位于根的顶端，为一群排列疏松的薄壁细胞组成的帽状结构。根冠起源于顶端分生组织的细胞分裂。根冠的功能是保护幼嫩的生长点。

在根的生长过程中，根冠外部细胞不断受损，但根冠却总是保持一定的厚度，为什么？

（2）分生区：位于根冠的后面。这一区域的细胞形状多为近方形；细胞排列紧密，细胞质浓厚；细胞核大，位于细胞中央。分生区细胞不断分裂产生新的细胞，所以在该区域能见到有丝分裂各时期的分裂相。

（3）伸长区：位于分生区的后面，由分生区细胞分裂而来。该区域细胞延着长轴方向逐渐增大伸长，在伸长区内各组织开始分化。

（4）根毛区：根毛区又叫成熟区，位于伸长区的后面。该区域的细胞已停止伸长，并分化成熟为各种不同的成熟组织，细胞各自执行自己的生理功能。有相当部分的表皮细胞外壁向外延伸形成根毛，所以该区域为根的主要吸收区。

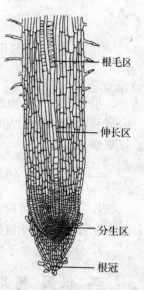

图 7-1　玉米根尖纵剖面

（右侧标注：根毛区、伸长区、分生区、根冠）

（二）双子叶植物根的初生构造

取毛茛根横切片观察表皮、皮层和维管柱等部分的构造（图 7-2）。

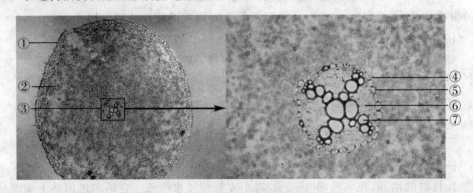

图 7-2　毛茛根横切面

①表皮　②皮层　③维管柱　④内皮层　⑤凯氏带　⑥初生韧皮部　⑦初生木质部

1. 表皮由根的最外层细胞组成，由初生分生组织的原表皮发育而来。细胞壁薄，近似长方形，有时可以看到根毛。

观察时注意，表皮细胞有无角质层覆盖？有气孔分布吗？为什么？

2. 皮层可分为外皮层、皮层、内皮层三部分。根的皮层在横切面上占有较大的面积。

（1）外皮层：位于表皮内方，为一层排列整齐的薄壁细胞，无细胞间隙。

（2）皮层：由多层薄壁细胞组成，细胞排列疏松，具有较大的细胞间隙；细胞内常含有大量的贮藏物质——淀粉粒。

（3）内皮层：位于皮层的最内方，由一层细胞组成，此层细胞的径向壁和横向壁上有部分带状的增厚，称作凯氏带。由于在制片时，切到横向壁上带状加厚的可能性很小，一般只能在切面上见到其径向壁上的点状增厚部位，经番红染色后成为一个个红色小点，所以有时称其为"凯氏点"。正对原生木质部束的内皮层细胞常常不具凯氏带加厚，因此被称为通道细胞。由于内皮层的凯氏带阻断了皮层和维管柱之间的质外体运输途径，物质的运输必须通过内皮层细胞原生质体的选择透过，因而受到制约。在此情况下，通道细胞就成了皮层和维管柱之间物质横向运输的通道。

特别要注意的是，在毛茛根中可以观察到内皮层细胞有六面加厚的情况。随着毛茛根的切片位置离开根尖越远，具有六面加厚的内皮层细胞数量就越多。在其他少数双子叶植物以及大多数单子叶植物较老的根中，内皮层细胞常具有栓质化和木质化现象。这种现象的出现一般意味着该区域物质的横向扩散途径已基本中断。

3.维管柱，又叫中柱，位于根的中心部分，可分为中柱鞘、初生木质部和初生韧皮部等三个部分。

(1)中柱鞘：位于内皮层内方，通常由一层薄壁细胞组成，这些细胞具有潜在的分生能力，侧根、形成层的一部分和第一次木栓形成层即从此处发生。

(2)初生木质部：由原生木质部和后生木质部组成。木质部导管在横切面上排成星芒状，其木质化部分被染成红色，极易观察。毛茛根具有四原型的初生木质部，由原生木质部组成的木质部脊为四束。靠近维管束鞘处的多为环纹和螺纹加厚的导管，它们发育早，管径小，组成原生木质部。近中心位置的多为梯纹、网纹等加厚形式的导管，它们管径大，发育晚，组成后生木质部。观察中可见，该区域有的导管由于还处在分化过程中，管壁较薄，染色不明显。

(3)初生韧皮部：由原生韧皮部和后生韧皮部组成，属外始式。初生韧皮部由筛管、伴胞和薄壁细胞等组成，位于初生木质部的木质部脊之间，与初生木质部相间排列。

(三)双子叶植物根的次生结构

由于形成层和木栓形成层等侧生分生组织的发生和分裂活动，不断地产生根的次生结构，导致根的不断增粗。以蚕豆幼根为材料观察形成层的形成过程，以棉花老根横切片为材料观察双子叶植物根的次生结构。

1.形成层的形成过程：取新鲜的蚕豆幼根，在根毛区上部的不同位置用徒手切片法分别制作几个根的横切面，用间苯三酚染色法染色。观察形成层在形成过程中的结构特征。

(1)条状形成层的形成：位于初生木质部和初生韧皮部之间的薄壁细胞恢复分裂，以四个条状形成层(形成层的数量和韧皮部束数相关)的形成为主要特征。

(2)环状形成层的形成：位于木质部脊的中柱鞘细胞恢复分裂能力，参与到形成层的形成中，以完整的、空十字形的环状形成层的形成为主要特征。

(3)圆形形成层的形成：由于在形成层凹入部分所产生的木质部多于其他部分，使得该部分的形成层不断向外推移，以圆形形成层的形成为主要特征。

2.双子叶植物根的次生结构。观察棉花老根横切片，可见根的次生结构包括周皮和次生维管组织(图 7-3)。

(1)周皮：包括木栓层、木栓形成层和栓内层。木栓层由多层长方形的死细胞组成，细胞壁栓质化并被染成紫红色。木栓形成层细胞为一层，在外形上与新形成的、细胞壁尚未木栓化的木栓层细胞相近,而且都被染成浅绿色,常常不易区分。栓内层细胞2～3层,被染成浅绿色。组成周皮的细胞具有径向排列整齐的特征,易于和皮层细胞区分。

（2）次生维管组织:由维管形成层活动所产生,包括维管形成层、次生韧皮部和次生木质部。

①维管形成层。在次生韧皮部和

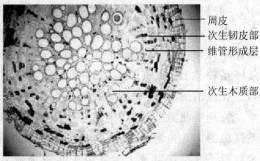

周皮
次生韧皮部
维管形成层

次生木质部

图7-3   棉花老根横切面

次生木质部之间,可见由2～4层排列整齐、形状扁平的薄壁细胞组成的圆形结构,其中维管形成层细胞仅为一层,其他细胞是尚未分化成熟的木质部或韧皮部细胞。

②次生韧皮部位于形成层外方。在其内方,韧皮纤维成束分层排列,夹杂着筛管、伴胞和韧皮部薄壁细胞。韧皮射线贯穿其间,其中呈喇叭状的韧皮射线是在髓射线的基础上发展而来的。此阶段初生韧皮部一般已被破坏而不易观察到,为什么?

③次生木质部位于形成层内方,其中导管居多数,还分布有管胞、木纤维和木薄壁细胞等。木射线贯穿其间并和韧皮射线相连,共同构成维管射线。

试比较毛莨根的初生结构和棉花根的次生结构的异同点。

（四）单子叶植物根的构造

一般单子叶植物的根没有形成层的产生,因此根的生长仅有初生生长。根不再增粗。

观察单子叶植物玉米根横切片(图7-4),自外向内分别为以下结构:

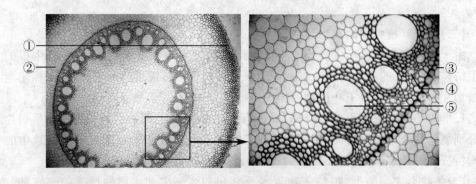

①
②

③
④
⑤

图7-4   玉米根横切面
①表皮   ②皮层   ③内皮层   ④韧皮部   ⑤木质部

（1）表皮为根的最外层细胞,细胞壁薄,排列紧密,有时可看到根毛。

（2）皮层可分为外皮层、皮层和内皮层三部分。

①外皮层:位于表皮内方,为一到数层排列整齐的薄壁细胞,无细胞间隙,细胞形态较小,在发育后期常有细胞壁的次生加厚。在较老的玉米根切片上,表皮常常消失,由紧靠表皮的外皮层细胞所替代,并行使保护功能。

②皮层:由多层薄壁细胞组成,细胞排列疏松,具有较大的细胞间隙。

③内皮层:位于皮层的最内一层。内皮层细胞除了邻接皮层一面的细胞壁没有

加厚外,其余五面都已加厚并且栓质化。在横切面上,内皮层细胞壁呈马蹄形加厚。但有少量相对着木质部束的内皮层细胞,其细胞壁常不具有这种五面加厚形式,这类细胞叫做通道细胞。通过通道细胞,溶解在水中的一些物质可以进入维管柱。

(3)维管柱位于根的中心部分,只具有初生构造。

①中柱鞘:紧靠在内皮层内,通常由一层排列紧密的薄壁细胞所组成。

②木质部:木质部多原型,在横切面上排成星芒状,原生木质部仅有1~2个小型导管,而大型后生木质部导管围绕着髓部排列成一圈。

③韧皮部:由筛管、伴胞等组成,与木质部相间排列。

④髓:由较大型的薄壁细胞组成。

对照玉米根和毛茛根的横切面,分析比较单子叶植物根的结构与双子叶植物根的初生结构的异同点。

(五)侧根的形成

取蚕豆根侧根发生时期的连续横切片和纵切片观察。可见侧根自母根的中柱鞘部位发生,并形成突起,再继续生长形成侧根原基。由于该处细胞处于分生、分化阶段,细胞染色较深,便于观察。选择侧根的不同发育阶段的切片观察,了解侧根在形成过程中,依次突破母根的内皮层、皮层薄壁细胞、外皮层和表皮,最后形成侧根的过程。

四、作业

1. 绘毛茛根部分横切面构造图,注明各部分名称。

2. 根据观察结果,分析侧根的发生及其规律。

五、思考与探索

1. 分析凯氏带的作用,描述所见的凯氏带的形状。在内皮层上所存在的少数没有增厚的细胞,有什么生物学意义?

2. 分析单子叶植物根和双子叶植物根在结构上的相同点和不同点。

3. 根毛和侧根有何不同? 分别描述它们的形成过程。

实验八　根的生态适应及其多样性

植物的根在长期的环境适应过程中,其生理功能发生了一系列的改变,其外部形态和内部结构也发生了相应的变化,从而表现出根的多样性。其中的部分变化在植物形态学上称之为根的变态。根的多样性充分体现了植物在演化中的生态适应机制。

一、实验目的与要求

1. 了解不同生境下根的多样性及其生态适应性。
2. 掌握常见变态根的结构特点

二、仪器、药品与材料

(一)实验材料

黑藻(*Hydrilla verticillata* Royle)、水鳖(*Hydrocharis asiatica* Miq.)、浮萍(*Lemna minor* L.)的根,水龙(*Jussiaea repens* L.)、红树属(*Rhizophora*)植物的呼吸根,石斛属(*Dendrobium nobile* Lindl.)植物的气生根,萝卜(*Raphanus savivus* L.)、胡萝卜(*Daucus carota* var. *sativa* Hoffm.)的肉质直根,甘薯(*Ipomoea batatas* Lamk.)的块根,菟丝子(*Cuscuta chinensis* Lam.)的吸器,建兰(*Cymbidium ensifolium* SW.)、黑松(*Pinus thunbergiana* Franco)的菌根,大豆(*Glycine max* Merr.)的根系。

(二)仪器与用品

显微镜,载玻片,盖玻片,刀片,镊子,培养皿,滴管,温度计,恒温箱。

(三)试剂

40%盐酸,5%间苯三酚。

三、实验内容与方法

(一)水生植物根的多样性

1. 沉水植物的根。沉水植物是典型的水生生境中的植物。黑藻属多年生沉水植物,和多数水生植物一样,黑藻的根不具根毛。由根的横切片可以观察到如下特征:输导组织和机械组织退化,通气组织发达。

分别取一些沉水植物的根加以观察,结合水环境对植物的影响,分析其结构上的共同特征。

2. 浮水植物的根。分别取水鳖和浮萍的根,作徒手切片、临时装片,观察其结构特点。

(二)气生根的多样性

气生根常见的类型有呼吸根、攀缘根、支柱根等。

1. 沼生植物的根。水龙是一种沼生植物,它具有两种形态的根,其中一种是露出水面、向上生长的气生根,具有通气功能,被称为通气根,又叫呼吸根。在通气根的横切片上,可以观察到有木栓形成层所产生的极其发达的通气组织(图8)。观察并制作红树属植物的通气根横切片,归纳其结构特征。

2. 附生植物的根。石斛属等附生植物常具有气生根。观察石斛根的横切片,可见其表皮由多层排列紧密的细胞组成,形成所谓的根被构造。这些细胞多为死细胞,细胞壁具有条纹状次生加厚,具有较强的吸水能力。部分皮层细胞中有叶绿体分布,因此,这种类型的根具有一定的光合作用能力。

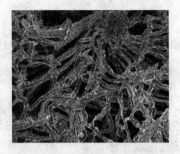

图8　水龙的通气根(示通气组织)

采集你周围所见植物的气生根,观察其结构,结合其生长环境,分析根的多样性的表现形式。

(三)贮藏根的多样性

贮藏根常具肉质化,主要机能是贮藏营养物质。根据其起源可分为肉质直根和块根。

1. 肉质直根:多由主根发育而来。

观察萝卜根,为肥大的直根。其中不着生侧根的上半部分,是由下胚轴发育而成的;而具有侧根的下半部分为主根。镜检萝卜根的横切片,大量的次生木质部的产生,导致了根的增粗,其中多数细胞为薄壁细胞,细胞内贮存有大量营养物质,是主要食用部位。对照观察胡萝卜的根,分析二者的结构特点和生理机能。

2. 块根:多数由不定根发育而来。

甘薯块根在外形上常呈不规则形。观察其横切片,具有发达的薄壁组织,其中相当部分是由额外形成层(三生分生组织)分裂所形成的,叫做三生结构。

试找出你所处环境中的其他植物的贮藏根,观察其外部特征及其显微结构,分析其结构特征和生态适应性。

(四)根的其他类型

1. 寄生根:一些寄生植物所具有的寄生根,称为吸器。吸器是寄生被子植物的特化结构。取寄生有菟丝子的大豆茎,在吸器插入处作切片观察,可见菟丝子的吸器穿透大豆的表皮和皮层,和大豆的维管束连接,形成营养物质的传输通道。

2. 菌根与根瘤:一些植物的表面或根的细胞内部有真菌共生,形成菌根。分别取建兰或其他兰科植物的根、黑松或其他松科植物的根,做横切片,观察内生菌根和外生菌根的结构。取大豆根系观察,可见在其主根和侧根上有许多球状突起,叫根瘤。制成切片观察,和双子叶植物根的正常初生结构加以对比有何差异? 为什么?

四、作业

1. 绘黑藻根部分横切面构造图,注明各部分名称。

2. 比较萝卜和胡萝卜的解剖构造,分析其异同点。

五、思考与探索

1. 分析水生植物根的生态适应性。

2. 从植物气生根多样性的表现形式,探讨其生态学意义。

3. 如何区分外生菌根和内生菌根? 菌根对植物有何作用?

实验九　茎的基本形态及其芽的构造

茎的主要功能是运输和支持。茎多为圆柱体形,根据其木质化程度的不同,可分为草本植物和木本植物。茎的顶端和叶腋处着生有芽。芽是处于幼态尚未伸展的枝条、花或花序。

一、实验目的与要求

1. 了解枝条的外部形态和分枝类型。
2. 掌握芽的分类及其构造。

二、仪器、药品与材料

(一)实验材料

七叶树(*Aesculus chinensis* Bunge)、银杏(*Ginkgo biloba* L.)的枝条,石松(*Lycopodium clavatum* L.)的植株,龙柏(*Sabina chinensis* cv. Kaizuca)、绣球绣线菊(*Spiraea blumei* G. Don)、白丁香(*Syringa oblate* Lindl. var. affinis Lingelsh.)的枝条,早熟禾(*Poa annua* L.)、狗尾草(*Setaria viridis* Beauv.)的植株,悬铃木(*Platanus occidentalis* L.)、桃(*Amygdalus persica* L.)的枝条,落地生根(*Bryophullum pinnatum* Oken)的植株,梨(*Pyrus communis* L. var. sativa DC.)、枫杨(*Pterocarya stenoptera* C. DC.)的枝条,黑藻(*Hydrilla verticillata* Royle)、菱白(*Zizania latifolia* Turcz.)、冬青卫矛(*Euonymus japonicus* Thunb.)的顶芽纵切片。

(二)仪器与用品

显微镜,解剖镜,载玻片,盖玻片,刀片,镊子,培养皿,滴管。

三、实验内容与方法

(一)枝的外部形态

茎是植物地上部分的轴。取七叶树或银杏的枝条,观察以下几个部分:

1. 叶痕:叶脱落后留下的痕迹。不同植物具有形状和大小不尽相同的叶痕。

2. 维管束痕:位于叶痕内的小斑点,它是叶柄通向枝条的维管束断离后,所留下的痕迹。叶痕和维管束痕可作为落叶木本植物冬季鉴别的特征。

3. 节:着生叶和芽的部位。

4. 节间:相邻两个节之间的部分。银杏根据节间的长短,分为长枝和短枝,长枝为营养枝,短枝为生殖枝。

5. 皮孔:茎表面的白色或黄色的小斑点,是茎内外气体交换的通道。皮孔的外形与分布因植物不同而异。

6. 芽:幼态的枝条、花或花序。着生在枝条顶端的叫顶芽,着生在叶腋处的叫腋芽。

7. 芽鳞痕:芽鳞脱落时留下的痕迹。根据枝条上芽鳞痕的数目可以判断该枝条的年龄。

(二)分枝类型

1. 分枝是植物的基本特性之一。主要有以下几种类型:

(1)二叉分枝。观察石松植物体,分枝外形呈鹿角状,并反复呈二叉分。二叉分枝多见于孢子植物中的蕨类植物及一些苔藓类植物,属原始分枝类型。

(2)总状分枝,又称单轴分枝。观察龙柏等裸子植物,由于顶端生长优势显著,具有明显的主干。总状分枝常见于裸子植物和一些草本植物。

(3)聚伞状分枝,又称合轴分枝。没有明显的顶端生长优势。常见有下列类型:

①单出聚伞状分枝:顶芽下只有一个腋芽生长为侧枝的分枝方式。观察绣球绣线菊枝条,每一枝端的顶芽或已停止生长或为花芽,在其下方的腋芽发展为侧枝。此类植物茎上的叶为互生。

②二出聚伞状分枝,又称假二叉分枝,是聚伞状分枝的一种特殊形式。观察白丁香枝条,顶芽或停止生长或为花芽,其下方的两个对生的腋芽依此方式生长为两个外形相同的侧枝。具有假二叉分枝的植物,茎上的叶为对生。

通过观察各种腊叶标本及其新鲜标本,区分出各种分枝类型,并归纳其主要特征。

2. 禾本科植物的分枝方式:观察早熟禾或狗尾草植株,分枝多集中发生在近地面或地面以下的茎节上,形成分蘖节。这种分枝方式叫分蘖。

(三)芽的分类

芽是未伸展的枝、花或花序。根据观察重点的不同,芽的分类也有所不同。

1. 着生位置不同的芽。按照芽在茎上的着生位置可分为:

(1)定芽——具有一定的着生位置。观察七叶树枝条,注意顶芽与腋芽着生位置的不同;观察桃的枝条,在腋芽两侧各有一个花芽,叫做副芽;观察悬铃木枝条,叶柄基部中空扩大包裹着的芽,叫做柄下芽。

(2)不定芽——不具有一定的着生位置。观察落地生根叶缘缺刻处发生的芽,每个芽都能形成一棵新的植株。

2. 形成器官不同的芽。按照芽所要形成的器官性质可分为:

(1)叶芽——芽伸展开放以后形成枝叶等营养器官。

(2)花芽——芽伸展开放以后形成花或花序等繁殖器官。

(3)混合芽——芽伸展开放以后同时形成枝叶和花。

分别观察七叶树、桃、梨等植物枝条上的芽,试区分出上述几种芽。

3. 有无保护机构的芽。按照芽的外方有无保护机构可分为:

(1)鳞芽。观察七叶树等枝条上的芽,具有多层芽鳞片包裹。温带木本植物一般具有鳞芽。

(2)裸芽。观察枫杨枝条上的芽,无芽鳞片包裹。具有裸芽的多为草本植物,少数为木本植物。

(四)芽的构造

取七叶树或其他木本植物的芽,小心剥去芽鳞片,用刀片将芽纵剖为二,在解剖镜下观察芽的结构。再以徒手切片法切取芽的纵切面,观察到以下几个部分:生长锥、叶原基、腋芽原基、幼叶、芽轴等。有时在芽的切片内可以观察到花芽,需注意区别。

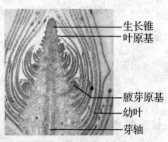

图 9-1　黑藻顶芽纵剖面

分别观察单子叶草本植物黑藻(图 9-1)和茭白顶芽(图 9-2)的纵切片,了解芽的结构。结合观察冬青卫矛顶芽的纵切片(图 9-3),和其他所观察材料加以比较分析。

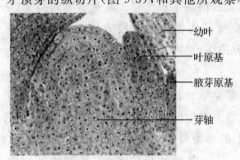

图9-2　茭白顶芽纵剖面

图9-3　冬青卫矛顶芽纵剖面

四、作业

绘冬青卫矛顶芽纵剖面轮廓构造图,并注明各部分名称。

五、思考与探索

1. 从植物的演化路线,探讨各分枝类型的特点。
2. 茎的分枝和根的分枝在发育上有何不同?

实验十　双子叶植物茎的初生结构和单子叶植物茎的结构

茎的初生结构是由茎顶端分生组织细胞分裂、生长和分化所产生的。双子叶植物茎的初生结构可分为三个部分，即表皮、皮层和维管柱。单子叶植物茎一般不具有形成层，仅有初生结构。

一、实验目的与要求

1.掌握双子叶植物茎的初生结构。

2.掌握单子叶植物茎的结构。

二、仪器、药品与材料

(一)实验材料

向日葵(*Helianthus annuus* L.)、蚕豆(*Vicia faba* L.)、青菜(*Brassica chinensis* L.)、南瓜(*Cucurbita moschata* D.)、玉米(*Zea mays* L.)、水稻(*Oryza sativa* L.)茎的横切片。

(二)仪器与用品

显微镜，载玻片，盖玻片，刀片，镊子，培养皿，滴管。

(三)试剂

40％盐酸，5％间苯三酚。

三、实验内容与方法

(一)双子叶植物茎的初生结构

双子叶植物基的初生结构由顶端分生组织所产生。取向日葵幼茎横切片，观察以下结构(图10-1)：

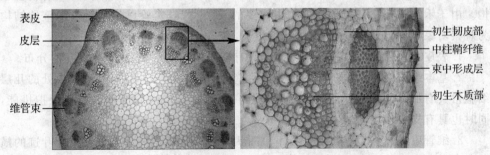

图 10-1　向日葵茎横切面示双子叶茎的初生构造

1. 表皮：位于茎的最外层，来源于初生分生组织的原表皮。细胞长方形，排列紧密，表皮细胞外壁分布有角质层，表皮上还分布有气孔器和多细胞的表皮毛。

2. 皮层：位于表皮之内，由基本分生组织发育而来。皮层最外几层细胞的细胞壁常具有角隅处的加厚，为厚角细胞，具有一定的支持作用。厚角细胞下方分布着排列疏松的薄壁细胞。在皮层中还分布有小型的分泌腔。和根的横切面相比,皮层在横切面上所占的面积要小得多(试将这种生物学特性和根、茎所处环境的不同加以联系)。在皮层和维管柱之间的一层细胞具有典型的凯氏带加厚现象,可以称为内皮层。由于切面的关系,只能见到内皮层细胞相邻壁上被染成紫红色的点状加厚。内皮层细胞的其他形态特征和位于其外方的皮层细胞没有明显的差异。值得注意的是,一般在茎的结构中,没有内皮层存在,但在向日葵等少数双子叶植物茎内,却具有这种典型的、具凯氏带加厚的内皮层。这种类型的内皮层是否具有在根中所具有的功能,还有待进一步研究。

3. 维管柱。维管柱是皮层以内的部分。和多数双子叶植物一样,向日葵茎的维管柱包括维管束、髓和髓射线三部分。和根的初生结构不同的是,在茎中没有中柱鞘的结构,而且在横切面上,维管柱所占面积比例较根中的维管束明显要大。

(1)维管束:在横切面上排列成一圈,属于复合组织类型。每一个维管束都是由初生木质部、初生韧皮部和束中形成层组成。初生木质部包括原生木质部和后生木质部,其组成部分有导管、管胞、木纤维和木薄壁细胞。束中形成层是原形成层保留下来的、仍具有分裂能力的分生组织,细胞呈扁平状,位于韧皮部和木质部之间。初生韧皮部包括原生韧皮部和后生韧皮部,由筛管、伴胞、韧皮纤维和韧皮部薄壁细胞组成;其中位于维管束外方的原生韧皮部纤维束发达,呈帽状结构,由于其所在的位置相当于根中的中柱鞘的位置,故又称为"中柱鞘纤维"。

(2)髓:位于茎的中心部分,一般由薄壁细胞组成,细胞排列疏松,有贮藏的功能。

(3)髓射线:为两个相邻的维管束之间的薄壁细胞,连接了皮层和髓部,有横向运输的作用。

观察蚕豆幼茎横切片,在内皮层所在位置的细胞内贮有淀粉粒,称作淀粉鞘。观察青菜等植物幼茎横切片,能否观察到淀粉鞘和内皮层等?和所观察的蚕豆茎相比较,在结构上有何差异?观察南瓜等葫芦科植物茎的横切片,注意维管束的区别。

(二)单子叶植物茎的结构

单子叶植物茎的维管束为有限维管束,维管束中没有形成层,因此只具有初生结构。由于禾本科植物是单子叶植物中重要的一大类,本实验以禾本科玉米茎的结构为观察对象,了解单子叶植物的结构特点。

1. 表皮:表皮细胞为一层,细胞外壁具有较厚的角质层,表皮上有气孔器分布。

2. 基本组织:位于表皮内方,主要为薄壁细胞;在较老的茎中,靠近表皮处的几层细胞常具有加厚的细胞壁,在表皮细胞遭到破坏后,可在一定时间内行使保护机能,同时也具有支持作用。

3. 维管束:散生于基本组织中,不呈圈状排列。有相当一部分维管束为叶迹的横切面,这是由于单子叶植物的叶迹普遍粗大,从茎的维管系统分出后,要越过几个节间,再弯入叶内。在高倍镜下观察,可见维管束由韧皮部、木质部和维管束鞘等三部分组成。

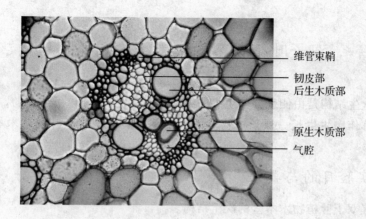

维管束鞘
韧皮部
后生木质部
原生木质部
气腔

图 10-2　玉米茎维管束

（1）韧皮部：位于木质部的外方，其中原生韧皮部在外侧，多数被挤压破坏，失去输导功能；后生韧皮部在近内侧，只由筛管和伴胞组成。

（2）木质部：呈"V"形，V 形的尖端为原生木质部，由 1～2 个较小的导管和少量的薄壁细胞组成。在生长过程中，由于茎的伸长而将环纹导管或螺纹导管拉破，形成气腔；在气腔内有时还能见到被破坏了的环纹导管的环纹残余存在。V 形的两侧各为一个孔径较大的孔纹导管，属后生木质部。在这两个孔纹导管之间还分布着一些管胞。

（3）维管束鞘：由一圈厚壁细胞所组成。

取水稻茎的横切片加以观察，注意与玉米茎的横切面相比较。

四、作业

1.绘向日葵茎部分横切面图，注明各部分名称。

2.绘玉米茎的一个维管束，注明各部分名称。

五、思考与探索

1.试列出双子叶植物茎和单子叶植物茎结构上的相同点和不同点。

2.试列出玉米茎和水稻茎在结构上的相同点和不同点。

3.对比双子叶植物茎和根的维管柱结构，列举出不同点。

实验十一 双子叶植物茎的次生结构和裸子植物茎的结构

茎的次生结构是由侧生分生组织的细胞分裂、生长和分化所形成的,产生次生结构的过程称作次生生长。裸子植物茎的次生结构类似于双子叶植物木本茎的次生结构。

一、实验目的与要求

1.掌握双子叶植物木本茎的次生结构。

2.了解裸子植物茎的结构。

二、仪器、药品与材料

(一)实验材料

椴树属(*Tilia*)植物茎横切片,黑松(*Pinus thunbergiana* Franco)幼嫩枝条和茎横切片,黑松木材三切面。

(二)仪器与用品

显微镜,载玻片,盖玻片,刀片,镊子,培养皿,滴管。

(三)试剂

40%盐酸,5%间苯三酚。

三、实验内容与方法

(一)双子叶植物木本茎的次生结构

取三年生以上的椴树属植物茎横切片,在显微镜下观察以下各部分的结构(图 11-1)。

1.表皮:多数已脱落,有时仅有残余部分存在,可根据表皮细胞上厚厚的角质层来确定。

2.周皮:在茎的外围,由数层排列整齐而密的细胞组成。可分为木栓层、木栓形成层和栓内层。在周皮上的局部区域分布有皮孔,其结构特征为:细胞排列相对疏松、胞间隙较发达,细胞壁木栓化不明显。

皮孔结构具有何种生理功能? 注意观察椴树茎上的皮孔是否具有封闭层,是属于哪一类皮孔。

3.皮层:周皮下方的多层皮层细胞属于厚角细胞,厚角细胞内方的数层细胞为薄壁细胞。由于不断受到新形成的韧皮部挤压,皮层细胞逐年被破坏而逐渐消失。在一些薄壁细胞中可以看到草酸钙的簇晶体。

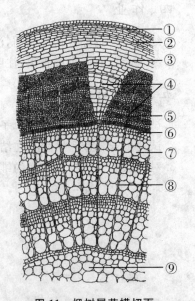

图 11 椴树属茎横切面

①表皮 ②周皮 ③皮层 ④韧皮射线 ⑤韧皮部 ⑥形成层 ⑦木质部 ⑧木射线 ⑨髓

4.韧皮部:主要为次生韧皮部。外形略呈梯形放射状,与喇叭形的韧皮射线相间排列于形成层之外。韧皮部中的韧皮纤维成团聚集,并与筛管、伴胞、韧皮部薄壁细胞呈横条状相间排列。此阶段的初生韧皮部多数已破坏,不易鉴别。

5.形成层(维管形成层):位于韧皮部和木质部之间,形成一个圆环。在横切面上,细胞呈扁长方形;细胞排列紧密,具有分生能力。形成层细胞通常为一层,但由于其向内外所分裂出的细胞尚未完成分化,在外形上常与形成层细胞相似,所以形成层细胞看起来有 3～5 层。形成层细胞在每次分裂后,产生两个子细胞,其中的一个仍然保留细胞分裂能力,而另一个则分化为次生维管组织的母细胞。

6.木质部:由于产生次生木质部的母细胞数量多,所以次生木质部在横切面上所占比例大。切片中的初生木质部位于茎的中心,并已不同程度地遭受到新形成的次生木质部的挤压破坏。次生木质部由同心环状的年轮构成,年轮中由口径大的导管和管胞所组成的部位,是春季形成层活动旺盛时所形成的,称作早材(春材)。大管径的导管输导能力强,有利于满足植物此时的生长需求。年轮中,由口径较小的导管和管胞所组成的面积较小的部位,是夏、秋季所形成的,称作晚材(秋材)。由于该时期植物的生长渐缓,小管径的导管能够满足降低的生理需求,同时,这种结构能增强植物的支持能力。木质部的细胞成分为导管、管胞、木纤维和木薄壁细胞。

7.维管射线:由韧皮射线和木射线组成,分别呈放射状贯穿于木质部和韧皮部中。木射线和韧皮射线可分为两类,一类是由射线原始细胞分裂所产生的,在形态上一般由单列薄壁细胞所组成,它们的数量随着茎的增粗而增多。另一类是在原有髓射线的基础上,由射线原始细胞分裂所产生的细胞加以延长的。其中木射线具两列薄壁细胞宽度,韧皮射线呈向外扩展的喇叭形,它们的数量一般取决于原有髓射线的数量。喇叭形的韧皮射线中,靠外周的部分薄壁细胞能进行径向分裂,从而增加该处细胞的列数,以维持树干的增粗。

8.髓:位于茎的中心,多由大型薄壁细胞组成。围绕着髓部外周的是一圈小型厚壁细胞,它们组成了所谓的环髓带。环髓带的细胞由于含有鞣质,通常被染成紫褐色。髓部细胞中,一般内含物较为丰富,除了淀粉粒和晶体外,还含有鞣质和黏液等,所以在切片中可见部分细胞染色较深。

(二)裸子植物茎的次生结构

取黑松幼嫩枝条,做徒手横切片,以间苯三酚染色法染色后加以观察,了解其结构特点。

观察松树木材的三个切面:横切面、径向切面和切向切面。了解次生木质部中管胞、射线、具缘纹孔、树脂道等结构特征。

四、作业

绘椴树属植物茎的部分横切面结构图,分别标明各部分名称。

五、思考与探索

1.根据观察结果,比较茎和根的次生结构的异同点。

2.比较双子叶植物木本茎和裸子植物茎的结构,并加以分析。

实验十二　茎的生态适应及其多样性

在自然界中,植物的茎呈现出多种形态结构和各种生长方式。在生长方式上不同的有攀缘茎、缠绕茎、匍匐茎;在形态结构上不同的有根状茎、叶状茎、球茎、块茎等。这种茎的多样性,体现了植物在长期的演化过程中,对其生存环境的适应性。

一、实验目的与要求

1. 了解不同生境下茎的生态适应性和多样性之间的联系。
2. 了解各种变态茎。

二、仪器、药品与材料

(一)实验材料

黑藻(*Hydrilla verticillata* Royle)、狐尾藻(*Myriophyllum spicatum* L.)、菱(*Trapa incisa* Sieb et Zucc.)的茎,萍蓬草(*Nuphar pumilum* DC.)、莲(*Nelumbo nucifera* Gaertn.)的根状茎,灯心草(*Juncus effuses* L.)的同化茎,仙人掌(*Opuntia dillenii* Haw.)、光棍树(*Euphorbia tirucalli* Linn)的肉质茎,竹节蓼(*Muehlenbeckia platycladum* Meisn.)、天门冬(*Asparagus cochinchinensis* Merr.)的叶状茎,马铃薯(*Solanum tuberosum* L.)的块茎,荸荠(*Eleocharis tuberose* Roem. Et Schult.)的球茎及横切片,水仙(*Narcissus tazetta* L. var. chinensis Roem.)的鳞茎及横切片,生姜(*Zingiber officinale* Rose.)的块茎及横切片,皂荚(*Gleditsia sinensis* Lam.)的茎刺及横切片,乌蔹莓(*Cayratia japonica* Gagn)的茎卷须及横切片。

(二)仪器与用品

显微镜,载玻片,盖玻片,刀片,镊子,培养皿,滴管。

(三)试剂

40%盐酸,5%间苯三酚。

三、实验内容与方法

(一)水生生境中茎的形态结构上的多样性

在水生生境中,植物的生长受到光照不足、气体交换困难等因素的影响。为了适应这样的环境,植物茎的形态结构也发生了相应的变化,如:输导组织中导管数量的减少,纤维的缺失,通气组织的发达等。

分别制作并观察黑藻、狐尾藻等沉水植物茎的横切片,菱、萍蓬草等浮水植物茎的横切片,莲、灯心草等挺水植物茎的横切片。结合这三种类型水生植物所处的生态环境,对它们的结构进行比较分析,注意其表皮上有无角质层,表皮细胞有无叶绿体分布,气孔的分布状况,通气组织的类型,机械组织的分布特点,输导组织的特征等。

(二)旱生生境中茎的形态结构上的多样性

在旱生生境中,特别是在沙生生境中,植物的生长面临水分吸收的不足、蒸腾量过大等不利因素的影响。为了适应旱生生境,植物茎在形态结构上表现出下列多样性,如:取代叶片进行光合作用的同化茎的出现,厚厚的角质层、复表皮的出现,发达的贮水组织、深陷的气孔的产生等。

分别观察仙人掌、光棍树等多肉植物茎,竹节蓼、天门冬等叶状茎的外形特征及其解剖结构。分析它们的旱生结构特征及其生态适应性。

(三)其他一些茎的生态适应性

茎的生态适应性还表现在其他一些方面,如为了避免不利气候的影响,产生了生长于地下的茎。地下茎具有各种形态或变态,其中一项重要意义是可以加强自身的贮藏功能,使得该物种得以渡过不适宜其生长的阶段。常见的具有贮藏功能的茎的类型有:块茎、球茎、鳞茎、根状茎等。伴随着茎的外部形态的变化,它们的结构也发生了一些相应的变化。

分别观察马铃薯、荸荠、水仙、生姜等贮藏茎的横切片,对比分析其结构的特异性。其他形式的变态茎如:茎刺的存在增强了茎的保护功能,而茎卷须的出现成为植物攀缘的一种有效方式。

观察皂荚的茎刺、乌蔹莓的茎卷须的外形及其横切片,对比分析其结构的特异性。

四、作业

1.分别绘一种水生植物茎的部分横切面和一种旱生植物茎的横切面,注明各部分名称。

2.系统比较中生、水生和旱生生境下茎的形态结构的异同点。

五、思考与探索

分析上述植物材料在结构上的多样性,试结合其生理机能分析归纳其结构特征,探讨其生物学意义。

实验十三　叶的形态及其解剖结构

叶是植物进行光合作用的主要营养器官,它还具有蒸腾作用、气体交换作用、吸收作用等机能。叶在外形上一般分为叶片、叶柄和托叶三部分。

一、实验目的与要求

1. 了解叶的外部形态特征。
2. 掌握双子叶植物叶的结构。
3. 掌握单子叶植物叶的结构。
4. 掌握裸子植物叶的结构。

二、仪器、药品与材料

(一)实验材料

蔷薇(*Rosa multiflora* Thunb.)、桃(*Amygdalus persica* L.)、青菜(*Brassica chinensis* L.)、白丁香(*Syringa oblate* Lindl. var. affinis Lingelsh.)、苦苣菜(*Sonchus oleraceus* L.)、荠菜(*Capslla bursa-pastoris* Medic.)、银杏(*Ginkgo biloba* L.)等的叶,黑松(*Pinus thunbergiana* Franco)的针叶及其横切片,垂柳(*Salix babylonica* L.)、南天竹(*Nandina domestica* Thunb.)、合欢(*Albizzia julibrissin* Durazz.)、紫荆(*Cereis chinensis* Bunge.)、七叶树(*Aesculus chinensis* Bunge)、香圆(*Citrus wilsonii* T.)、车前(*Plantago asiatica* L.)、麦冬(*Ophiopogon japonicus* Ker.—Gawl.)等的叶,女贞(*Ligustrum lucisum* Ait.)的叶及其横切片,玉米(*Zea mays* L.)、水稻(*Oryza sativa* L.)叶的横切片,日本五针松(*Pinus parviflora* Sieb. et Zucc.)、马尾松(*Pinus massoniana* L.)针叶横切片,各种类型植物叶片的蜡叶标本和新鲜叶片。

(二)仪器与用品

显微镜,载玻片,盖玻片,刀片,镊子,解剖针,培养皿,滴管。

(三)试剂

40%盐酸,5%间苯三酚。

三、实验内容与方法

(一)叶的组成

一张完整的叶由叶片、叶柄和托叶三部分组成。但是许多植物具有不完全叶,即上述组成部分有缺失。禾本科等单子叶植物的叶只具有叶片和叶鞘,在叶片和叶鞘交界处的内侧常具有叶舌,在叶舌两侧各有一个叶耳。

观察蔷薇、桃等完全叶,青菜、白丁香等不具托叶的叶,苦苣菜、荠菜等不具叶柄的叶,结合校园植物的观察,了解并掌握叶的各个组成部分。在观察时要注意托叶的早落现象。

（二）叶的外部形态

叶的外部形态各异，在植物分类中常根据一些形态特征作为判别指标。

1.叶形：根据叶片的长度和宽度的比值，叶形可分为针形、线形、披针形、长圆形、卵形、倒卵形、心形、肾形、椭圆形、圆形、菱形、扇形等。

2.叶缘：叶片的边缘叫叶缘。常见的叶缘有全缘、锯齿缘、重锯齿缘、牙齿缘、波缘等。叶缘凸凹程度大的，可形成裂片，根据裂片程度分为浅裂、深裂、全裂、三出裂、羽状裂、掌状裂等。

3.叶尖：叶片的先端叫叶尖。常见的有急尖、渐尖、钝形、凹形、截形、倒心形等。

4.叶基，即叶片的基部。常见的有圆形、楔形、心形、箭形、截形等。

5.叶脉：贯穿于叶肉内的维管组织及其外围的机械组织叫叶脉。叶脉在叶片中的分布样式叫脉序，分为三种类型。

（1）叉状脉序：每一条叶脉都可以有 2～3 级的分叉，是一种较原始的脉序。常见于蕨类植物和少数的种子植物。

（2）网状脉序：具明显的主脉，侧脉相互连接形成网状。根据主脉分出侧脉的方式分为羽状网状脉和掌状网状脉。主要见于双子叶植物中。

（3）平行脉序：各条叶脉近于平行，各平行脉之间有细脉相连接。可分为直出平行脉、侧出平行脉、射出平行脉和弧形脉等。主要见于单子叶植物中。

6.叶序：植物的叶在茎上的排列方式，有互生、对生、轮生等三类。

7.叶镶嵌：同一枝上的叶，以镶嵌状态的排列方式而不重叠的现象叫叶镶嵌。

8.单叶：一个叶柄上只生一张叶片。

9.复叶：一个叶柄上生有 3 片或 3 片以上的叶片。复叶从单叶演化而来，一般分为三类。

（1）三出复叶：每个叶轴上生三个小叶。如顶端小叶柄较长，称作羽状三出复叶；如三个小叶柄等长，称作三出掌状复叶。另有单身复叶，是由三出复叶两侧的小叶退化而成，在其叶轴上只有一个叶片。

（2）羽状复叶：各小叶片呈羽毛状平行排列在叶轴的两侧。根据小叶数目可分为奇数羽状复叶和偶数羽状复叶。根据叶轴分枝与否，又可分为一回羽状复叶、二回羽状复叶和三回羽状复叶等。

（3）掌状复叶：小叶片在 3 片以上，每一小叶片都着生在叶柄的顶端，排列成掌状。根据叶轴分枝与否，又可依次分为一回掌状复叶、二回掌状复叶等。

区别全裂叶和复叶，主要根据这样一些特征：全裂叶的裂片无柄、各裂片形状不相同、裂片基部互相连接；复叶的小叶片一般有柄、小叶片形状彼此相同、小叶片的基部相连。

观察银杏、黑松、垂柳、南天竹、合欢、紫荆、七叶树、香圆、女贞、车前、麦冬等植物的叶片及各种蜡叶标本，结合校园植物观察，对各类叶片的外形特征进行总结和比较。试找出在上述描述中未提到的形态特征。

（三）叶的解剖结构

1.双子叶植物叶的解剖结构（以女贞叶为代表）。

（1）叶片的结构：观察女贞叶横切片，叶片的结构分为表皮、叶肉和叶脉三部分

（图 13-1）。

　　①表皮。为异面叶，具有上下表皮之分。表皮细胞一层，细胞排列紧密，无细胞间隙。细胞外壁覆盖有一层连续的角质层，上表皮的角质层明显较厚。气孔器主要分布于下表皮。气孔内方有较明显的孔下室。

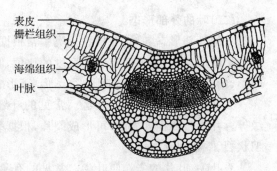

图 13-1　女贞叶横切面

　　②叶肉。叶肉由上、下表皮内的薄壁组织组成，含叶绿体，是叶进行光合作用，制造有机物的主要场所。位于上表皮下方的一层长圆柱形的薄壁细胞似栅栏般紧密排列，组成了栅栏组织。邻接下表皮的是一些形状不规则的薄壁细胞，它们排列疏松、彼此相连成网状，似海绵一般，组成了海绵组织。在栅栏组织细胞内的叶绿体要明显多于海绵组织细胞，而且栅栏组织细胞的这种排列方式扩大了光合作用的表面积。这些结构特征使得栅栏组织成为叶内主要的光合作用场所，同时也符合异面叶接受阳光的特点。而海绵组织细胞的分布特征以及多数气孔器的分布位置，使得海绵组织成为气体交换、水分蒸腾等的主要场所。

　　③叶脉。叶脉指分布于叶片组织内的维管束。由茎内维管束分出，经叶柄通至叶片。女贞叶脉为羽状网状脉，主脉明显，呈扇形。主脉外方为多层仅含少量叶绿体的薄壁细胞。主脉上下方接近表皮的细胞常常在角隅处有明显的加厚，属于厚角细胞。和其他叶脉一样，主脉中的木质部接近上表皮，韧皮部位于木质部下方，接近下表皮。

　　在木质部和韧皮部之间能否见到形成层？如有，是否有活动？侧脉周围有薄壁细胞的维管束鞘包围吗？在横切片中常可以见到一些小的维管束呈纵切面观，为什么？

　　（2）叶柄的结构：观察女贞叶柄横切片，分别和叶片的结构、茎的初生结构相比较，找出它们的异同点。

　　2.单子叶植物叶的解剖结构（以禾本科植物为例）。禾本科植物的叶具有表皮、叶肉和叶脉等结构。

　　（1）表皮。观察水稻叶的表皮装片，可见表皮细胞有长、短细胞之分。长细胞多数，呈长方形，垂周壁波纹状，与相邻长细胞相嵌。短细胞又分为硅质细胞和栓质细胞两种。前者为死细胞，细胞腔内充满硅质体，后者细胞壁呈栓质化。了解它们的排列方式，分析它们的作用。

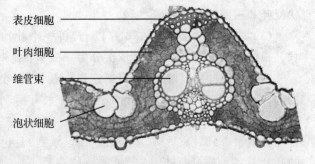

图 13-2　水稻叶的横切面

气孔器的形态及其分布情况和双子叶植物一样吗？

　　观察水稻叶横切片，所见的表皮细胞大小是否一样？如不一样，有何特征？细胞外壁结构上有何特殊性？能见到表皮毛吗？表皮上的乳状突起是如何形成的？位于维管束或机械组织上方的表皮细胞通常较小,为什么? 位于两个叶脉之间的上表皮细胞为大型薄壁细胞,常几个排列成扇形,这些是什么细胞? 它们具有什么功能?

（2）叶肉。观察水稻叶横切片,了解水稻叶肉细胞具有哪些特征? 有无海绵组织和栅栏组织之分? 具有上述结构的叶称作什么叶?

（3）叶脉。维管束平行分布于叶肉中,具有一个向下突起的粗大的主脉和多个向上突起的侧脉。主脉中部分布有数个大型气腔;维管束多个,环绕主脉四周分布。每个侧脉内分布有一个维管束（图 13-2）。维管束中的木质部呈"V"字形排列,位于近轴面的原生木质部处的螺纹导管常破裂而形成气腔,后生木质部的两个大管径的导管为孔纹导管。韧皮部位于木质部下方,在横切面上可见多边形的筛管和小型的伴胞有规律地分布。侧脉的维管束鞘由两层细胞组成,内层细胞较小,细胞壁厚、不含或仅含少量叶绿体;外层细胞为体型较大的薄壁细胞,含较少的叶绿体。在较大维管束的上下方,常有纤维成束分布,其一端和表皮相连,另一端和维管束鞘相连,呈工字形,试分析其作用。你能观察到维管束中有形成层吗?

3. C_4 植物和 C_3 植物叶片的比较解剖。根据光合作用效能的高低,一些植物可分为 C_4 植物和 C_3 植物,这两类植物的叶脉的维管束鞘构成、维管束鞘和周围的叶肉细胞的排列等在解剖结构上有明显的不同（图 13-3）。以禾本科植物为分析对象,分别取材属于 C_4 植物的玉米叶片和属于 C_3 植物的水稻叶片进行比较解剖,系统归纳两类植物结构上的特点及其生理效应。你能在其他科、属的植物中找出具有 C_4 植物解剖特点的叶片吗?

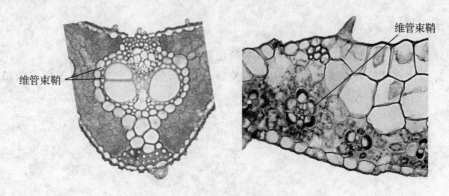

维管束鞘

维管束鞘

图 13-3　C_3 植物和 C_4 植物叶片比较解剖

4. 裸子植物叶的解剖结构。取马尾松针叶做徒手切片,用间苯三酚法染色后观察。横切面呈半圆形,平直部分为近轴面,弯曲成弧形部分为远轴面。在高倍镜下观察下列各部分结构:

（1）表皮:表皮细胞只有 1 层,细胞外壁堆积有较厚的角质层,细胞壁加厚明显并呈强烈的木质化,细胞腔小。气孔器下陷,由位于表皮层的副卫细胞所拱盖,保卫细胞则位于下皮层上。

（2）下皮层:由 1～2 层木质化的厚壁细胞组成,细胞壁较厚,排列整齐,无胞间隙。下皮层的存在具有何种作用?

（3）叶肉:约 3～4 层细胞,没有栅栏组织和海绵组织之分。每个叶肉细胞的细胞壁具有多处内陷,形成突入细胞内部的皱褶,细胞壁互相嵌合,叶绿体多沿外缘排列,又称为绿色折叠薄壁组织。这样的结构在其生理功能上有何作用？

（4）树脂道：在叶肉组织近下皮层处分布有树脂道。树脂道的腔由一层上皮细胞围绕着，上皮细胞是具有分泌功能的薄壁细胞。树脂道的外层是由一层具有木质化厚壁的纤维所构成的鞘状结构。

（5）内皮层：位于叶肉组织内方，由一层紧密排列的弦向轴呈长方形的细胞组成。在内皮层细胞的径向壁上具有类似双子叶植物根中所具有的凯氏带结构。这种凯氏带结构有何种功能？是否和根中的凯氏带所具有的功能相同？

（6）维管组织：由两个维管束组成。位于近轴面的是木质部，其组成成分是管胞和薄壁细胞；位于远轴面的是韧皮部，其组成成分是筛胞和薄壁细胞。包围在两个维管束外方的是转输组织，由数层细胞组成。在转输组织中，可以见到一类活的薄壁细胞，细胞内原生质浓厚，有些细胞内含有鞣质、树脂等。还有一类细胞是死细胞，其特征是厚壁而有具缘纹孔，叫转输管胞。

观察黑松针叶横切片，注意观察树脂道着生的位置，比较其和马尾松的树脂道分布有何不同。观察日本五针松针叶的横切片，对照马尾松针叶横切面观察其结构上的异同点，了解其在分类上的意义。

四、作业

1. 绘女贞叶横切面部分放大图，注明各部分名称。
2. 绘水稻叶横切面部分放大图，注明各部分名称。

五、思考与探索

1. 比较双子叶植物叶和单子叶禾本科植物叶在结构上的异同点。
2. 根据水稻叶和玉米叶的结构上的差异，试分析为什么 C_4 植物属于高光效植物。

实验十四　叶的生态适应及其多样性

在营养器官中,叶是最具可塑性的,所以在长期的生态适应中,叶的外部形态和内部结构也表现出极为丰富的多样性。同一基因型植物生长在不同生境中,其形态结构表现出一定的差异。甚至在同一株植物中,由于叶片所处的方向、位置等的不同,其形态结构也会发生相应的变化。这些形态结构上的变化体现了叶对于生态环境的适应性。

一、实验目的与要求

1. 了解水生植物叶的外部形态特征及其内部结构。
2. 了解旱生植物叶的外部形态特征及其内部结构。

二、仪器、药品与材料

(一)实验材料

莲(*Nelumbo nucifera* Gaertn.)叶横切片,水鳖(*Hydrocharis dubia* Backer)、黑藻(*Hydrilla verticillata* Royle)的叶,夹竹桃(*Nerium indicum* Mill.)叶横切片,芦荟(*Aloe vera* L. var. chinensis Berg.)的叶,文竹(*Asparagus setaceus* Jessop)的鳞叶,仙人掌(*Opuntia dillenii* Haw.)的刺叶,台湾相思(*Acacia confusa* Merr.)的叶状柄,猪笼草(*Nepenthes mirabilis* Druce)、茅膏菜(*Drosera peltata* Smith var. lunata Clarke)、黄花狸藻(*Utricularia aurea* Lour.)的捕虫叶,豌豆(*Pisum sativum* L.)的叶卷须,菝葜(*Smilax china* L.)的托叶卷须,卷丹(*Lilium lancifolium* Thunb.)、洋葱(*Allium cepa* L.)的鳞叶。

(二)仪器与用品

显微镜,载玻片,盖玻片,刀片,镊子,培养皿,滴管。

(三)试剂

40%盐酸,5%间苯三酚。

三、实验内容与方法

(一)水生生境下叶的形态结构多样性

生长于水生生境中的植物可以分为沉水植物、浮水植物和挺水植物三种类型。这三种类型植物所处的生境有很大差异,其叶片的外部形态和解剖结构发生相应的变化,这些变化导致上述类型的植物结构特点各异。分别取三种类型水生植物的叶片进行观察比较。

1. 挺水植物的叶:取莲叶做横切片观察,注意上、下表皮细胞的形态,气孔器的形态及其分布,叶肉组织有无分化,叶肉内有无其他特殊结构等。

2. 浮水植物的叶:取水鳖叶做横切片观察,注意上、下表皮的形态差异,气孔器的分布,机械组织分布状况。描述叶背面气囊的结构,分析其作用。

3.沉水植物的叶:取黑藻叶做横切片观察,注意表皮细胞的形态,有无气孔器分布,为什么? 有无机械组织分布? 描述输导组织的特征。

(二)旱生生境下叶的形态结构多样性

在干旱缺水的生境下,植物的叶片在结构上产生一系列适应性。如:表皮细胞外壁加厚、常覆盖有表皮毛,具有复表皮,部分区域气孔密度和维管束分布密度增大,叶片肉质化,叶肉组织贮水能力增强等。旱生植物叶片在生态适应上有下列特点:

1.减少蒸腾以适应旱生。观察夹竹桃叶的横切片(图14),注意表皮细胞的特征,有无复表皮? 气孔器分布特点。叶肉组织有无分化? 是异面叶还是等面叶? 为什么?

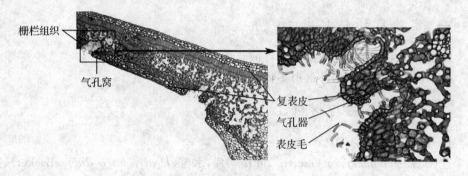

图 14 夹竹桃叶横切面

试分析文竹的膜质鳞叶、仙人掌的刺状叶、台湾相思树的叶状柄等,试分析这些叶的变态在结构上对干旱生境的适应。

2.加强贮水能力以适应旱生。取芦荟叶做横切片观察,注意有无叶肉组织的分化,叶肉细胞的形态特征等。

(三)叶的其他生态适应性

食虫植物具有捕虫叶,这使得这一类植物能够生存于土质贫瘠、缺乏氮素的环境中。分别观察猪笼草、茅膏菜、黄花狸藻等植物叶片的形态构造,分析其变异和生境之间的联系。

一些植物为了攀缘生长,叶片的某些部分变成卷须。分别观察豌豆和菝葜带叶片的枝条,观察卷须的特征,了解卷须的来源及其结构变化。一些植物的叶片因贮藏了大量的营养物质而呈现肥厚多汁的形态。分别观察卷丹和洋葱的鳞叶,分析其结构特点。你还知道哪些叶片对生态环境的适应性吗? 试举出几种。

四、作业

1.分别绘出莲叶、水鳖叶和黑藻叶含维管束的部分横切面,注明各部分名称。

2.分析水生植物三种生态类型的叶片特征,结合其生态环境探讨各自的生态适应性。

五、思考与探索

根据你所观察的旱生植物的结构特征,分析其对旱生生境的适应性。

第三章　植物的繁殖

实验十五　植物的营养繁殖

植物的营养繁殖是指植物营养体的一部分从母体上分离直接形成新个体的繁殖方式。这种生殖方式不涉及性细胞的融合，所以属无性生殖范畴。营养繁殖实质上是通过母体细胞的有丝分裂产生子代新个体，后代一般不发生遗传重组，所以在遗传组成上和亲本是一致的，故能保持亲本的优良性状。在自然条件下，一些植物的营养器官所表现出的再生能力，属于自然营养繁殖。由于营养繁殖具有繁殖速度快、后代变异小等特点，被人类加以广泛应用。如人工切割下植物体的部分营养器官或组织，在离体情况下培养成新的植株，这种繁殖方法属于人工营养繁殖。常用的方法有扦插、压条、嫁接等。

一、实验目的与要求

1. 了解植物的自然营养繁殖方式。
2. 掌握人工营养繁殖的几种主要方法。

二、仪器、药品与材料

(一)实验材料

草莓(*Fragaria ananassa* Duchesne)、阔叶麦冬(*Liriope muscari* Bailey)的植株，月季(*Rosa chinensis* Jacq.)的枝条，蔷薇(*Rosa multiflora* Thunb.)的根，桂花(*Osmanthus fragrans* Lour.)、贴梗海棠(*Chaenomeles speciosa* Nakai)、黑松(*Pinus thunbergiana* Franco)、日本五针松(*Pinus parviflora* Sieb. et Zucc.)、女贞(*Ligustrum lucidum* Ait.)等的植株，晒干的苔藓。

(二)仪器与用品

枝剪，切接刀，芽接刀，塑料袋，塑料绳。

(三)试剂

0.05%萘乙酸粉剂(1 g 萘乙酸混于 2 000 g 滑石粉中)，0.05%萘乙酸溶液(1 g 萘乙酸溶于 95%乙醇后，再加水稀释至所需浓度)。

三、实验内容与方法

(一)自然营养繁殖

1. 茎的营养繁殖。植物的地下茎一般都具有繁殖作用。除此之外，在地面蔓延的匍匐茎也是重要的繁殖器官。如草莓、虎耳草等。

2.根的营养繁殖。有些植物是利用根进行繁殖的,如甘薯、大丽花的块根。刺槐、白杨、丁香等木本植物的根上常生出许多不定芽,这些不定芽可以长成幼枝条,进行繁殖,这类植物也称为根蘖植物。

3.叶的营养繁殖。有些植物的叶也具有营养繁殖的能力。如落地生根叶片的边缘,可以产生不定芽。不定芽落地后不久,即长出不定根,形成新植株。

组织学生通过野外观察,了解植物自然繁殖的各种形式,结合植物生长的环境,进一步理解植物自然繁殖对于自身物种生存的重要意义。

(二)人工营养繁殖

1.分离繁殖(分株):对植物体的根状茎、根蘖、匍匐茎等上面所长成的新植株,进行人为的分割,使其与母体分离,这种繁殖方法叫做分离繁殖,又叫分株法。

取具有匍匐茎的草莓植株,种植于实验苗床内,人工引压匍匐茎,使其向各方向均匀分布。一段时间后,匍匐茎上的芽体长大,同时,在和苗相对应的节上所生的不定根也扎入土内,形成一个新的植株。将这株新植株连同不定根切割下来,就叫分株。挖取一丛阔叶麦冬植株,分割为若干较小植株,再分栽于不同的盆内,每一盆即可生长成一棵独立生长的植株。分株时要尽量注意少伤根系,以利植物成活。

2.扦插:扦插就是剪取植物的一段枝条、一段根或一张叶片(在园艺学上称插穗),插入湿润的土壤或其他排水良好的基质中,甚至是水中。经过一定时间以后,从插入的枝段、根部或叶片上长出不定根,连同其上的芽体,或新长成的不定芽发展为新的个体。如柳、杨的插枝繁殖;梨、苹果、无花果的根插繁殖;秋海棠、柑橘的叶扦插繁殖等。常用的扦插方法为嫩枝插,就是在植物的生长期间(以雨季最适宜)所进行的带叶扦插。

实验课前,预先选择当年生、生长健壮且没有病虫害的月季枝条作插穗。插穗长度一般为 10 cm 左右,每个插穗上带有两到三个叶片,以利于在扦插期间,插穗能进行光合作用制造养料,促进生根(对于桂花等叶片较大的插穗,可只留一片叶或将叶片剪去一部分,以减少蒸发量)。插穗上端要在芽上 2 cm 处平剪,插穗下端宜在节下剪成斜切口。修剪后应立即扦插,以防失水萎蔫,影响成活。插穗一般应插入苗床基质中约二分之一的深度,不宜插得过深,扦插密度以插条之间相互不挤压,俯视能看到插条基部为宜。扦插后,保持苗床较高的空气湿度和适宜的基质水分含量,还需要适当遮阳。随着插穗的生长,逐渐缩短遮阳的时间。在合适的季节,一般约 45 d,月季插穗即可生根。

为了熟悉其他的扦插,还可以布置学生自己挖取 0.5～1 cm 粗的蔷薇根,按剪口上平下斜,剪取长 6～10 cm 的根作为种根,捆好后放在阴凉湿润处保存,以备实验所用。实验中,将剪切的蔷薇根下端约 2 cm 长浸水后,蘸上 0.05%萘乙酸粉剂;或将插穗下端浸入 0.05%萘乙酸溶液中约 5～10 s(处理插穗的激素浓度一般随着母树年龄和插穗木质化程度的增加而提高),再直立扦插于苗床的土中。若所扦插的根较细软,可先用小木棍在土中打孔后再插。插枝以培养基质覆盖,以浇水后根端顶部与地面相平为宜,注意经常保持扦插苗床面的湿润。

3.压条:压条是将采用一定措施长成不定根后的新植株从母体上剥离栽植的方

法。通常用于生根比较缓慢的植物,如葡萄、茶、白兰花、桂花等。

可以在校园中预选植株较矮小的桂花或贴梗海棠,选取健壮且分枝匀称的枝条,在其基部切割或剥掉部分树皮,再用晒干的苔藓包敷在伤口外,包上塑料袋,保持一定的湿度。等伤口处长出足够长的不定根后,就可以剪下枝条,栽入盆中。

4.嫁接:将一株植物体上的枝条或芽体,人工移接在另一株带根的植株上,使二者彼此愈合,共同生长在一起,这种繁殖方法叫做嫁接。保留根系的、被接的植物称为砧木;接上去的枝条或芽体称为接穗。嫁接的方法有枝接、芽接等。其优点是既能保持原品种的特性,又能提高对不良环境条件的抵抗能力,并能调节花木的生育进程,有利于提早开花结果。该法常用于木本植物,特别是一些难以扦插成活的木本植物的繁殖上。

嫁接繁殖需要注意下列几个方面:

(1)嫁接时期。枝接一般选在早春3~4月进行,因为此时植物刚刚恢复生机,但是芽尚未萌发。芽接多选在7~8月生长季节进行。

(2)接穗与砧木的选择。接穗与砧木要选择亲缘关系接近,具有亲和力的植物。如以女贞作砧木,可以嫁接同科的桂花或丁香等。砧木宜选生长旺盛的1~2年实生苗或1年生扦插苗,若砧木树龄偏老,会影响成活。接穗应选择健壮的1年生枝条。

(3)操作与管理。嫁接时要注意先削砧木,后削接穗,以保持接穗的水分;嫁接工具要锋利,切口要平滑;嫁接时形成层要对准,接合处要密合,扎缚松紧要适度。嫁接后要经常观察,对已接活了的植物,应及时解除扎缚物。若用堆土法嫁接时,一见新芽萌发,应立即去掉土堆,以免幼芽因为见不到阳光而变黄。

开展嫁接操作实验,可以选择2~3年生黑松幼苗作砧木,日本五针松幼枝作接穗;或是用2~3年生女贞幼苗作砧木,桂花幼枝作接穗,进行切接。注意:选取砧木根径约2 cm,接穗粗细要与砧木接近;嫁接时间在春季进行最为合适,秋季次之。在切接实验前,需要组织学生练习切接的基本手法。嫁接后,要进行适当的管理。

对于那些由于长期进行营养繁殖,有性器官退化而不能发生作用的植物,如:香蕉等,人工营养繁殖是一种有效的繁殖方法。在生产上,人们为了保存植物的优良品系或培育新的品种,通常也利用人工营养繁殖。

本实验由于内容多,耗时长,对实施的季节有一定的要求。可采取在实验课堂中由老师讲授及示范操作,具体实验安排在课外进行。学生以小组为单位,选择合适季节,在学校的植物园或生物实习基地内开展实验。

四、作业

1.列举3种日常所见的自然营养繁殖的实例。

2.用水插法繁殖月季。

3.用切接法进行日本五针松的嫁接。

五、思考与探索

1.人工营养繁殖的意义?

2.比较嫁接繁殖、扦插繁殖和压条繁殖的异同点。

实验十六 花的组成和结构、花序的类型

花是具有繁殖作用的不分枝的变态短枝,是被子植物的繁殖器官。雌、雄生殖细胞在其内产生,双受精作用在其内发生,果实和种子随后形成。一朵完整的花具有花柄、花托、花被、雄蕊群和雌蕊群等五个组成部分,具备以上各部分结构的花叫做完全花;缺少其中一部分或几部分的花叫做不完全花。花序指的是花在总花柄(花序轴)上有规律的排列方式。

一、实验目的与要求

1. 掌握解剖镜的使用方法。
2. 掌握被子植物花的外部形态及其各个组成部分的特点。
3. 熟悉被子植物花的几种主要类型。
4. 掌握各种类型的花序特征。

二、仪器、药品与材料

(一)实验材料

各种花序的浸制标本,桃(*Amygdalus persica* L.)、青菜(*Brassica chinensis* L.)、小麦(*Triticum aestivum* L.)、水稻(*Oryza sativa* L.)、蜀葵(*Althaea rosea* Cavan.)、蚕豆(*Vicia faba* L.)、金丝桃(*Hypericum chinense* L.)、向日葵(*Helianthus annuus* L.)、野芝麻(*Lamium barbatum* Sieb. et Zucc.)、玉兰(*Maglohia denudata* Desr.)、紫花地丁(*Viola yedoensis* Makino)、陆地棉(*Gossypium hirsutum* L.)、泡桐(*Paulownia fortunei* Hemsl.)、黄瓜(*Cucumis sativus* L)、百合(*Lilium brownii* var. *viridulum* Baker)、石竹(*Dianthus chinensis* L.)、桑(*Morus alba* L.)、梨(*Pyrus pyrifolia* Nakai)、虎耳草(*Saxifraga stolonifera* Meerb.)、绣球绣线菊(*Spiraea blumei* G. Don)、天竺葵(*Pelargonium hortorum* Bailey)、车前(*Plantago asiatica* L.)、毛白杨(*Populus tomentosa* Carr.)、玉米(*Zea mays* L.)、异叶天南星(*Arisaema heterophyllum* Bl.)、金盏菊(*Calendula officinalis* L.)、无花果(*Ficus carica* L.)、女贞(*Ligustrum lucidum* Ait.)、野胡萝卜(*Daucus carota* L.)、花楸(*Sorbus pohuashanensis* Hedl.)、香雪兰(*Freesia refracta* Klatt)、唐菖蒲(*Gladiolus gandavensis* Van Houtte)、繁缕(*Stellaria* media L.)、泽漆(*Euphorbia helioscopia* L.)、益母草(*Leonurus japonicus* Houtt.)、石楠(*Photinia serrulata* Lindl.)等植物的花和花序。

(二)仪器与用品

解剖镜,载玻片,刀片,镊子,解剖针,吸水纸,培养皿,滴管。

三、实验内容与方法

(一)花的结构

首先学习使用解剖镜,并练习在解剖镜下使用解剖针解剖花。

1.桃的花部结构。取一朵桃花，先自外向内逐层观察花萼、花冠、雄蕊和雌蕊的数目、外部形态和着生情况。然后将桃花沿纵向切开，在解剖镜下做进一步观察。

桃花的花托呈杯状，即花托中部凹陷成一小杯状。萼片、花瓣和雄蕊着生于杯状花托的边缘，雌蕊的子房着生于花托中央的凹陷部位。桃花的花萼由5片绿色叶片状萼片组成，各萼片相互离生。花萼也叫做外轮花被。桃花的花冠由5片粉红色花瓣组成，离生。花冠也叫内轮花被。桃花的雄蕊数目多，不定数。每一雄蕊由花丝和花药两部分组成。雄蕊在花托边缘作轮生排列。桃花的雌蕊为瓶状，可分为柱头、花柱和子房三部分。子房中着生有胚珠。桃花的子房仅基部着生于花托上，而其他部位与花托分离，故其着生位置属上位子房。由于桃花的花萼和花冠着生于杯状花托的边缘，其相对于子房的位置则属于周位花。

通过上述观察，了解到桃花是典型的完全花，具外轮花被（花萼）和内轮花被（花冠），花两性，同时是花冠呈辐射对称的整齐花。桃花的结构可代表一般花的基本结构。

2.青菜的花部结构。取一朵青菜花，由外而内地观察排列于花托上的花的各个部分（图16）。

（1）花柄：为花与枝条相连的部分。

（2）花托：是花柄顶端稍微膨大的部分，上面着生花萼、花冠、雄蕊、雌蕊群等。

（3）花萼：位于花的最外面。

试观察是由几片绿色萼片组成，并判断它们是离生的还是合生的。

图16　青菜的花

（4）花冠：位于花萼内面，排列为一轮，花瓣基部有互生的绿色密腺。

注意观察花瓣的颜色、着生位置、与花萼的位置关系等。

（5）雄蕊群：位于花冠内面，排列为二轮。

雄蕊群由几枚离生的雄蕊构成？每一雄蕊具有细长的花丝及囊状的花药，注意：在这些雄蕊中有几枚长的，几枚短的？这样的雄蕊群我们称之为何种雄蕊？

（6）雌蕊群：为复雌蕊，可分为柱头、花柱及子房三个部分。由2个合生心皮组成。子房上位，由假膜隔成2室，侧膜胎座，胚珠着生在假隔膜与心皮结合的地方。

3.小麦的花部结构。小麦的整个麦穗是一个复穗状花序，以小穗为基本单位。许多小穗（穗状花序）以互生的方式着生在穗轴的两侧。

用镊子取下一个小穗进行解剖和观察，最外两片为颖片，其内为数朵互生的小花，但上部几朵花常不能正常发育，只有下部2～4朵是能育的。每朵发育正常的花具有2个苞片，叫外稃和内稃；两性花，雄蕊3枚；雌蕊由2个合生心皮组成，花柱不明显，柱头2，呈羽毛状。子房上位。

此外，在外稃内侧基部有2个浆片，开花时，能强烈吸水膨大，使内外稃张开。禾本科植物的花都与此大同小异。想一想：这样的结构对小麦的开花和传粉有何作用？

对比观察水稻的花部结构，有何异同点，并判断哪一种花的花部结构较为原始。

(二)雄蕊的类型

雄蕊由花丝和花药组成。一些植物的雄蕊由于花丝长短不同,花丝、花药具有不同程度的联合或分离情况,形成了不同的雄蕊类型。主要有下列几种:

1.单体雄蕊。以锦葵科植物的花为代表。取蜀葵的花加以观察,雄蕊多数,花丝部分联合成筒状,而花药仍各自分离,形成单体雄蕊。

2.二体雄蕊。以蝶形花科植物的花为代表。取蚕豆的花进行解剖观察,雄蕊10枚,其中9枚的花丝愈合而花药分离,另1枚雄蕊单生,形成二体雄蕊。

3.多体雄蕊。以金丝桃科植物的花为代表。解剖观察金丝桃的花,雄蕊数目为多数,分成若干组,每组雄蕊的花丝部分联合,上部花丝和花药仍保持分离,形成多体雄蕊。

4.聚药雄蕊。以菊科植物的花为代表。解剖观察向日葵的花,5个雄蕊,花丝各自分离,花药相互联合在一起成筒状,形成聚药雄蕊。

5.二强雄蕊。以唇形科植物的花为代表。解剖观察野芝麻的花,每朵花中有4枚雄蕊,其中2枚雄蕊的花丝较长,另2枚花丝较短,构成二强雄蕊。

6.四强雄蕊。以十字花科植物的花为代表。解剖观察青菜的花,可见一朵花具6枚离生雄蕊,其中4枚雄蕊的花丝较长,另2枚雄蕊的花丝较短,构成四强雄蕊。

(三)雌蕊的类型

雌蕊由柱头、花柱和子房三部分组成。雌蕊的组成单位是心皮。

1.单雌蕊。一朵花中,仅由1个心皮组成的雌蕊,称为单雌蕊。如一朵花中有多个彼此分离的心皮,并各自形成单独的雌蕊,叫做离生单雌蕊。

分别观察桃、玉兰花中的雌蕊,了解单雌蕊的类型。

2.复雌蕊。一朵花中,由2个或2个以上的心皮联合组成的雌蕊,称为复雌蕊。根据心皮联合方式的不同,又可分为下列数种类型:

(1)单室复雌蕊。由多个心皮在腹缝线处结合,共同包围成1个子房室。

观察紫花地丁的花。紫花地丁的雌蕊是由3心皮联合而成的单室复雌蕊。每一腹缝线上着生两列胚珠,受精后发育成蒴果。当蒴果沿背缝线开裂后,可明显看到每一腹缝线上着生的两列细小种子。

(2)多室复雌蕊。由多个心皮联合而成。各心皮在腹缝线联合后,继续向内延伸,形成隔膜,各隔膜在子房中央处汇合形成一个中轴。子房腔由隔膜分隔成若干个子房室,如3心皮可形成3个子房室,5心皮可形成5个子房室。

观察陆地棉、泡桐等的花部结构,判断它们是几心皮、几室。

(四)胎座及其类型

胚珠在子房内着生处的肉质突起称为胎座。由于心皮的数目和心皮连接的情况而分为不同类型。主要类型如下:

1.边缘胎座。单雌蕊,子房1室。以蚕豆的花为例,胚珠着生在心皮的腹缝线上,成纵行排列。

2.侧膜胎座。复雌蕊,子房1室。观察黄瓜花,雌蕊由3心皮组成。将子房横切,可见胚珠着生在心皮相接的腹缝线上。

3.中轴胎座。复雌蕊,子房数室。观察百合花,雌蕊由3心皮组成,做子房横切面,子房3室,每室有多数胚珠着生于心皮愈合的肥厚中轴上。

4.特立中央胎座。复雌蕊,子房1室。一般认为,其形成是由于中轴胎座的室间分隔和中轴的上半截消失。观察石竹花,雌蕊由3心皮组成。在子房横切面和纵切面上,可见独立于子房室中央的轴上,着生有大量胚珠。

5.基生胎座。复雌蕊。观察向日葵花,可见雌蕊由2心皮组成。纵切子房观察,1枚胚珠着生于子房基部。

6.顶生胎座。复雌蕊。观察桑花,雌蕊由2心皮组成。纵切子房,可见子房1室,胚珠着生于子房室顶部,悬垂于子房中。

(五)子房的位置

子房着生在花托上的位置一般有三种情况:

1.子房上位。观察青菜花,子房仅以底部和扁平花托相连,花的其他部分则着生在子房下方的花托上,称为上位子房下位花。观察桃花,花托下凹并与花萼、花冠、雄蕊群下部愈合,形成杯状花筒。子房壁与花的其他各部分离,仅以基部着生在花托中央,花的其他部分的上部则位于杯状花托边缘,称为上位子房周位花。

2.子房下位。观察梨花,子房与凹陷的花托完全愈合,仅花柱突出,其他花部着生在子房上方花托的边缘,称为子房下位上位花。

3.子房半下位。观察虎耳草的花,子房下半部与花托愈合,其他花部着生在子房上半部的周围,称为子房半下位周位花。

(六)花序

许多花按照一定的规律排列在总花轴上,称为花序。根据花序轴的长短、分枝与否、花柄有无、花开放的次序,花序可分为无限花序和有限花序两大类。

1.无限花序。开花次序是由下而上,或由边缘向中间依次开放。在开花期间,花序轴能较长时间保持顶端继续向上生长,并不断产生花。无限花序又可分为简单花序和复合花序。

(1)简单花序:花序轴不具分枝的无限花序。常见的有:

①总状花序。观察青菜的花序,具有一个伸长的不分枝的花序轴,在花序轴上侧生多朵花柄基本等长的花,花两性。开花次序是由下而上。

②伞房花序。观察绣球绣线菊的花序,试分析其与总状花序的区别在哪里,以及在花的排列上有什么特点。

③伞形花序。观察天竺葵的花序,花序轴缩短成一球形,轴顶上面集中着生多数花柄等长的花。整个花序外形如张开的伞状,故称伞形花序。其开花顺序是自外向内开放。试列出其与伞房花序的区别。

④穗状花序。观察车前的花序,一般的特征和总状花序相似。有明显的花序轴,两性花,无花柄,花直接着生于花序轴上。

⑤柔荑花序。观察毛白杨的雌、雄花序,花序轴不分枝,花无柄或具短柄,类似穗状花序。其特点是每一花序由单性花,即雄花或雌花组成,花序轴柔软下垂(但有少数直立,如垂柳的花序),在开花或果实成熟后,整个花序脱落。

⑥肉穗花序。观察玉米的花,花序轴肥厚、粗短、肉质化,上面着生许多无柄的单性花。

⑦佛焰花序。有些植物的苞片具有艳丽的色彩,以吸引昆虫,故名佛焰花序。观察异叶天南星的花序,在肉穗花序外方包有一大型绿色苞片。

⑧头状花序。一般认为头状花序是花序中较进化的类型,菊科植物多具头状花序。日常所见的一"朵"菊花,实际上是一个花序。许多无柄的花,密集地着生于一缩短成头状或盘状的肥大的花序轴上,组成头状花序。花序轴下有多数苞片所组成的总苞。头状花序中各朵花的开放顺序是由外向内渐次开放。花序结构体现出菊科植物如何进一步适应昆虫传粉。观察金盏菊的花序,边缘花为假舌状花,不孕;中间的盘花为管状花,二性。

⑨隐头花序。此类花序较特殊,不多见。其特点是花序轴缩短并膨大肉质化,中央部分下陷。花着生于花序轴的下陷部位,而被包围于膨大肉质化的花序轴之中,仅在顶端留下一开口。由于花序的外表看不见花朵,故称为隐头花序。有时被误认为不开花而结果,如无花果即因此得名。观察无花果的花序,了解其结构。

(2)复合花序:花序轴具分枝的无限花序叫做复合花序。常见的有:

①圆锥花序。观察女贞的花序,花序轴作总状分枝,每一分枝又形成总状花序,形状似圆锥,又称复总状花序。

②复伞形花序。观察野胡萝卜的花序,花序轴的顶端着生若干长短相等的分枝,每一分枝又为一个伞形花序。

③复伞房花序。观察花楸的花序,花序轴的分枝呈伞房状排列,每一分枝又自成一伞房花序。

④复穗状花序。花序轴分枝一次或两次,每一分枝自成一穗状花序。观察小麦花序。

2.有限花序,又称为聚伞花序,开花次序由上而下或从内而外。由于是顶花先开花,花序轴较早失去顶端生长分化能力,顶端不再伸长。新的花芽发生在侧轴上。由于每次长出侧轴的数目和侧轴生长形式的不同,又形成了下述几种不同类型:

(1)单歧聚伞花序。花序轴顶花开放后,其下仅有一侧芽开放,长成侧轴。侧轴上仍是顶花先开放,其下再有一侧芽开放,每一次只限于一个侧枝发育。如此反复分枝形成了单歧聚伞花序。可分为两类:

①蝎尾聚伞花序。观察唐菖蒲的花序,各分枝是左右间隔生出的,分枝与花不在同一平面上。

②螺状聚伞花序。各分枝都向一个方向生长。观察香雪兰的花序。

(2)二歧聚伞花序,又称歧伞花序,主轴顶端生一花,在顶花下的主轴节上向两侧生出两个侧枝,形成二叉状,而侧枝又以同样的方式继续进行分枝。观察繁缕的花序。

(3)多歧聚伞花序。花序主轴顶端的花开放后,在主轴顶花下面同时发生三个以上的侧枝。侧枝长度超过主轴。各侧枝顶花开放后,又以同样方式发生多个侧枝。

观察泽漆的花序,由于其短梗密集,称为密伞花序。观察益母草的花序,由着生于对生叶叶腋的花序轴短缩的聚伞花序构成。从外表看,像花朵在茎上成轮状排列,故称做轮伞花序。

3.混合花序:同一花序中由二类花序混合集成。

观察石楠的花序,花序全体成短圆锥状,各小花序成总状排列,但开花次序又从顶端开始,因此在一花中就兼有总状和聚伞两类花序的特征。

对照实验指导书,认真观察各类标本与实验材料,掌握其结构特征。

四、作业

1.分别绘出桃花、小麦花的纵切面图,注明花的各部分名称。

2.分别绘出螺状聚伞花序和蝎尾状聚伞花序的简图,注意两者的区别。

五、思考与探索

1.如何判断子房着生的位置? 以实例列举出子房位置和花的位置的几种类型。

2.如何判断雌蕊心皮的数目?

3.如何区别有限花序和无限花序? 将所观察的花序类型列成表格。

实验十七　雄性、雌性生殖器官的结构与功能

雄蕊与雌蕊分别代表了被子植物的雄性和雌性生殖器官。雄蕊由花药和花丝组成。花药又称小孢子囊,是雄蕊产生花粉(雄配子体)的结构。雌蕊由心皮组成,分为柱头、花柱和子房三部分。子房内部着生胚珠,胚珠是孕育雌配子体的场所。

一、实验目的与要求

1. 掌握花药的结构。
2. 掌握花粉(小孢子)发育的不同阶段的特点。
3. 了解子房的结构。
4. 掌握胚囊发育各个时期的特点。

二、仪器、药品与材料

(一)实验材料

百合(*Lilium brownii* F. E. Brown var. viridulum Baker)花药发育各时期横切片,百合(*Lilium brownii* F. E. Brown var. viridulum Baker)成熟子房横切片。

(二)仪器与用品

显微镜,载玻片,盖玻片,刀片,镊子,吸水纸,擦镜纸,培养皿,滴管。

三、实验内容与方法

(一)花药的发育及花粉粒的形成

观察花粉粒形成过程中下列各时期的百合花药横切片:造孢细胞时期、花粉母细胞时期、二分体时期、四分体时期、单核花粉粒时期和成熟花粉粒时期。

1. 花粉囊壁的基本结构。取百合花药(花粉母细胞时期)的横切片,可以见到花药的横切面颇似蝶形,左右各有一对花粉囊。药室中部为药隔,其中有一个维管束通过,维管束周围为薄壁组织所包裹。选择一个切面完整的花粉囊,在高倍镜下仔细观察花粉囊壁的构造。最外一层细胞组成表皮,细胞小、具角质层。表皮之下是一层近方形的较大型细胞,组成药室内壁。药室内壁细胞内含有大量的淀粉粒。药室内壁的内方分布有约3层呈切向延长的、体积较小的扁细胞,这几层细胞组成中层。最内一层细胞为长柱状细胞,细胞质浓厚、具两个或多个细胞核、细胞核大,这层细胞组成了绒毡层。

在百合花粉粒系列发育切片观察中可见,绒毡层在花粉的大部分发育过程中,始终保持着较完整的细胞构造,一直到花粉完全发育成熟时,这种细胞的完整性才被破坏并消失,这种绒毡层类型为分泌绒毡层。大多数双子叶植物都具有这种类型的绒毡层。还有一种类型的绒毡层叫做变形绒毡层,多见于单子叶植物中,其特点是在花粉母细胞进行减数分裂之前或之后,细胞的径向壁和内切向壁破坏消失,原生质体逸出并移动至花粉囊内,并包被发育中的花粉粒或花粉母细胞,直至最后被吸收。

在观察各时期百合花药的切片中,结合花粉粒形成的各个时期,注意花粉囊壁结

构上的变化,如:药室内壁细胞壁的变化。为何在花粉粒发育后期药室内壁又被称为纤维层?中层细胞所发生的变化,绒毡层细胞所发生的变化,这些变化和花粉粒的发育有何关系?

2.花粉粒的形成。在观察百合花粉粒形成各时期的切片的同时,找出各时期花粉粒形成的典型特征,并加以描绘。

(二)子房、胚珠的构造和胚囊的发育

1.子房的结构。子房为组成雌蕊的心皮基部膨大的囊状体。取百合子房的横切片,先在低倍镜下观察整个轮廓。3个心皮彼此结合,并将子房分为3室,为多室复雌蕊。胚珠沿2个心皮连接处即腹缝线排列,每室2行胚珠,构成中轴胎座。

2.胚珠的结构。胚珠在子房内发育成为种子。胚珠一般具有内、外珠被,珠孔,合点,珠柄,珠心和胚囊的结构。胚珠的类型一般分为五种类型:

(1)直生型。特点是珠孔、合点和珠柄在一条直线上,珠孔位于珠柄的上方,如:蓼科、荨麻科的一些植物。

(2)曲生型。胚囊弯曲成为马蹄形,珠孔、合点和珠柄靠近,如:泽泻科的一些植物。

(3)弯生型。胚珠弯曲,珠孔、合点和珠柄不在一条直线上,如:豆科的一些植物。

(4)横生型。珠心纵轴与珠柄或多或少成直角交叉,如:毛茛科的一些植物。

(5)倒生型。为被子植物中最普遍的形式(图17-1)。百合的胚珠属于倒生型。观察百合子房横切片上胚珠纵切面的结构(图17-2)。呈椭圆形的胚珠的一侧连接胎座的柄,叫

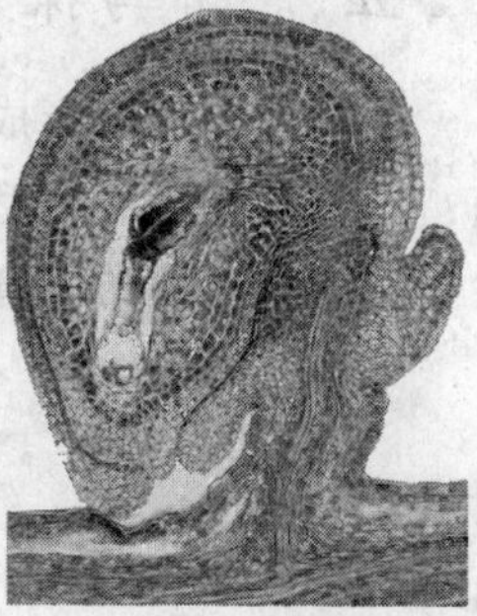

图 17-1 百合的倒生胚珠

做珠柄。珠柄内有维管束贯穿其中。胚珠具有内、外两层珠被,在胚珠前端两内珠被之间留有孔隙,形成孔道,叫珠孔。珠被与珠柄愈合的区域叫合点。由于胚珠在发育过程中,在珠柄上倒转了180°,珠孔和合点的连接线几乎与珠柄平行,并导致在珠柄一侧的外珠被与珠柄愈合,所以只能见到另一侧的外珠被。珠心位于珠被内方,由薄壁细胞组成。由于在近珠孔端的珠心细胞仅为一层,属于薄珠心胚珠。薄珠心胚珠较之多层细胞构成的厚珠心胚珠要进化。被子植物的珠心相当于大孢子囊,在珠心内部可以看到比较透明的胚囊。

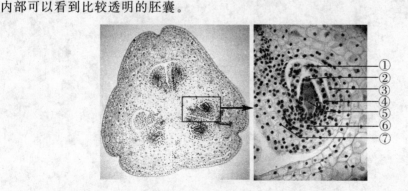

图 17-2 百合子房横切示倒生胚珠
①珠孔 ②珠心 ③外珠被 ④内珠被 ⑤胚囊 ⑥合点 ⑦珠柄

3. 胚囊的发育。在珠心中产生大孢子母细胞,经减数分裂产生大孢子,胚囊即由大孢子发育而成。胚囊是被子植物的雌配子体,其内产生雌配子——卵细胞。成熟胚囊有 8 个核、7 个细胞,其中近珠孔的一端分布有卵细胞和两个助细胞,远珠孔的一端分布有 3 个反足细胞,中央是 2 个极核组成的 1 个中央细胞。

观察百合子房横切片,可见胚珠中的成熟胚囊,但看不到典型的 8 核 7 细胞,为什么? 百合胚囊为贝母型胚囊,它与蓼型胚囊有何主要区别?

四、作业

1. 绘百合子房横切面轮廓图,并注明各部分名称。

2. 绘一个花粉囊详图,并注明各部分名称。

3. 根据观察结果和课堂教学内容,列表说明从开花到果实和种子的形成,花的各部分的演变情况是怎样的。

五、思考与探索

1. 联系花粉粒形成的各个时期,解释花粉囊壁结构上所发生变化的意义。

2. 归纳花粉的类型及其外部形态。

3. 百合胚囊的发育是四孢子胚囊中的一种类型,试描述其他几种类型。

实验十八　种子的形成

被子植物经过双受精后,胚珠发育成种子。合子发育成种子中的胚,受精极核发育成胚乳,胚珠的珠被发育成种皮,而珠心一般退化。

一、实验目的与要求

1. 掌握双子叶植物胚的发育各阶段特征。
2. 掌握单子叶植物胚的发育特征。
3. 了解胚乳的发育。

二、仪器、药品与材料

(一)实验材料
荠菜(*Capslla bursa-pastoris* Medic.)胚胎发育不同时期的子房切片与角果,小麦(*Triticum aestivum* L.)不同发育时期胚的纵切片。

(二)仪器与用品
显微镜,载玻片,盖玻片,刀片,镊子,吸水纸,擦镜纸,解剖针,培养皿,滴管。

(三)试剂
5% KOH,10%甘油。

三、实验内容与方法

(一)双子叶植物胚的发育
胚的发育开始于合子,可分为原胚阶段、胚的分化与成熟两个阶段。在不同时期荠菜子房的纵切片中,可以观察到角果内多个胚珠的切面,挑选比较完整、切面位置接近中央部位的胚珠纵切面,在显微镜下观察胚囊内胚的不同发育时期(图18)。

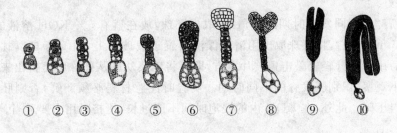

①　②　③　④　⑤　⑥　⑦　⑧　⑨　⑩

图18　荠菜胚的发育过程
①~④原胚阶段　⑤~⑦球形胚的形成　⑧心形胚　⑨鱼雷形胚　⑩成熟胚

1. 原胚阶段。在这一时期,合子第一次分裂所形成的胚只具有一个基细胞和一个顶细胞。紧贴胚囊珠孔端的高度液泡化的大型细胞为基细胞,又称胚柄细胞或泡状细胞。在荠菜胚的系列发育切片中,可以观察到下列原胚形成阶段:基细胞经过多次分裂,形成靠近珠孔的单列多细胞的胚柄;而远珠孔端的顶细胞(胚细胞)经过分裂,逐渐形成 4 个、8 个至几十个细胞的球形胚体,该阶段一直延续到辐射对称的球形胚体出现之前。胚柄的主要功能是从胚囊和珠心中吸收养料并提供给胚。

2.胚的分化与成熟时期。在此阶段,胚开始分化出各种器官。

(1)球形胚:由顶细胞分裂构成的球形胚体。

(2)心形胚:在球形胚体顶端两侧,由于细胞分裂较快形成两个突起,即为子叶原基,整个胚体呈心脏形。

(3)鱼雷形胚:由于子叶原基延伸,形成两片子叶,子叶基部胚轴也相应伸长,整个胚体呈鱼雷形,以后子叶随着胚囊形状而弯曲、胚柄逐渐退化,仅胚柄基部的泡状细胞比较明显。

(4)成熟胚时期:该时期的胚由于子叶、胚轴的弯曲延伸,整个胚已弯曲呈马蹄形,两片肥大的子叶之间已分化出小突起状的胚芽。与胚芽相对应的一端是胚根,胚芽与胚根之间为胚轴。此时胚的发育已基本完成,珠被已发育成种皮,整个胚珠已发育成种子。

(二)双子叶植物胚乳的发育

观察荠菜角果纵切片,可见在原胚阶段,胚囊内的初生胚乳核经过多次核分裂,所形成的多数游离核分布在胚囊四周。随着胚的发育分化,靠胚囊外侧的胚乳游离核已产生细胞壁,成为胚乳细胞。由于荠菜的胚乳在形成过程中经过一个游离核阶段,这种发育形式叫做核型胚乳。核型胚乳发生于多数双子叶植物中,也发生于单子叶植物中。

(三)单子叶植物胚的发育

观察小麦颖果不同发育时期胚的纵切片,对照上述观察,进行单子叶植物与双子叶植物胚的构造和发育方式的分析比较。注意小麦胚胎发育的几个方面:合子休眠后,第一次分裂是一次不均等的横分裂;子叶原基不等速分裂,形成一片子叶,所以没有心形胚和鱼雷形胚等时期。

(四)荠菜胚整体压挤法

此方法可对荠菜胚或其他植物的胚的发育进行活体观察,形态自然逼真,方法简便,效果好。

取新鲜的不同发育时期的短角果,取出胚珠,放在盛有 5% KOH 溶液的表面皿中浸泡 5 min 左右,将胚珠取出用清水漂洗后置于载玻片上,加 1 滴 10% 甘油,盖好盖玻片后用解剖针轻轻敲击盖玻片上方,即可将荠菜幼胚从胚珠中压挤出来,然后置显微镜下观察,识别胚发育的不同时期。实验时注意材料必须新鲜,否则胚无韧性,易将材料压碎。此外,在 KOH 内的浸泡时间不能过长,压挤时用力要适当。

四、作业

绘出荠菜胚发育阶段中球形期、心形期、鱼雷形期的形态。

五、思考与探索

对比荠菜和小麦胚的发育,归纳双子叶植物和单子叶植物胚胎发育的异同点。

实验十九　植物果实的类型

一般认为果实是在被子植物的雌蕊受精之后,子房膨大所产生的。在果实的包被之中,种子的发育、成熟受到保护,避免了外部环境的危害。果实的产生有效地促进了种子的散布,而广泛的散布对于被子植物的繁殖和种族繁荣具有非常重大的意义。果实的分类主要依据为:组成果实的雌蕊数目、果实的起源、果皮的结构及其坚硬程度、果皮是否开裂等。掌握各种果实类型是植物分类学学习的一个重要方面。

一、实验目的与要求

1. 了解不同类型果实结构上的多样性。
2. 掌握果实的分类。

二、仪器、药品与材料

(一)实验材料

各种果实的浸制标本,桃(*Amygdalus persica* L.)、梅(*Armeniaca mume* Sieb.)、苹果(*Malus pumila* Mill.)、梨(*Pyrus pyrifolia* Nakai)、蚕豆(*Vicia faba* L.)、百合(*Lilium brownii* var. *viridulum* Baker)、白玉兰(*Magnollia denudata* Desr.)、草莓(*Fragaria ananassa* Duchesne)、莲(*Nelumbo nucifera* Gaertn.)、蓬蘽(*Rubus Hirsutus* Thunb.)、桑(*Morus alba* L.)、菠萝(Ananas comosus Merr)、无花果(*Ficus carica* L.)、番茄(*Lycopersicon esculentum* Mill.)、枳(*Poncirus trifoliate* Raf.)、南瓜(*Cucurbita moschata* Duch. Ex Poiret)、青菜(*Brassica chinensis* L.)、陆地棉(*Gossypium hirsutum* L.)、牵牛(*Pharbitis nil* Choisy)、车前(*Plantago asiatica* L.)、虞美人(*Papaver rhoeas* L.)、石竹(*Dianthus chinensis* L.)、向日葵(*Helianthus annuus* L.)、小麦(*Triticum aestivum* L.)、板栗(*Castanea mollissima* Bl.)、鸡爪槭(*Acer palmatum* Thunb.)、锦葵(*Malva sinensis* Cavan.)、野胡萝卜(*Daucus carota* L.)等植物的果实。

(二)仪器与用品

显微镜,解剖镜,载玻片,盖玻片,刀片,镊子,吸水纸,擦镜纸,培养皿,滴管。

三、实验内容与方法

(一)果实的构造

由于花的结构、特别是心皮的结构上的多样性,导致了果实的构造多种多样。选取完全由子房壁发育而成的果实为观察对象。观察桃子的纵切面,果皮由外向内分为三层。最外一层皮是外果皮,其内肥厚肉质的部分是中果皮,最坚硬的核壳是内果皮,这三层果皮都由子房壁发育而来。敲开内果皮,看到种子,种子外面包被有膜质状种皮。

桃、梅这类比较典型的果实,能分辨出三层果皮。而其他各类的果实在成熟时,往往三层果皮分化不显著,需要在显微镜下观察才能区分。

一些果实的外果皮上分布有毛、刺钩或翅等附属物。这些附属物的存在与果实的传播方式有关。

(二)果实的类型

一般果实的分类有以下几种方法:

1.根据果实的来源,果皮是否有非心皮部分的结构参与形成,可分为真果和假果。

(1)真果。果实单纯由子房发育而成,叫做真果,如桃的果实。

(2)假果,又称梨果,指除子房外,还有花托、花萼或苞片等花的其他部分共同发育而成的果实(图19)。

取苹果果实观察,与果柄相反的一端有宿存的萼。因为苹果是子房下位,所以在发育过程中,由花托与子房壁一起膨大而形成假果。其食用部分主要是花托的肥大部分。子房5室,衬托子房室的一层稍坚韧的骨质结构为子房内壁。子房壁所形成的果肉和花托等所形成的果肉之间,在颜色上呈现一分界线。在果肉部分分布有十个维管束,其中5个属于花萼,5个属于花冠。

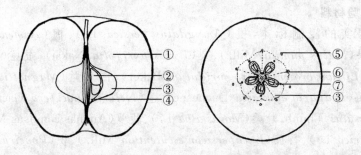

图 19　苹果假果的结构
①花托　②种子　③子房壁　④子房室　⑤萼片维管束　⑥花瓣维管束　⑦心皮维管束

2.根据果实的雌蕊数目及其来源,可分为单果、聚合果和聚花果。

(1)单果。1朵花中只由1个雌蕊形成1个果实,该雌蕊可以是单心皮雌蕊或是多心皮合生雌蕊。观察蚕豆、百合等的果实。

(2)聚合果。1朵花中有许多离生雌蕊,每一雌蕊形成1个单果,这些单果聚合在1个花托上,组成为聚合果。其中有聚合蓇葖果,如白玉兰的果实;有聚合瘦果,如草莓;有聚合坚果,如莲;有聚合核果,如蓬藨等。

(3)聚花果(复果)。由整个花序形成的果实,其中每一朵花发育成1个单果。它有各种各样的形式。

观察桑葚,除子房壁外,肉质化的花萼和花序轴也参与到果实的形成中。菠萝是由苞片、花被片、子房和花序轴等肉质化后,共同组成的果实。而无花果的形态是多数小坚果包藏在肉质内陷的囊状花托内。

3.根据果实成熟时,果皮的结构和性质可分为肉果和干果两大类。

(1)肉果:成熟果实的果皮肉质化,常肥厚多汁。根据果皮的来源和性质可分为以下几类:

①浆果。观察葡萄的果实,其外果皮膜质,中果皮、内果皮均肉质化,充满汁液,内含多枚种子。观察番茄的果实,由上位子房发育而成。外果皮由一层表皮细胞以及在其内方的3～4层厚角细胞所组成,中果皮肉质化,内果皮极薄,由一层细胞构成。具有发达的肉质化胎座。

②柑果。柑橘类植物果实称作柑果,为芸香科植物所特有。枳的果实由多心皮合生的上位子房发育而成。将果实横切,外果皮橙色、革质,有多数挥发油囊(分泌囊)分布。中果皮白色,比较疏松,分布有维管束。内果皮成膜状,分隔成若干室,向囊内生出许多肉质多浆的多细胞腺毛,充塞子房腔室。这种腺毛是食用的主要部分。与浆果对比,柑果的不同之处主要在于外果皮革质化。

③瓠果。葫芦科植物的果实称为瓠果,由下位子房发育而成,属于假果。观察南瓜果实的横切面和纵切面,子房由3心皮组成、侧膜胎座。由于子房和花托共同发育成果实,没有明显的外果皮,而是由花托和外果皮共同结合为坚硬的果实外壁。中果皮异常发达,肉质化,内果皮薄,由一层内表皮细胞组成。肉质部分包括果皮和胎座。

④核果。观察桃、梅等果实,由单心皮的雌蕊发育形成,通常含有一粒种子。果实具有明显的外、中、内三层果皮。外果皮膜质,中果皮肉质多汁,为食用部分;内果皮由石细胞组成,特别坚硬,包在种子之外,形成木质化的果核。

⑤梨果。由下位子房发育而成,属于假果。观察苹果、梨的果实,由花托、花萼、花冠和雄蕊基部组成的花筒与心皮结合,食用的主要部分是肉质化的花筒。外果皮与花筒没有明显的界限,内果皮由一层长形的软骨质的厚壁细胞所组成,革质化明显。

(2)干果:果实成熟时,果皮干燥。根据成熟时果皮是否开列分为两大类。

①裂果:果实成熟时,果皮部分或完全裂开,种子散出。根据构成果实的心皮数目和开裂方式可分为下列几种类型:

a.荚果。为豆目植物所特有。由一心皮发育而成,成熟时沿背缝线(即心皮中脉所形成的一条缝线)和腹缝线(即心皮向内折合相连所形成的一条缝线)同时开裂。观察蚕豆的果实。

b.蓇葖果。由单心皮的雌蕊或离生雌蕊发育而成,成熟时沿背缝线或腹缝线纵向开裂。观察白玉兰的果实,为聚合蓇葖果,每一个蓇葖果由单心皮发育而成,成熟时沿腹缝线开裂。

c.角果。由2心皮发育而成的果实,子房1室,具有假隔膜,侧膜胎座。成熟时果皮沿两条腹缝线开裂成两片,脱落,留在中间的为假隔膜。观察青菜的果实。

d.蒴果。由两个以上心皮发育而成的果实,子房1室或多室,每室有多粒种子。成熟时果实开裂方式各种各样。主要有:

ⅰ.瓣裂式。成熟果实自上而下裂为数瓣。观察陆地棉的果实为背瓣开裂,牵牛花的果实为腹瓣开裂。

ⅱ.盖裂式。观察车前的果实,成熟时在中部发生横裂,上半部分脱落。

ⅲ.孔裂式。观察罂粟的果实,成熟时在顶部或基部发生很多小的裂孔。

ⅳ.齿裂式。观察石竹的果实,成熟时在顶部到中部发生纵裂,裂齿外翻。

②闭果:果实成熟后果皮不开裂,由1心皮或多心皮雌蕊形成,果实一般具有1

粒种子。分为下列类型：

a. 瘦果。由 1 或数心皮组成，内含 1 粒种子。果皮坚硬，成熟时果皮、种皮分离。观察向日葵的果实，由下位子房组成。

b. 颖果。内含 1 粒种子，果皮和种皮紧密愈合，不易分开。颖果为禾本科植物所特有，如小麦的果实。

c. 坚果。多数由下位子房发育而成。果皮坚硬木质化，内含 1 粒种子。观察板栗，坚果包在由花序发育形成的总苞中。

d. 翅果。多为上位子房发育而成。果皮延展成翅状，有利传播。观察鸡爪槭的果实。

e. 分果。由 2 个以上心皮发育而成，每室含 1 粒种子。果实成熟时各室相互分离，但果壁仍包被着种子。观察锦葵的果实，果实成熟时分为一个个分果瓣。观察野胡萝卜的果实，心皮沿中轴分开，悬于中轴上端，小果本身不开裂，叫做双悬果，为伞形科植物所特有。

附　单果类检索表

四、作业

在校园内采集各种不同的植物果实，对照实验、检索表，将所采集的果实加以区别比较，分别说明它们是什么类型的果实。为什么？

五、思考与探索

1. 果实的分类依据是什么？
2. 聚合果是由何种类型的雌蕊发育而成的？

第四章　植物的多样性

实验二十　藻类植物的主要分类特征

藻类植物是一群古老的植物,一般具有能进行光合作用的色素。藻类植物分布极为广泛、多样性极其丰富,目前已知的藻类植物约 3 万余种。根据藻类植物的形态、植物体细胞及载色体的结构、所含色素的种类、贮藏营养物质的类别、生殖方式及生活史类型等,通常分为 11 个门,其中包含原核生物的蓝藻门。

一、实验目的与要求

1. 了解原核生物和真核生物的区别。
2. 掌握藻类植物的主要特征及其分类地位。
3. 了解藻类植物主要生殖方式。
4. 了解藻类植物生活史的主要类型。

二、仪器、药品与材料

(一)实验材料
颤藻属(*Oscillatoria*)、衣藻属(*Chlamydomonas*)、水绵属(*Spirogyra*)、轮藻属(*Chara*)舟形藻属(*Navicula*)植物,海带(*Laminaria japonica* Aresch)带片横切片,海带雌、雄配子体装片。

(二)仪器与用品
解剖镜,显微镜,载玻片,盖玻片,刀片,镊子,吸水纸,擦镜纸,培养皿,滴管。

(三)试剂
95%乙醇,亚甲基蓝溶液,鲁格氏溶液,4%甲醛溶液。

三、实验内容与方法

(一)蓝藻门主要分类特征
颤藻属:属蓝藻门颤藻目。由于丝状体的藻体能做前后左右的运动,故而得名。常分布于有机质丰富的湿地与浅水中或是下水道的出口两边,藻体常密集着生,形成外观呈黑色天鹅绒般光泽的膜状物。

提前数天准备实验材料。可在下水道附近,用刀刮取黑色膜状物,取少许材料镜检,以确定是否为纯的颤藻属植物。由于席藻属(*Phormidium*)植物常易于和颤藻混生,必须通过镜检加以区分,两者形态上的区别在于席藻具有明显的胶质鞘。

将材料置于培养皿中,保持一定湿度,在光照培养箱中培养。一段时间后,可见颤藻的藻体分散分布于培养皿的壁上。实验观察时,取爬至壁上的少量材料做临时装片,避免携带泥土等杂质,从而影响观察。镜检可见植物体为单列不具分枝的丝状体,每个细胞呈扁平圆柱状,藻体不具明显的胶质鞘。由于蓝藻植物是原核生物,细胞不具细胞核和细胞器的分化,用亚甲基蓝染色,可根据染色的深浅区分中央质和周质。颤藻主要以藻殖段进行营养繁殖。

试找出死细胞和隔离盘,并说出判断理由。

(二)绿藻门主要分类特征

1. 衣藻属:属绿藻门团藻属。植物体为单细胞,常生活于有机质丰富的小水体中。在春夏季节大量发生,由于其增殖迅速,水体常呈绿色。取材后需放入较大的器皿内,培养于光照培养箱中,保持一个适合衣藻生长的环境。否则由于环境的急剧变化易导致衣藻的鞭毛脱落,形成不定群体而沉到底部。

在做实验时,可利用衣藻的趋光性,加以侧面光照,使局部地区的藻体密集,便于取材。取一小滴藻液做成临时装片后,在盖玻片的右侧加一小滴鲁格氏溶液,镜检可见盖玻片下方右侧的衣藻已被快速固定,鞭毛和蛋白核清晰可见。左侧的衣藻因为没受到鲁格氏液的影响,藻体仍然能够较快速地运动,可见到红色的眼点等。而盖玻片中间的衣藻因为受到鲁格氏溶液的影响,藻体运动极为缓慢,有利于藻体细微结构的观察。

注意其载色体的形状,可以见到伸缩泡吗?它具有何种作用?可以见到细胞核吗?试通过一段时间的培养,看是否能观察到衣藻有性生殖的发生。

2. 水绵属:属绿藻门接合藻目。植物体为不具分枝的丝状体,多分布于小河沟及小池塘内。晴天,藻体成团漂浮于水体上方;阴天,则沉入水体下方。由于藻体细胞壁的外层含大量果胶质,手触摸有黏滑的感觉。进入有性生殖时期,藻体的颜色由鲜绿色转变为黄绿色。取营养时期的材料观察,可见每个细胞内呈螺旋状分布的载色体(叶绿体),载色体上分布有多个蛋白核。由于种类的不同,载色体的数目不同,为一至多条。载色体数目的多少是分种的主要依据之一。

如果过水绵细胞核作一个藻体的横切面,试画出其结构图。取有性生殖各个时期的水绵观察,解释为什么水绵的接合生殖被称为梯形结合。观察水绵的侧面结合装片观察,结合水绵的梯形结合分析这两种生殖方式中哪一种比较原始。

(三)轮藻门主要分类特征

轮藻属:属轮藻门。广泛分布于沼泽、池塘、湖泊中,在半咸水的水体中也有分布,但所生存的水体透明度较高,且富含钙质。

观察植物体的外形,注意在主枝的节上四周轮生短枝。主枝和短枝均有节和节间的区别,在短枝的节上生有单细胞的刺状物。藻体基部有单列细胞组成的分枝,这种分枝可以称为根吗?轮藻属的有性生殖是卵式生殖,在进入有性生殖时期分别产生卵囊和精子囊。取具有卵囊和精子囊的轮藻进行观察,注意它们的着生位置、形态构造等。

(四)硅藻门主要分类特征

舟形藻属:属硅藻门羽纹硅藻纲。单细胞的植物体呈舟形,细胞壁由2个套合的硅质瓣片组成,硅藻由此得名。海水、淡水中均有分布,春秋两季生长旺盛。在一些临时积水坑中,可见硅藻呈锈色的絮状颗粒,或呈黄褐色漂浮物。在湿地上能迅速繁殖,形成胶状物。

　　用吸管吸取材料,用4‰甲醛溶液固定。观察时,取少量材料制成临时装片,可见细胞壁由两个瓣片相互套合而成。观察壳面、环带面在外形上有何不同。高倍镜下可见瓣面上的花纹呈两侧对称,找出中央节、极节和脊缝。一般认为舟形藻的运动是其原生质环流所致,这种运动方式和脊缝的存在有关系吗?

　　注意藻体内细胞核的位置,载色体的数量和颜色、分布位置。

　　硅藻在水中分布广泛,是鱼类和其他水生动物的食物。硅藻死亡后,其细胞壁形成的硅藻土具有多种工业用途。

　　(五)褐藻门主要分类特征

　　海带:属褐藻门不等世代纲。为冷温性海产大型藻类。

　　取海带的孢子体观察,结构上可分为三个部分:多次二叉状分枝呈假根状的固着器、扁圆柱形的柄和扁平的带片。进入生殖时期的带片由于分布有大量的游动孢子囊,外形上呈深褐色的斑块。镜检具有游动孢子囊的带片横切片,观察表皮、皮层、髓部、胶质管以及分布在髓部的端部膨大的喇叭丝;重点观察着生于表皮上的游动孢子囊、侧丝和胶质冠。观察海带雌、雄配子体的装片,结合海带配子体与孢子体的外形大小的悬殊,进一步理解为什么说海带属于不等世代纲。

四、作业

　　1.绘一段颤藻藻体外形放大图,注明藻殖段、死细胞、营养细胞、中心质和周质等。

　　2.绘水绵的接合生殖各时期。

　　3.绘具有游动孢子囊的海带带片部分横切面图,注明表皮、皮层、髓部、游动孢子囊、侧丝和胶质冠等。

五、思考与探索

　　1.根据所观察的绿藻门植物的特征,分析为什么说绿藻是植物界进化的主干。

　　2.藻类植物的生活史有哪些基本类型?

实验二十一　菌类植物的主要分类特征

菌类植物是一群依靠现存有机物而生活的一类低等异养植物,没有根、茎、叶分化,一般不具光合色素。菌类植物不是一个自然亲缘关系的类群,根据结构和生活习性等特征可分为细菌、真菌和黏菌三个门。真菌门约为 10 000 属,120 000 种,根据 Ainsworth 的分类系统可分为鞭毛菌亚门、接合菌亚门、子囊菌亚门、担子菌亚门和半知菌亚门。

一、实验目的与要求

1.通过对各代表植物的观察,掌握真菌各亚门的主要特征与异同点。
2.识别常见真菌。

二、仪器、药品与材料

(一)实验材料

水霉属(*Saproleguia*)菌类,匍枝根霉(*Rhizopus stolonifer* Vuill),酵母菌属(*Saccharomycrs*)菌类、橘青霉(*Penicillium citrinum* Thom)、蘑菇(*Agaricus campestris* L. ex Fr.)、冬虫夏草(*Cordyceps sinensis* Sacc.)、木耳(*Auricularia auricula* Underw.)、银耳(*Tremella fuciformis* Berk.)猴头(*Hericium erinaceus* Perk.)、灵芝(*Ganoderma lucidum* Karst.),马勃属(*Lycoperdon*)、羊肚菌属(*Morchella*)菌类,树舌(*Gan-oderma applanatum* Pat.)。

(二)仪器与用品

解剖镜,显微镜,载玻片,盖玻片,刀片,镊子,吸水纸,擦镜纸,培养皿,滴管,恒温培养箱。

(三)试剂

95％乙醇,亚甲基蓝溶液,鲁格氏溶液。

三、实验内容与方法

(一)鞭毛菌亚门主要分类特征

水霉属:属鞭毛菌亚门水霉目。从患病鱼的体表取水霉属菌菌丝制成临时装片,可见菌丝体呈管状、分枝、无隔、多核,外观呈白色绒毛状。部分菌丝顶端略膨大成长筒形的游动孢子囊,这表示水霉属菌在进行无性生殖。水霉属具有两个显著的特征,一个是孢子囊的层出现象,一个是"双游现象"。孢子囊的层出现象是指在孢子囊的孢子游出后,基部可再生新的孢子囊,依次重复 3～4 次。"双游现象"是指在孢子囊内形成许多顶生双鞭毛的游动孢子,又称初生孢子,它们由囊顶所开小孔中逸出,游泳片刻即停止,鞭毛脱落,外生细胞壁,成为静孢子;静孢子再萌发,形成具侧生 2 条鞭毛的肾形游动孢子,又称次生孢子。经过"双游现象",次生孢子不久又变为静孢子,由静孢子在新寄主上发育成新的菌丝体。

在装片中还可以见到一些菌丝顶端或中间部分膨大成球形卵囊,其内的原生质收缩成单核的原生质团,形成卵,卵有多数。与此同时,在卵囊附近的菌丝顶端也形成棒状精囊,精囊中的细胞核分裂产生许多雄核,表示进入有性生殖阶段。受精时从精子囊产生许多分枝,称为授精丝,每一分枝穿入卵囊内,与各个卵相接触,精囊内的原生质与各个雄核分别通过授精管的各条分枝进入卵囊内,与卵接触,配合成合子。

合子外部生有厚壁,又称卵孢子。经过一段休眠期,卵孢子萌发,先是细胞核经过多次分裂,其中有一次为减数分裂,成为多核,以后生一短菌丝,并萌发成为菌丝体,从而开始了水霉新的生活史。

(二)接合菌亚门主要分类特征

匍枝根霉:属接合菌亚门根霉属。实验材料可以自己培养。在实验前 4～5 d,取馒头或面包切成片,放置在垫有湿纸的培养皿内,暴露在外数小时,进行自然接种。再盖好培养皿盖,置于弱光下温暖处或温箱中(25℃～28℃)培养。约 3 d 后,培养基表面长满白色的绒毛,这就是匍枝根霉菌丝体。继续培养至菌丝先端呈现灰色,这表明孢子囊中的孢子已趋于成熟。此时可用镊子从基质上镊取少许匍枝根霉菌丝制成临时玻片进行观察。如继续培养,材料将呈现黑色,这表示孢子囊中的孢子已成熟。呈现黑色的材料,在制作临时装片时,孢子囊易破裂,影响观察效果。

在显微镜下可见菌丝体呈绵白色,菌丝无隔、多核。由于在基质表面匍匐生长,假根伸入基质内,具有分枝。在假根处向上产生的直立部分为孢子囊梗,顶端膨大为球形的孢子囊,孢子囊柄伸入孢子囊内并膨大,形成囊轴。分布于囊轴表面的造孢组织形成大量小球形状的孢子。这就是匍枝根霉的无性生殖,是其繁殖的主要方式。

(三)子囊菌亚门主要分类特征

1. 酵母菌属:属子囊菌亚门内孢霉目。酵母菌多生长在含糖高的基物上,材料可以自己培养。取鲜酵母掺于糖水内,2 d 后,即可见培养液体变混浊,并产生酒味。用吸管吸酵母菌培养液 1 滴制成临时装片,在高倍镜下,将虹彩光圈调小进行观察。可见菌体为卵圆形或球形的单细胞。部分菌体已进行出芽繁殖,其表现形式为从单细胞的菌体上生出小突起,为芽体。繁殖旺盛时,芽体还未离开母体又生新芽,因而组成颇似仙人掌植株外形的拟菌丝。酵母菌是子囊菌亚门中最低级的一个属,有性生殖为体配,即由两个营养细胞或两个子囊孢子结合形成子囊,而不产生子囊果。

2. 橘青霉:属子囊菌亚门散囊菌目。取新鲜橘子皮放在铺有湿纸的培养皿内,敞开在空气中接种后,盖好,置于温暖处或温箱中(25℃)培养。数天后,可见橘子皮上长出白色菌丝体,这显示橘青霉菌已长出。再经过 1～2 d,菌丝变为灰绿色,表示橘青霉的分生孢子已经成熟。在菌丝还是白色时,取少许橘青霉菌菌丝制成临时装片,在显微镜下观察,可见其菌丝体由许多有隔的菌丝组成。菌丝上有直立的分生孢子梗,孢子梗顶端作多次分枝,形似扫帚,在末级分生孢子梗顶端着生成串的分生孢子,孢子白色。如果所取橘青霉菌已呈绿色,在制片过程中,分生孢子极易脱落,从而不能观察到分生孢子的着生状况。橘青霉的繁殖方式主要是以分生孢子进行无性生殖,而不是有性生殖。

(四)担子菌亚门主要分类特征

蘑菇:属担子菌亚门伞菌目。新鲜的蘑菇为成熟的子实体,又称担子果。它是由许多营养菌丝(又称三生菌丝)交织而成。子实体外形呈伞状,菌柄中生,上有菌环;上部伞形的盖被称为菌盖,菌盖的下面有放射状的薄片,叫菌褶,菌褶上分布有子实层。

取蘑菇菌褶制片观察,在中央的圆形结构为菌柄之横切面。菌褶在菌柄周围作辐射状排列,每条菌褶由许多菌丝交织而成,菌褶的两侧产生多数棒状的无隔担子。在成熟的担子顶端产生 4 个小梗,上面各着生 1 个担孢子。在担子与担子之间,有时可见外形似无隔担子的菌丝细胞,叫侧丝。侧丝是由不孕的双核细胞所形成的。侧丝、担子和担孢子共同组成了蘑菇的子实层。子实层的基部是由菌丝体相对紧密排列而成的结构,叫子实层基;在菌褶中央菌丝排列疏松,构成菌髓。

一些伞菌的担子果在幼年期被一层膜所包被,这层膜称为外菌幕。由于菌柄延长,外菌幕破裂后,有部分残留在菌柄基部而称菌托,如草菇等。一些伞菌的担子果在幼嫩时,在菌盖边缘有层膜与菌柄相连,将菌褶遮住,该层膜叫内菌幕。等到菌盖张开时,内菌幕被拉破,在菌柄上的残留部分叫菌环,如蘑菇等。

观察冬虫夏草、羊肚菌、银耳、木耳、灵芝、树舌等实物标本。

四、作业

1.绘匍枝根霉形态图,注明匍匐菌丝、假根、孢子囊柄、孢子囊和囊轴等菌体各部分构造。

2.绘伞菌菌褶图,注明菌髓、子实层基、担子及担孢子等。

五、思考与探索

1.担子菌的初生菌丝和次生菌丝有何原则区别?

2.概述真菌各亚门的亲缘关系。

实验二十二　苔藓植物的主要分类特征

　　苔藓植物分布很广,在中国约有 2 100 种。由于植物体没有维管组织的分化,其受精作用必须依赖于水,所以它们多生活于潮湿的生境中。生活史为孢子减数分裂型,具有配子体占优势的异型世代交替,孢子体寄生在配子体之上。苔藓植物门分为苔纲、藓纲和角苔纲。

一、实验目的与要求

　　1.掌握苔藓植物的主要特征及其分类地位。
　　2.了解苔纲和藓纲植物的主要区别。
　　3.识别所在地区常见的苔藓植物。

二、仪器、药品与材料

(一)实验材料

　　地钱(*Marchantia polymorpha* L.)浸制标本,具雌、雄生殖托的配子体和孢子体纵切片;泥炭藓属(*Sphagnum*)植物的浸制标本;葫芦藓(*Funaria hygromentrica* Hedw.)具有孢菌的植株、精子器和颈卵器纵切片、原丝体装片。

(二)仪器与用品

　　解剖镜,显微镜,载玻片,盖玻片,刀片,镊子,吸水纸,擦镜纸,培养皿,滴管。

三、实验内容与方法

(一)苔纲主要分类特征

　　地钱:属苔纲地钱目,为常见的苔类。多生于潮湿处,为雌雄异株。
　　(1)地钱配子体的外部形态。取新鲜地钱观察,植物体为"二叉分枝"的叶状体,具有背腹之分;生长点位于叶状体先端的凹入处。叶状体背面可见到杯状突起的胞芽杯,其内产生胞芽,是其营养繁殖的主要方式。叶状体的腹面生有假根和鳞片,具有固着和保水作用。
　　(2)地钱配子体的内部结构。取地钱的叶状体作横切片,镜检可见最上面的一层细胞组成上表皮,上表皮下的空腔为气室,气室内分布有同化丝,由含有叶绿体的排列疏松的细胞组成;室与室之间有单层细胞构成的壁,烟囱状的气孔没有闭合能力。气室下是由多层细胞组成的贮藏组织。下表皮为一列细胞所组成,无通气孔。下表皮上分布有紫褐色的鳞片及假根,假根的细胞壁光滑或向内产生突起。
　　(3)地钱的生殖托。进入生殖时期后,在雌、雄配子体上分别产生雌生殖托和雄生殖托。雌生殖托伞状,边缘具多个指状裂片,在两裂片之间生有一排颈卵器。取地钱颈卵器切片在低倍镜下观察,可以看到在指状芒线的下方悬挂着花瓶状的颈卵器。每个颈卵器可分为颈部和腹部两部分,仔细观察外面的壁细胞和里面的颈沟细胞、腹沟细胞与卵细胞。雄生殖托外形为边缘浅波状的圆盘。取地钱精子器切片在低倍镜下观察,可见椭圆形的精子器陷于圆盘中,精子器外壁由一层薄壁细胞构成,内部充满精细胞。精细胞具有鞭毛,借助于水运动至颈卵器内,和卵细胞结合,成为合子。

(4)地钱的孢子体。合子经胚的发育,形成孢子体。取着生有孢子体的雌生殖托纵切片观察,可见孢子体寄生在配子体之上,孢子体分为孢蒴(孢子囊)、蒴柄(孢子囊柄)和基足三部分。孢蒴球状,占了孢子体的极大部分,内有丝状的弹丝和大量的孢子,孢子同型。蒴柄短小。蒴柄先端为基足,伸入到雌生殖托内,以吸收配子体的营养。由此可见,苔藓植物的孢子体寄生于配子体之上。

(二)藓纲主要分类特征

1. 泥炭藓属:属藓纲泥炭藓目。生于水湿处或沼泽地区。植物体外观呈灰白色,常呈垫状丛生。取浸泡的泥炭藓材料,观察其配子体的外形。在直立茎的上端密集侧生短枝。短枝外形分别为下垂的弱枝和上仰的强枝。

注意观察其形态差异,这种差异具有何种生态学意义?有无假根?取一张叶片制成临时装片,在显微镜下观察其细胞构造。叶细胞呈两种形态,一种为大型的死细胞,无色透明,细胞壁上具椭圆形水孔和螺纹加厚;一种为狭长形的灰绿色活细胞,内含叶绿体。根据叶细胞在形态构造上的差异,分析它们各具有哪些功能。观察泥炭藓浸制标本,孢蒴呈球形或卵形,深棕色,蒴帽在孢蒴发育初期即消失,蒴柄极短、其基部延伸部位为配子体延伸而成,所以叫假蒴柄。

2. 葫芦藓:属藓纲真藓目。为喜氮的土生小型藓类,常分布于家前屋后的土地上或砖缝内,故称"随人植物"。

(1)葫芦藓的外部形态。取具有孢子体的葫芦藓观察,植物体有茎、叶分化和假根,雌雄同株异枝。进入生殖时期,雌枝顶端产生外形似顶芽的雌器苞,其内着生有数个颈卵器。雄枝顶端产生外形似一朵小花状的雄器苞,内含多个精子器和隔丝。精、卵细胞借助于水受精,最终发育成寄生于配子体之上的孢子体。取葫芦藓的精子器和颈卵器的永久制片,分别观察精子器和颈卵器的解剖构造。

(2)葫芦藓的孢子体。葫芦藓的孢子体分为孢蒴、蒴柄和基足三部分。孢蒴梨形,内生孢子;蒴柄极长,有利于孢子的散发;基足着生于配子体内。孢子成熟后散出,落于阴湿处萌发成原丝体,并继续发育成雌、雄配子体。取葫芦藓的成熟孢蒴,在解剖镜下解剖观察,能否见到蒴帽?蒴帽从何发展而来?能否见到蒴盖?用解剖针拨开蒴盖,观察蒴齿有几层。蒴齿有何作用?

(3)葫芦藓的原丝体。原丝体由孢子萌发而成,实质上为早期的配子体。外形为多细胞的分枝丝状体,含多数圆形叶绿体,细胞间的横壁不斜生。原丝体下有多细胞的、分枝状的假根,但无叶绿体分布,细胞横壁斜生。原丝体上长出芽,由芽进一步发育成配子体。观察藓类原丝体的装片,注意原丝体的细胞和芽体下方的假根细胞在形状上有何区别。

四、作业

1. 绘地钱孢子体纵切面,注明基足、蒴柄、孢蒴、孢子和弹丝。

2. 绘葫芦藓配子体与孢子体外形图,并注明蒴柄、孢蒴、蒴帽、假根、茎和叶,标明孢子体部分和配子体部分。

五、思考与探索

1. 根据地钱与葫芦藓的结构观察，将苔纲和藓纲的主要特征列表比较。

2. 根据泥炭藓的生物学特性，分析其在森林地区的过分生长往往会导致森林毁灭的原因。

实验二十三 蕨类植物的主要分类特征

蕨类植物具有维管组织的分化,在形态上具有真正的根、茎、叶,因此它和种子植物一起被称作维管植物。蕨类植物具有孢子体发达的异形世代交替,配子体微小,大多能独立生活。蕨类植物在分类系统中为一个门,在蕨类植物门中一般可分为石松亚门、水韭亚门、松叶蕨亚门、楔叶亚门和真蕨亚门。

一、实验目的与要求

1. 掌握石松亚门的主要特征及其分类地位。
2. 掌握楔叶亚门的主要特征及其分类地位。
3. 掌握真蕨亚门的主要特征及其分类地位。

二、仪器、药品与材料

(一)实验材料

石松(*Lycopodium japonicum* L.)茎横切片,卷柏属(*Selaginella*)植物茎横切片、孢子叶穗纵切片,问荆(*Equisetum arvense* L.)孢子叶球浸制材料,蕨(*Pteridium aquilinum* Kuhn.)茎横切片、具孢子囊群的浸制材料和蜡叶标本、原叶体装片,阴地蕨(*Botrychium ternatum* Sw.)茎横切片,苹(*Marsilea quadrifolia* L.)、槐叶萍(*Salvinia natans* All.)具孢子果的浸制标本、浸泡材料。

(二)仪器与用品

解剖镜,显微镜,载玻片,盖玻片,刀片,镊子,吸水纸,擦镜纸,培养皿,滴管。

(三)试剂

5%甲醛溶液,95%乙醇。

三、实验内容与方法

(一)石松亚门主要分类特征

卷柏属:属石松亚门卷柏目。多生于林缘、山地岩石或溪边阴湿处,700余种,在我国有50余种。常见种类有卷柏、伏地卷柏、江南卷柏等。孢子体为多年生草本,茎直立或匍匐;叶小型、鳞片状。取卷柏的孢子体观察,匍匐枝外形呈二叉分枝,枝上的鳞片状叶排列成4行。中叶较小,成两行排列;侧叶较大,也成两行排列。叶上具气孔,在近轴面基部有叶舌存在。孢子叶密集枝端形成孢子叶球或孢子叶穗。

观察卷柏孢子叶穗的纵切片,注意孢子是否为同型。如不是,试区分大、小孢子叶,大、小孢子囊,大、小孢子等。描述它们之间的差异。孢子成熟后,大孢子发育成雌配子体,小孢子发育成雄配子体,在雌配子体上发育出颈卵器,在雄配子体上发育出精子器。精卵结合,形成合子,进一步发育成胚。

(二)楔叶亚门主要分类特征

问荆:属楔叶亚门木贼属。生于田间、河边、水沟旁。地上茎有两种,一种为营养茎,一种为生殖茎。观察这两种枝条有何不同。每年的 4 月中旬采集具有生殖枝的材料,用 5％的甲醛溶液浸泡保存,以备实验所用。取生殖茎顶端的孢子叶球在解剖镜下观察,可见孢子叶球轴上螺旋状着生有许多六角形的孢子叶。取下一个完整的孢子叶,在放大镜或解剖镜下观察。用针轻轻拨动,可见外形呈六角形的盘状体,其下部中央着生一个柄部,故孢子叶又称作孢囊柄。在孢囊柄的盘状体下着生 6～9 个孢子囊。用镊子轻轻压破孢子囊,做成临时装片,在显微镜下观察孢子形态,可见每个孢子呈圆球形,表面有由外壁所形成的呈十字形着生的带状弹丝 4 条。这种弹丝具有何种作用?

(三)真蕨亚门主要分类特征

1. 蕨:属真蕨亚门蕨属。为广布种,生于林缘或山地阳坡。孢子体高可达 1 m。取蕨的蜡叶标本观察,可见根状茎横走,叶为三回大型羽状复叶。注意观察孢子囊群的着生位置。有无囊群盖所覆盖?做过孢子囊群的叶片横切片,观察孢子囊的着生状况,观察孢子囊的囊壁有几层细胞。环带细胞的特点及其作用?刮取少量孢子囊在载玻片上,在显微镜下观察形态,再加滴少量 95％乙醇,立即观察孢子囊的开裂过程,进一步了解环带的作用。

蕨类植物的配子体又称为原叶体。取蕨的原叶体观察,为心形,呈绿色,细胞内含叶绿体,因此原叶体可以在短时间内独立生活。在原叶体的腹面近尖端生有大量的假根,在假根之间可看到许多呈圆形的精子器;在心形原叶体前端凹陷处下方分布有许多颈卵器,每个颈卵器的腹部都埋藏在原叶体的组织内,颈部则向下伸出原叶体体外。结合野外观察,联系蕨的受精过程,了解为什么原叶体一般分布在这样的生境中。

2. 苹:属真蕨亚门苹目。水生或湿生草本,分布于水田、沟渠或池塘中。匍匐茎具二叉分枝,叶具长柄,幼时拳卷;4 片倒卵形小叶生于叶柄的顶端。叶柄柔软,可随水位高低而伸长,使叶片漂浮于水面。生殖时产生矩圆状肾形孢子果,内生多数孢子囊群。观察孢子果内的孢子囊有大、小孢子囊之分。大孢子囊内只有 1 个大孢子。小孢子囊内有多数小孢子;大、小孢子囊着生在胶质环上,孢子果成熟时,胶环吸水膨胀,伸出孢子果外,同时也将孢子囊带出果壁外。了解孢子果是由什么变态而来的。

3. 槐叶萍:属真蕨亚门槐叶萍目。小型浮水植物,广布于各地池塘、湖泊和水田。观察槐叶萍的孢子体,区别茎、浮水叶和沉水叶,注意孢子果的着生位置。由孢子果的外形能否辨别出大、小孢子果?了解它的孢子果壁的形成。分别观察大、小孢子囊和大、小孢子。

观察卷柏、石松、阴地蕨和蕨等植物的茎的横切片,了解各种中柱类型及其演化关系。

四、作业

1.绘卷柏孢子叶穗纵剖面图,注明穗轴,大、小孢子叶,大、小孢子囊,大、小孢子,叶舌等。

2.绘蕨的孢子囊,注明孢子囊柄、孢子囊壁、环带、唇细胞、孢子等。

3.绘蕨原叶体结构图,注明假根、精子器和颈卵器等。

五、思考与探索

1. 根据观察结果,比较蕨类植物门五个亚门的主要分类特征。

2. 蕨类植物比苔藓植物进化,主要表现在哪些方面?

3. 通过几种蕨类植物茎的横切面的观察,写出中柱有几种主要类型,它们彼此间的系统演化关系。

实验二十四　裸子植物的主要分类特征

裸子植物和孢子植物中的苔藓、蕨类植物一样具有颈卵器，和被子植物一样能产生种子。所以，裸子植物在分类地位上介于蕨类植物和被子植物之间。由于裸子植物的种子无果皮包被而裸露，因此而得名。裸子植物的孢子体特别发达，而配子体进一步退化为寄生在孢子体之上。花粉管的出现使受精过程完全摆脱了水的限制，而种子的产生使得胚得到了保护和营养。裸子植物在分类系统中作为裸子植物门，通常分为苏铁纲、银杏纲、松柏纲和买麻藤纲。

一、实验目的与要求

1. 掌握苏铁纲的主要特征及其分类地位。
2. 掌握银杏纲的主要特征及其分类地位。
3. 掌握松柏纲的主要特征及其分类地位。

二、仪器、药品与材料

(一)实验材料

苏铁(*Cycas revolute* Thunb.)大、小孢子叶球浸制标本；银杏(*Ginkgo biloba* L.)大、小孢子叶球浸制标本，大孢子叶球纵切片，幼茎横切片和种子浸泡材料；黑松(*Pinus thunbergiana* Franco)、杉木(*Cunninghamia ianceolata* Hook.)、水杉(*Metasequoia glyphostroboides* Hu et Cheng)、侧柏(*Platycladus orientalis* Franco)的蜡叶标本，大、小孢子叶球浸泡材料。

(二)仪器与用品

解剖镜，显微镜，载玻片，盖玻片，刀片，镊子，吸水纸，擦镜纸，培养皿，滴管。

三、实验内容与方法

(一)苏铁纲主要分类特征

苏铁，又名铁树，属苏铁纲苏铁属。我国有分布。

(1)苏铁的外部形态：观察盆栽苏铁，为常绿乔木，茎干直立不分枝。大型羽状深裂的叶集生于茎顶部。幼叶拳卷，老叶脱落时，叶基宿存。叶的裂片革质、条形，具一条中肋，边缘反卷。雌雄异株；大、小孢子叶球分别着生在雌、雄株植物的茎顶上。

(2)苏铁的小孢子叶球(雄球花)：观察小孢子叶球的浸制标本，呈圆柱形，小孢子叶多数，螺旋状排列。取苏铁的小孢子叶标本，可见每一片小孢子叶呈楔形，肉质，背腹扁平。远轴面密生小孢子囊堆，每堆有 3～5 枚小孢子囊(花粉囊)群聚在一起，每个小孢子囊成熟时纵裂，其中含有多数小孢子。小孢子叶多数，螺旋状排列在小孢子叶球的主轴上。

(3)苏铁的大孢子叶球(雌球花)：大孢子叶球由数枚大孢子叶簇生茎顶而成。取苏铁的大孢子叶标本，可见每一片大孢子叶上密生黄褐色长绒毛，上部呈羽状分裂，基部狭窄呈柄状,在其两侧着生 2～6 枚大孢子囊(胚珠)。成熟种子红褐色或橘红色,为卵圆形,微扁,顶部凹陷,早期密被灰黄色绒毛,后渐脱落。

根据观察结果,分析苏铁和蕨类植物的类同点。从苏铁大孢子叶的外型特征、胚珠的着生方式等,进一步理解生殖器官是由营养器官进化而来的观点。

(二)银杏纲主要分类特征

银杏:属银杏纲银杏科。为我国特有种。

(1)银杏的外部形态:落叶乔木。观察枝条,有长短枝之分,长枝为营养枝,短枝为生殖枝。观察幼茎横切片,可见网状中柱,内始式木质部。叶为单叶,在长枝上螺旋状着生的叶呈扇形具分叉;在短枝上簇生的叶呈扇形不具分叉;叶脉二叉状分枝。银杏的球花单性,雌雄异株。

(2)银杏的小孢子叶球:呈荑黄花序状,下垂,簇生在短枝顶端。小孢子叶多数,螺旋状着生,具短柄,每个柄端生 2 个小孢子囊(花药)。花药纵裂。

(3)银杏的大孢子叶球:大孢子叶球简化,具长柄,生于短枝叶腋或苞腋,呈簇生状。长柄顶端分为两叉,叉顶端各生一盘状球座,叫珠领,由大孢子叶特化而成。胚珠直立着生在珠领上,通常仅一个胚珠发育成种子。取银杏大孢子叶球的纵切片观察,试找出珠领、雌配子体、珠心、贮粉室、珠被、珠孔等。

取银杏的种子观察,种子核果状,外种皮肉质,其外被白粉,有臭味;中种皮骨质,白色,具 2～3 条纵脊;内种皮膜质,淡红褐色;胚乳肉质,子叶 2 枚。

(三)松柏纲主要分类特征

1. 黑松:属松柏纲松科松属。常绿乔木。

(1)黑松的外部形态:枝条有长短枝之分。叶两型,在长枝上为鳞片状,螺旋状着生,早期绿色,后蜕化成膜质苞片状;在短枝上为针状,较粗,质坚硬,两针一束着生于极度不发育的短枝之上。每束针叶基部由 8～12 枚芽鳞组成的叶鞘所包裹。孢子叶球单性,雌雄同株。

(2)黑松的小孢子叶球:排列如穗状,着生在每年新生的长枝基部,由鳞片叶腋中生出。幼时呈淡红褐色。每个小孢子叶球有 1 个纵轴,纵轴上螺旋状排列着多数小孢子叶(雄蕊),小孢子叶的背面(远轴面)有 1 对长形的小孢子囊。取花粉囊于载玻片上,加一小滴水,用镊子将花粉囊压破,在显微镜下观察,可见小孢子有 2 层壁,外壁向两侧突出成气囊,气囊的构造能使小孢子在空气中飘浮,便于风力传播。

(3)黑松的大孢子叶球:大孢子叶球 1 个或数个着生于每年新枝的近顶部,初生时呈红色或紫色,以后变绿,成熟时为褐色。大孢子叶球是由多数螺旋状排列在纵轴上的大孢子叶组成。松科植物的每个大孢子叶由两部分组成,下面较小的薄片称为苞鳞,上面较大而顶部肥厚的部分称为珠鳞,在发育后期又叫果鳞或种鳞。在松科各属植物苞鳞和珠鳞是完全分离的,但黑松等松属植物的苞鳞不明显,较难观察。一般认为珠鳞是大孢子叶,苞鳞是失去生殖能力的大孢子叶。在每一珠鳞的基部近轴面着生 2 个胚珠。取发育成熟的松球果观察,可见种鳞木质化,种鳞顶端加厚膨大呈菱形盾状,叫鳞盾;鳞盾上有鳞脐分布,微凹有短刺。

2. 杉木:属松柏纲杉科杉木属;常绿乔木,速生树种,各地广泛栽培。

(1)杉木的外部形态:大枝平展,小枝对生或近轮生,幼枝绿色,光滑无毛。叶螺旋状着生,在主枝上辐射伸展,在侧枝上叶基扭曲成假二列。叶条状披针形,革质坚硬,边缘有锯齿,先端渐尖,上面深绿色,有光泽,下面沿中脉两侧有窄条形气孔带。在春夏间,小枝的顶端还可看到雌球花和雄球花。

(2)杉木的小孢子叶球:小孢子叶球圆锥状,有短柄,常多数簇生于枝顶。小孢子叶多数,螺旋状着生。每个小孢子叶上着生3个小孢子囊。小孢子囊下垂,纵裂,药隔延伸呈鳞片状。

(3)杉木的大孢子叶球:大孢子叶球球形或长圆球形,苞鳞与珠鳞的下部合生,螺旋状排列。苞鳞大,呈椭圆形,先端急尖,上部边缘膜质,有不规则的细齿。珠鳞较苞鳞小,先端三裂,腹面基部着生3枚胚珠。杉木球果第二年成熟。取成熟的杉木球果观察,注意球果的形状,并剥取一片果鳞(半愈合的苞鳞和种鳞)观察,注意它内面具有几个种子。种子边缘是否有翅?

分别观察水杉的外部形态以及大、小孢子叶球,对照杉木进行比较,有何不同?

3. 侧柏:属松柏纲柏科侧柏属。常绿乔木,我国特产。

(1)侧柏的外部形态:着生鳞叶的小枝扁平,排成一平面,直伸或斜展。叶鳞形,交互对生。小枝中央的鳞叶外露部分呈倒卵状菱形或斜方形,鳞叶背面的中央有条状腺体;两侧鳞叶呈船形,先端微内弯,背部有钝脊。孢子叶球单性同株。

(2)侧柏的小孢子叶球:小孢子叶球卵圆形,黄色,有3~6对交互对生的小孢子叶,小孢子囊2~4个,小孢子无气囊。

(3)侧柏的大孢子叶球。分别观察大孢子叶球和成熟球果:大孢子叶球圆球形,蓝绿色,被白粉。由于苞鳞与种鳞完全合生而无法区分,将其称作珠鳞。球果有珠鳞4对、交互对生,中间2对珠鳞各生1~2枚直立胚珠,另2对珠鳞不孕。球果当年成熟,成熟前珠鳞肉质,成熟后木质,开裂,较厚,背部近顶端有一反曲的尖头,中部2对种鳞各有1~2枚种子。种子长卵形,顶端微尖,灰褐色或紫褐色,无翅或有极窄的翅。

四、作业

1.绘苏铁大、小孢子叶外形图。

2.绘银杏胚珠纵剖面图,注明各部名称。

3.列表比较松柏纲中松、杉、柏三科植物的主要异同点。

五、思考与探索

1.根据实验观察内容,列出裸子植物的主要特征。

2.根据对苏铁、银杏的观察,分析它们与蕨类植物的关系及其原始性。

3.试以松属为例,简述松柏纲植物的生活史。

实验二十五　被子植物分类观察

被子植物是植物界最高级、分布最广的一个类群。被子植物具有真正的花、具有雌蕊、能形成果实、具有双受精现象,其孢子体高度发达、配子体进一步退化。被子植物在分类系统中作为被子植物门,通常分为双子叶植物纲和单子叶植物纲。

一、实验目的与要求

1.掌握被子植物的主要特征及其分类地位。

2.通过解剖植物的花、果,掌握花图式的绘制及花程式的编写。

3.了解植物检索表的制定原则,并掌握其使用方法。

二、仪器、药品与材料

(一)实验材料

白玉兰(*Magnollia denudata* Desr.)、青菜(*Brassica chinensis* L.)、蜀葵(*Althaea rosea* CaVan.)、桃花(*Amygdalus persica* L.)、梨花(*Pyrus pyrifolia* Nakai)、向日葵(*Helianthus annuus* L.)、百合(*Lilium brownii var. viridulum* Baker)、小麦(*Triticum aestivum* L.)的花。

(二)仪器与用品

解剖镜,显微镜,载玻片,盖玻片,刀片,镊子,解剖针,吸水纸,擦镜纸,培养皿,滴管。

三、实验内容与方法

(一)被子植物的分类特征

根据克朗奎斯特分类系统,双子叶植物纲分为 64 目,318 科;单子叶植物纲分为 19 目,65 科。被子植物的分类主要是依据形态学的特征,尤其是花的形态学特征。而花程式、花图式是各种花的形态学特征的具体描述。

1.花程式:指用一些字母、符号、数字来表示花的结构、各个部分的组成、各部分的数目、子房的位置等信息所构成的公式。在花程式中常用的符号或字母及其含义有:K 代表花萼(Kalyx,德文),C 代表花冠(Corolla),A 代表雄蕊群(Androecium),G 代表雌蕊群(Gynoecium),如果没有花萼、花瓣的区别,用 P 代表花被(Perianth)。在 K、C、A、G、P 等字母的右下角的数字分别表示各轮的数目;如果缺少其中一轮,用"0"表示;如果数目多于花被的两倍,即为多数,用"∞"表示;如果某一轮的各部分相互联合,可在数字外加上( );如果某一部分出现 2 轮或 3 轮,可在数字间加上"+";子房位置的表示是:上位子房在 G 下加上一横线,下位子房在 G 上加上一横线,周位子房在 G 的上下各加一横线。在 G 后的数字用":"分开,第一个数字表示心皮数,第二个数字表示子房室数,第三个数字表示每一室的胚珠数目。表示花的特征的符号还有:♂:雄花,♀:雌花,＊:辐射对称花,↑:两侧对称花。

取蚕豆花观察,可见花两性,两侧对称;萼片合生,5裂;花瓣5,离生;雄蕊10枚,成二体,其中9枚合生;子房上位,1心皮构成,1室,内生多数胚珠。蚕豆的花公式可写为:$\uparrow K_{(5)} C_5 A_{(9)+1} \underline{G}_{1:1:\infty}$。

分别取白玉兰、青菜、蜀葵、桃花、梨花、向日葵、百合、小麦等植物的花解剖,并写出它们的花公式。

2.花图式:指用图解的方式显示花在横切面上的形态特征、花各部分数目、离合情况、排列位置和胎座类型等,是花的各部分在垂直花轴平面上的投影。

在花图式上方的一个黑点表示花轴或花序轴,该黑点也是绘制花图式的定位点。花部的远轴部和近轴部以及子房横切面的角度都依此点而定。苞片或小苞片用新月形空心弧线表现,绘于花轴的对方和两侧。若为顶生花,则花轴、苞片和小苞片均无须绘出。花的各部位于花轴与苞片之间,花萼以具突起的和具短线的新月形弧线表示,花冠以实心的新月形弧线表示。离生花萼、花冠,各弧线彼此分离;若为基部合生,则以虚线连接各弧线。要注意花被各轮的排列方式和相互关系。如花萼、花瓣具距,则以弧线延长来表示。雄蕊以花药的横切面表示,应绘出雄蕊的排列方式和轮数、连合或分离、花药开裂方向、与花被之间的相互关系,若为退化雄蕊,则以"＊"表示。雌蕊以子房横切面表示,应表明心皮的数目、离合情况、子房室数、胎座类型及胚珠着生位置等。

分别取白玉兰、青菜、蜀葵、桃花、梨花、向日葵、百合、小麦等植物的花解剖,并写出它们的花图式。

(二)植物检索表

面对千姿百态、种类繁多的植物世界,如何迅速而准确地鉴定它们的名称和分类位置?植物检索表就是这样一种有效的工具。

植物检索表是依据植物的花、果实和种子以及根、茎、叶的主要形状进行比较,抓住区分点,按照二歧分类原则,将相同的形状归在一项下,不同的形状归在另一项下,在相同的形状下,又以不同点分成相对应的二项,依次下去;例如种子裸露或包被,单子叶或双子叶,离瓣花或合瓣花等,都可以划分为相对立的两种性状。根据由此制定的植物检索表,在使用中,通过一系列的从上述两个相互对立的形状中选择一个相符的、放弃一个不相符的方法,达到鉴定种的目的。

1.常用植物检索表。目前广泛使用的植物检索表主要有两种:

(1)定距检索表,即将每一对相区别的特征分开编排在一定的距离处,标以相同的序号,每下一序号后缩一格排列。

例如:椴树科分属检索表:

1.花瓣内侧基部无腺体;不具雌雄蕊柄
  2.木本;花序梗一部分贴在生苞片上;子房每室2胚珠;核果 … 椴树属 *Tilia*
  2.草本或小灌木;花序梗不贴生在苞片上;硕果
    3.雄蕊不能育,离生;蒴果具棱或突起………………… 黄麻属 *Corchorus*
    3.外轮雄蕊不育,能育雄蕊连成5束;蒴果无棱 …… 田麻属 *Corchoropsis*
1.花瓣基部有腺体;具雌雄蕊柄
    4.落叶灌木或乔木;核果无刺;花5出;子房5室 …… 扁担杆属 *Grewia*

　　4.草本或半灌木；蒴果具刺，不开裂或裂为 3～6 瓣 　… 刺蒴麻属 *Triumfetta*

　　(2)平行检索表，又称二歧检索表，即将每一对相区别的特征编以同样的序号，并紧接并列，不同的序号排列时不退格(即左边的字码都平行)，每条之后标明应查的下一序号或已查到的分类群。

　　例如：椴树科分属检索表：

1.花瓣内侧基部无腺体；不具雌雄蕊柄 …………………………………………… 2

1.花瓣基部有腺体；具雌雄蕊柄 ……………………………………………………… 4

2.木本；花序梗一部分贴生在苞片上；子房每室 2 胚珠；核果 …… 椴树属 *Tilia*

2.草本或小灌木；花序梗不贴生在苞片上；硕果

3.雄蕊不能育，离生；蒴果具棱或突起 ………………………… 黄麻属 *Corchorus*

3.外轮雄蕊不育，能育雄蕊连成 5 束；蒴果无棱 …… 田麻属 *Corchoropsis*

4.落叶灌木或乔木；核果无刺；花 5 出；子房 5 室 ………… 扁担杆属 *Grewia*

4.草本或半灌木；蒴果具刺，不开裂或裂为 3～6 瓣 …… 刺蒴麻属 *Triumfetta*

　　平行检索表的优点是排列整齐而美观，而且节约篇幅，但不如定距检索表那么一目了然。目前采用最多的还是定距检索表。不论是哪种检索表，它们的结构都是以两个相对的特征进行编写的，且两项的号码是相同的，排的位置是相对称的。不同之处在于编排的方式上。

　　检索表有门、纲、目、科、属、种等，其中科、属、种的检索表最为重要，最为常用。

　　2.植物检索表的使用。使用植物检索表应注意以下事项：

　　(1)选择合适的检索表。根据植物的分布地理位置，选择合适的植物检索表。植物检索表种类很多，有全国性的，如《中国植物的科、属检索表》等；有地方性的，如一个省或一个市。在使用时应根据所鉴定植物的产地，来确定所使用的检索表。

　　(2)采摘正确的植物标本。最好采摘具有花、果的标本，因为许多检索的性状是依据花、果的形状而编制的。特别在初学时，还应采摘花、果较大的植物标本进行检索，便于观察和解剖。如采摘时不逢花果期，也可以依据其他形状进行检索，但检索难度较大。所采摘的枝条，枝叶要完整，如为小型草本，则尽可能采摘全株植物。

　　(3)根据植物外形仔细检索。检索鉴定时，首先仔细观察植物体的外形，着重解剖和观察花、果的结构。需要时，可在放大镜和解剖镜下进行解剖观察，并写出花程式。要根据植物的特征，按顺序逐项往下查。要全面核对两对相对性状，对比哪一性状更符合要鉴定的植物的特征，并要顺着符合的性状往下查，直至查出为止。在能直接判断出所检索植物属于哪一科、属时，可直接由此往下检索，而不必从头开始检索。

　　(4)灵活运用检索表。在核对了两项相对的性状后仍不能作出选择时，或手头的标本缺少检索表中要求的特征时，可分别从这两项相对的性状继续向下检索比较两个检索结果的描述再作出判断。

　　用在校园所采集的具有花或果实的植物材料，练习植物检索表的使用。

　　3.植物检索表的编制。植物检索表的编制要求学生将所学的分类知识进行综合应用。

　　(1)植物检索表的编制原理：根据二歧分类的原理、以对比的方式把植物类群的特征进行比较，相同的归在一项，不同的归在另一项，在相同的项下又以不同点分开，依此下去,直到把植物类群区分出来为止。检索表所列的特征,主要是植物体各部分形态特征,特别是花的结构。

(2)编制植物检索表的主要观察项目。编制植物检索表需要深入了解植物体的外部形态特征,主要观察项目有以下几个方面:

①生活型。辨别乔木、灌木、藤木、草本等。

②茎。观察茎的生长习性(直立、匍匐、攀缘、缠绕等),茎的高度,分枝特点,变态茎的有无及其类型。

③叶。观察单叶或复叶,叶序类型,托叶有无,乳汁及有色浆液的有无,叶的长度,叶序形状大小和质地,叶片各部分的形态。

④花。花序类型,花的性别(两性花或单性花、同株或异株),花的对称性(辐射对称或两侧对称),花的各部分是轮生或螺旋生,萼片形态(数目、形状、大小、离生或合生),花瓣形态(数目、颜色、离生、合生、花冠类型),雄蕊形态(数目、类型、与花瓣对生或互生),雌蕊形态(心皮数目、心皮离生或合生、花柱柱头特点、子房室数、胎座类型、胚珠数目、子房位置)。

(3)编制植物检索表的注意事项。要使所编制的植物检索表能够被应用,需要注意下列事项:

①要选择正常而完整的植株进行观察。只有根据正常的形态特征,才能识别出一个植物。最好是根、茎、叶、花俱全的(最好还有果实)。因为检索表是根据植物全部形态特征来编制的,如果缺少了某个特征,往往会使检索工作半途而废。

②正确观察植物的外形。观察时,要从植物整体到各个器官;对各个器官,要从下到上,即从根、茎到叶,再到花、果实和种子;对每个器官,要从外向里,例如花,要按照萼片、花瓣、雄蕊、雌蕊的次序进行观察。

③注意形态术语。要按照形态学术语的要求进行观察。

四、作业

1.分别取白玉兰、青菜、蜀葵、桃花、梨花、向日葵、百合、小麦等植物的花进行解剖,并分别写出花公式,绘出花图式。

2.在校园内采集5种开花植物的枝条或全株植物,对照检索表检索出它们的科、属、种名,并写下检索过程。

五、思考与探索

采集几种你所熟悉的同一科植物,根据植物检索表的编制原理,分别编制出定距检索表和平行检索表。你认为哪一种检索表使用更方便,为什么?

中篇　植物生理学基础与综合实验

第五章　植物的水分生理

实验二十六　植物组织含水量的测定

植物组织的含水量是反映植物组织水分生理状况的重要指标,如水果、蔬菜含水量的多少对其品质有影响,种子含水状况对安全贮藏更有重要意义。利用水遇热蒸发为水蒸气的原理,可用加热烘干法来测定植物组织中的含水量。植物组织含水量的表示方法,常以比鲜重或比干重(%)来表示,有时也以相对含水量(组织含水量占饱和含水量的比值)(%)来表示。后者更能表明它的生理意义。

植物组织中的水分以自由水和束缚水两种不同的状态存在。自由水(free water)是指在生物体内或细胞内不被胶体颗粒或大分子所吸附、能自由移动、并起溶剂作用的水。束缚水(bound water)是被细胞内胶体颗粒或大分子吸附或存在于大分子结构空间内部、不能自由移动、具有较低的蒸气压、在远离 $0℃$ 以下的温度结冰、不起溶剂作用、并似乎对生理过程无效的水。由此可见,它们在细胞中所起的作用不同。因此,两者比例的不同会影响到原生质的物理性质,进而影响代谢的强度。自由水占总含水量的比例越大,原生质的黏度越小,且原生质呈溶胶状态,代谢也愈旺盛;反之,则代谢较缓慢,但抗性较强。因此,自由水和束缚水的相对含量可以作为植物组织代谢活动及抗逆性强弱的重要指标。

基于自由水与束缚水的特点以及水分依据水势差而移动的原理,将植物组织浸入高浓度(低水势)的糖溶液中一定时间后,自由水可全部扩散到糖液中,组织中留下束缚水。自由水扩散到糖液中后(相当于增加了溶液中的溶剂)便增加了糖液的重量,同时降低了糖液的浓度。测定糖液的终浓度,再根据已知的该糖液的初始浓度及重量,即可求出糖液的最终重量。糖液重量的变化值即为植物组织中自由水的量(即扩散到高浓度糖液中的水的量)。最后,用同样的植物组织的总含水量减去此自由水的含量即是植物组织中束缚水的含量。

一、仪器、药品与材料

(一)实验材料
生活植株若干(可从自然环境中随机选择)。

(二)仪器与用品
阿贝折射仪,分析天平,烘箱,干燥器,称量瓶,坩埚钳,打孔器(面积 $0.5\ cm^2$ 左右),烧杯,瓷盘,托盘天平(1/100 g),量筒,真空泵。

(三)试剂
$60\%\sim65\%$(m/m)的蔗糖溶液:用托盘天平称取蔗糖 $60\sim65\ g$,置烧杯中,加蒸馏水 40～35 g,使溶液总重量为 100 g,溶解后备用。溶液配制后,将试剂瓶保存于冰箱中,避免溶液发霉。

二、实验步骤

(一)植物组织中总含水量(自然含水量)的测定

1. 每一份植物样本准备 3 只称量瓶(三次重复,下同),依次编号,在烘箱内 80℃～90℃条件下干燥 2～3 h,在干燥器中冷却后分别准确称重(W_1)(单位 g,下同)。

2. 对同一植株,可选取不同高度、长势以及叶龄的代表性叶子数片;或选不同生境中的同种植物,选取部位、长势以及叶龄一致的叶片若干。对每一份样品用打孔器钻取小圆片 150 片(注意避开粗大的叶脉),立即装到上述称量瓶中(每瓶随机装入 50片),盖紧瓶盖并精确称重(W_2)。

3. 将称量瓶连同小圆片置烘箱中 105℃下烘 15 min 以杀死植物组织细胞,再于 80℃～90℃下烘至恒重(称重时须置干燥器中,待冷却后称重)(W_3)。

表 26-1　植物组织总含水量记录表

实验人＿＿＿＿　时期＿＿＿＿　材料名称＿＿＿＿　实验时室温＿＿＿＿℃

编　号	称量瓶重(W_1)(g)	称量瓶＋小圆片鲜重 (W_2)(g)	称量瓶＋小圆片干重 (W_3)(g)
1			
2			
3			

样品鲜重 $W_f = W_2 - W_1$。

样品干重 $W_d = W_3 - W_1$。

则植物组织的总含水量(鲜重％)可按下式计算:

$$植物组织的总含水量(鲜重％) = \frac{W_2 - W_3}{W_2 - W_1} \times 100。$$

根据上式可分别求出三次重复所得到的组织总含水量的值,并进一步求出其平均值与标准差或标准误。

(二)植物组织中自由水含量的测定

1. 另取称量瓶 3 只,编号、烘干至恒重后,分别准确称重(W_1)。

2. 用打孔器打取小叶圆片 150 片(植物材料的选取同上),立即随机装入 3 只称量瓶中(每瓶装 50 片),盖紧瓶盖并立即称重(W_2)。

3. 3 只称量瓶中各加入 60％～65％的蔗糖溶液 10 mL,再分别准确称重(W_3)。

4. 将各瓶置于干燥器中抽真空,使糖溶液充分进入细胞间隙。然后将各瓶置于黑暗中 1 h,其间不时轻轻摇动。到预定的时间后,充分摇动溶液。用阿贝折射仪(使用方法见附录 2)分别测定各瓶中的糖液浓度(c_2),同时测定原糖液浓度(c_1)。

表 26-2　植物组织自由水含量记录表

实验人_____　　时期_____　　材料名称_____　　实验时室温_____℃

编号	称量瓶重(W_1)(g)	称量瓶＋小圆片重(W_2)(g)	称量瓶＋小圆片＋糖液重(W_3)(g)	糖液原浓度(c_1)(%)	糖液终浓度(c_2)(%)
1					
2					
3					

则植物组织中自由水的含量(鲜重%)可由下式算出：

$$植物组织中自由水的含量(鲜重\%)=\frac{(W_3-W_2)\times(c_1-c_2)}{(W_2-W_1)\times c_2}\times100。$$

根据上式同样可求出三个不同的测定值并进一步求出其平均值和标准差或标准误。

(三)植物组织中束缚水含量的计算

植物组织中束缚水的含量(鲜重%)＝组织总含水量(鲜重%)－组织中自由水含量(鲜重%)。

(四)相对含水量的测定方法

此法是以植物组织的饱和含水量为基础来表示组织的含水状况。作为计算基础的组织饱和含水量具有较好的重复性,而组织的鲜重、干重则不太稳定。因此,一般认为采用相对含水量表示组织的水分状况,比用自然含水量表示好。

1. 先求得组织鲜重W_f(步骤同前),然后将样品浸入蒸馏水中数小时,使组织吸水达饱和状态(浸水时间因材料而定)。取出用吸水纸吸去样品表面的水分,立即放于已知重量的称量瓶中称重,再浸入蒸馏水中一段时间后取出吸干样品表面的水分并称重,反复操作直至与上次重量相等为止。此即为植物组织在吸水饱和时的重量,称饱和鲜重W_t。再如前法将样品烘干,求得组织干重W_d。

W_t-W_d即为饱和含水量。

2. 植物组织中相对含水量(%)可由下式算出：

$$相对含水量(\%)=\frac{W_f-W_d}{W_t-W_d}\times100。$$

根据上式同样可求出三个不同的测定值并进一步求出其平均值和标准差或标准误。

三、思考题

1. 在本实验中蔗糖溶液起什么作用? 什么溶液可代替蔗糖溶液? 选择本实验所用溶液的标准是什么?

2. 同一植株不同部位、不同长势、不同叶龄的叶片,甚至同一叶片不同部位的叶组织的总含水量、自由水与束缚水含量以及自由水与束缚水的比值是否一致? 为什么?

3. 不同生境中植物的总含水量、自由水与束缚水含量以及自由水与束缚水的比值有什么区别? 为什么?

4. 测定饱和含水量时,植物材料在水中浸泡时间过短或过长会出现什么问题?

5. 测定植物组织中自由水和束缚水含量有何意义?

6. 请详述将某种植物组织放入未知浓度的蔗糖溶液中水分交换的可能情况。

实验二十七　质壁分离法测定植物组织渗透势

　　成熟的植物细胞是一个渗透系统,活细胞的细胞质及其表层(质膜和液泡膜)有选择透性,细胞内部含有液泡,液泡内的细胞液具有一定的溶质势。当将植物组织细胞置于对其无毒害的外界溶液中一定时间,水分会在细胞液与外界溶液间发生移动,水势差决定水分移动的方向与速率。当细胞与外界高渗溶液(即低水势溶液)接触时,细胞内的水分外渗,原生质体随着液泡液一起收缩而发生质壁分离。若植物组织细胞内的细胞液与其周围的某种溶液处于渗透平衡状态,水分的净迁移为零,此时植物细胞的压力势为零,因具液胞细胞的衬质势很小,可忽略不计,因此此时细胞液的渗透势就等于该溶液的渗透势。该溶液的浓度即为该植物组织的等渗浓度。

　　当用一系列梯度浓度的溶液观察植物细胞质壁分离现象时,细胞的等渗浓度将介于刚刚引起质壁分离的浓度和尚不能引起质壁分离的浓度之间的溶液浓度。通常把视野中有50%的细胞发生的角隅质壁分离定为初始质壁分离,因而可把引起细胞初始质壁分离的外界溶液称为等渗溶液,该溶液具有的渗透势即等于细胞的渗透势。由于很难找到正好引起50%细胞发生质壁分离的浓度,通常将观察到的引起质壁分离的最低浓度与不能引起质壁分离的最高浓度的平均值视为等渗溶液浓度,代入Van't Hoff 公式,即可计算出外界溶液的渗透势,从而得出植物细胞的渗透势。

$$\psi_w = -RTic。$$

式中:

ψ_w——细胞渗透势,以 MPa(兆帕)为单位。

R——气体常数,为 0.008 314 MPa·L/(mol·K)。

T——绝对温度,单位 K,即 $273+t$,t 为实验温度(℃)。

i——解离系数,蔗糖为 1。

c——等渗溶液的浓度,单位为 mol/L。

则:$\psi_w = -0.008\ 314 \times (273+t) \times 1 \times c (MPa)$。

一、仪器、药品与材料

(一)实验材料

带有色素的植物叶片,如洋葱(*Allium cepa* L.)鳞叶外表皮,紫锦草(*Setcreasea purpurea* Boom)叶,羽衣甘蓝(紫色)(*Brassica oleracea* L. var. *acephala* DC.)叶,或黑藻(*Hydrilla verticillata*)、丝状藻等水生植物,或蚕豆(*Vicia faba* L.)、玉米(*Zea mays* L.)、小麦(*Triticum aestivum* L.)等植物叶的表皮。

(二)仪器与用品

显微镜,镊子,刀片,载玻片,盖玻片,结晶皿或培养皿,温度计。

(三)试剂

1 mol/L 蔗糖母液:按每 100 mL 母液内溶解 34.23 g 蔗糖的比例,称取所需蔗糖,放在烧杯中,加蒸馏水使其溶解并定容至所需容积。母液配制后,将试剂瓶保存于冰箱中,避免溶液发霉。进行实验时,再用母液配制所需浓度蔗糖溶液(0.50 mol/L、0.40 mol/L、0.30 mol/L、0.20 mol/L、0.10 mol/L)各 10 mL 于中试管内。

二、实验步骤

1.取 5 套干燥洁净的小培养皿,用记号笔编号,将配制好的不同浓度的蔗糖溶液按顺序倒入各个培养皿中,使溶液成一薄层,盖好皿盖。

2.用刀片在洋葱鳞片外表皮或其他带有色素的组织表皮上纵横划成 0.5 cm² 左右的小块,用尖头镊子将表皮小块轻轻撕下,将内侧面向下,依次迅速投入各浓度蔗糖溶液中。每个浓度蔗糖溶液中投入 5 小片洋葱表皮,使其完全浸入,并立即盖好皿盖。

3.10~15 min 后,从 0.50 mol/L 溶液中开始依次取出表皮薄片放在滴有同样浓度溶液的载玻片上,盖上盖玻片,于低倍显微镜下观察发生质壁分离的细胞数和细胞总数,并将结果记录到下表中。

表 27 植物组织渗透势测定记录表

实验人_____ 时期_____ 材料名称_____ 实验时室温_____℃

蔗糖摩尔浓度(mol/L)	渗透势(MPa)	质壁分离的相对程度(作图表示)
0.50		
0.40		
0.30		
0.20		
0.10		

确定一个引起半数以上细胞原生质刚刚从细胞壁角隅上分离的最低浓度和不引起质壁分离的最高浓度。

在找到上述浓度极限后,用新的溶液和新鲜的表皮薄片再重复几次,直至有把握确定为止。求得这两个极限溶液浓度之平均值代入 Van't Hoff 公式即可计算出在常压下该组织细胞液的渗透势。

三、思考题

1.为什么要选择洋葱外表皮或带有色素的组织表皮测定植物组织细胞的渗透势?

2.为何要将洋葱外表皮内侧面向下浸入蔗糖液中?

3.你认为本实验中何处容易产生误差? 应该怎样减小误差?

4.测定并计算不同植物组织的渗透势。

5.什么是质壁分离? 研究质壁分离在细胞生理的研究上有哪些用途? 它在农业生产中有何实践意义?

6.把一个刚刚发生质壁分离的细胞放入纯水中,其体积及水势各组分将如何变化?

实验二十八　植物组织水势的测定
（长度法、阿贝折射仪法与小液流法）

水势为水的偏摩尔体积的化学势差,计算公式为:

$$\psi_w = \frac{\Delta\mu_w}{V_w} = \frac{\mu_w - \mu_{w_0}}{V_w}。$$

式中:

μ_{w_0}——纯水的化学势定为 0。

μ_w——含水体系中水的化学势。

V_w——水的偏摩尔体积。

植物的水分代谢包括植物体从外界吸收水分、植物体内水分运转以及植物通过表面向外界散失水分。水分运动的动力是相邻部位的水势差。像电流由高电位处流向低电位处一样,水总是从水势高处流向水势低处。植物体细胞之间、组织之间以及植物体和环境间的水分移动方向都由水势差决定。植物组织的水势愈低,吸水能力愈强,反之则愈弱。因此,测定植物组织的水势对于研究水分在植物体内的运输、研究植物与环境的水分关系等极为重要,在生产实践中测定植物水势可以作为制订灌溉计划的重要指标。

水势的测定有多种方法,可分为气态平衡法和液态平衡法。前者要求精密的仪器设备,灵敏度高,如热电偶温湿度计法;后者要求设备简单,操作方便,但灵敏度相对较低,如小液流法和折射仪法等。

在恒温恒压下,当植物细胞或组织放在外界溶液中时,由植物组织与外界溶液组成的体系的水势包含有植物组织的水势和溶液的渗透势。如果植物的水势小于溶液的渗透势(溶质势),则组织吸水、体积变大并使溶液浓度变大;反之,则植物细胞内水分外流,植物组织体积变小,并使溶液浓度降低。

若植物组织的水势与溶液的渗透势相等,则二者水分进出保持动态平衡,外部溶液浓度不变,此时溶液的渗透势即等于所测植物组织的水势。因此,可以通过测定外界溶液浓度、外界溶液比重或组织本身体积等的变化,分别采用折射仪法、小液流法和长度法来测定实验前后的变化以确定等渗浓度。因外界溶液的浓度是已知的,可以根据 Van't Hoff 公式算出溶液的渗透势（ψ_w）。植物组织的水势（ψ_w）(waterpotential)即等于此时外界溶液的渗透势。溶液渗透势的计算公式为:

$$\psi_w = -RTic。$$

式中:

ψ_w——细胞渗透势,以 MPa(兆帕)为单位。

R——气体常数,为 0.008 314 MPa・L/(mol・K)。

T——绝对温度(单位 K),即为 273+t,其中 t 为实验温度(℃)。

i——解离系数,蔗糖为 1。

c——等渗溶液的浓度,单位为 mol/L。

则：$\qquad \psi_w = -0.008\,314 \times (273+t) \times 1 \times c\,(MPa)$。

一、仪器、药品与材料

(一)实验材料

马铃薯（*Solanum tuberosum* L.）的块茎，甘薯（*Ipomoea batatas* Lamk.）、甜菜（*Beta vulgaris* L.）、胡萝卜（*Daucus carota* var. *sativa* Hoffm.）的根，梨（*Pyrus pyrifolia* Nakai）的果实等均可。

(二)仪器与用品

试管（带塞），试管架，玻璃棒，毛细滴管，刀片，移液管，镊子，米尺，擦镜纸，温度计，涡流混合仪，阿贝折射仪。

(三)试剂

1. 亚甲基蓝粉末。

2. 1 mol/L 蔗糖母溶液：按每 100 mL 母液内溶解 34.23 g 蔗糖的比例，称取所需蔗糖，放在烧杯中，加蒸馏水使其溶解并定容至所需容积。母液配制后，将试剂瓶保存于冰箱中，避免溶液发霉。进行实验时，再用母液配制所需各浓度溶液。

二、实验步骤

(一)长度法

1. 首先配制一梯度浓度的蔗糖溶液（0.1、0.2、0.3、0.4、0.5 mol/L）各 10 mL 注入 5 支试管中，立即加上塞子以免蒸发，并编号。按编号顺序在试管架上排成一列，作为对照组。

2. 另取 5 支试管，编好号，按顺序放在试管架上，作为试验组。然后由对照组的各试管中分别取溶液 4 mL 移入相同编号的试验组试管中，立即加上塞子。

3. 洗净马铃薯块茎，迅速切取 4～5 cm 长，0.3 cm 宽的土豆条25 根左右，每 5 根首尾相接排列，准确量取其原始总长度，并记录于表 28 相应的列中。将土豆条以每管 5 根的量，迅速置于实验组各试管中 30 min，其间摇动数次，以加速水分平衡。

4. 到时间后，取出土豆条。

5. 立即重新测量土豆条总长度，并记录于表 28 相应的列中。

6. 比较实验前后土豆条总长度的变化，判断与确定等渗浓度。

7. 计算植物组织水势。

(二)阿贝折射仪法

步骤 1～4 同长度法。

5. 利用阿贝折射仪分别测定实验组与对照组各试管中蔗糖溶液的百分比浓度，并分别记录于表 28 相应的列中。

6. 比较实验前后蔗糖溶液浓度的变化，判断与确定等渗浓度。

7. 计算植物组织水势。

(三)小液流法

步骤 1～4 同长度法。

5. 向每一实验组试管中加入亚甲基蓝粉末少许，振荡，使溶液变成均匀的蓝色。

6.用毛细滴管从实验组各管中吸入有色溶液少许,然后伸入相同编号的对照组试管中部,缓慢放出一滴有色溶液,小心取出毛细滴管(勿搅动有色液滴),观察小液滴的移动方向,并记录实验结果于表28中(注意:毛细滴管要各个浓度专用)。

7.根据小液滴的移动方向,判断与确定等渗浓度。

8.计算植物组织水势。

表 28 长度法、阿贝折射仪法与小液流法实验结果记录表

实验人_____ 时期_____ 材料名称_____ 实验时室温_____℃

蔗糖浓度 (mol/L)	土豆条原始 长度(l_1)(cm)	土豆条最终 长度(l_2)(cm)	对照组蔗糖 浓度(c_1)(%)	实验组蔗糖 浓度(c_2)(%)	有色液滴 移动方向
0.1					
0.2					
0.3					
0.4					
0.5					

注意:

①试管、移液管和毛细滴管等要洗净烘干,移液管与毛细滴管要各个溶液浓度专用。

②实验组试管的溶液少放些,植物材料多放些,这样可缩短实验时间。

③为了得到较精确的组织水势值,各蔗糖溶液浓度相差可适当再小一些。

④带结晶水的亚甲基蓝不易溶于蔗糖溶液,可在 100 ℃下烘干成无水亚甲基蓝粉末使用。

三、思考题

1.通过植物组织水势测定你能够解决什么理论和实践问题?

2.用本实验方法测定植物组织水势时,为什么应强调所用试管、毛细滴管应保持干燥?在切取土豆条,投入试管中时,动作应迅速,加入亚甲基蓝不能太多的原因是什么?

3.小液流法测定组织水势与质壁分离法测定细胞渗透势都是以外界溶液的浓度算出的溶质势作依据的,试问两者在测定原理上有什么不同?

4.试比较三种方法的测定结果是否相同。如果测定材料为叶片时,该采用什么方法测定叶片组织的水势?

5.掌握阿贝折射仪的使用方法。为何两次使用折射仪测定溶液的折光系数时的温度必须一致?

6.植物组织在蔗糖溶液中保持时间长短对测定结果会产生什么影响?为什么?

第六章　植物的矿质营养

实验二十九　植物无土培养和缺素培养

植物正常生长发育需要多种矿质元素,但要确定各种元素是否为植物所必需,必须借助无土培养法(溶液培养和砂基培养法)才能解决。近年来,无土栽培不仅作为一种研究手段,而且已成为一种新的生产方式,在蔬菜、花卉生产中开始大规模应用。

用植物必需的矿质元素按一定比例配成培养液来培养植物,可使植物正常生长发育,如缺少某一必需元素,则会表现出缺素症;将所缺元素加入培养液中,缺素症状又可逐渐消失。本实验通过学习溶液培养技术,有意识地配制各种缺乏某种矿质元素的培养液,观察植物在这些培养液中所表现出来的各种症状,加深对各种矿质元素生理作用的认识,证明氮、磷、钾、钙、镁、铁诸元素对植物生长发育的重要性。

一、仪器、药品与材料

(一)实验材料

玉米(*Zea mays* L.)种子。

(二)仪器与用品

烧杯(25 mL×1、500 mL×1),移液管(1 mL×1、5 mL×10),1 000 mL 量筒 1 个,培养瓶(可用 1 000 mL 塑料广口瓶或瓷质、玻璃质培养缸)7 个,500 mL 试剂瓶 11 个,黑色蜡光纸适量,塑料纱网纱布(15 cm×15 cm)1 块,精密 pH 试纸(pH 5～6)或广泛 pH 指示剂,搪瓷盘(带盖)1 个,石英砂,吸球,脱脂棉花等。

(三)试剂

硝酸钾,硫酸镁,磷酸二氢钾,硫酸钾,硝酸钠,磷酸二氢钠,硫酸钠,硝酸钙,氯化钙,硫酸亚铁,硼酸,硫酸锰,硫酸铜,硫酸锌,钼酸,氢氧化钠,盐酸,乙二胺四乙酸二钠(Na_2-EDTA)(以上试剂均为分析纯)。

二、实验步骤

1.精选高活力玉米种子为试验材料。

2.用搪瓷盘装入一定量的石英砂或洁净的河沙,将已浸种一夜的玉米种子均匀地排列在砂面或沙面上,再覆盖一层石英砂,保持湿润,然后放置在温暖处发芽。待幼苗生长至第 2 片真叶完全展开后,选择生长一致的幼苗,备用。

3.用去离子水按照表 29-1 配制大量元素、微量元素及铁盐贮备液。

表 29-1　大量元素及微量元素配制表

大量元素		微量元素	
药品名称	浓度(g/L)	药品名称	浓度(g/L)
$Ca(NO_3)_2 \cdot 4H_2O$	236	H_3BO_3	2.860
KNO_3	102	$MnSO_4$	1.015
$MgSO_4 \cdot 7H_2O$	98	$CuSO_4 \cdot 5H_2O$	0.079
KH_2PO_4	27	$ZnSO_4 \cdot 7H_2O$	0.220
K_2SO_4	88	H_2MoO_4	0.090
$CaCl_2$	111	铁盐贮备液(Fe-EDTA)	
NaH_2PO_4	24	药品名称	浓度(g/L)
$NaNO_3$	170	Na_2-EDTA	7.45
Na_2SO_4	21	$FeSO_4 \cdot 7H_2O$	5.57

4. 配备以上贮备液后,再按表 29-2 配成完全培养液和缺乏某种元素的培养液(用去离子水),并用 0.1 mol/L NaOH 或 0.1 mol/L HCl 调节 pH 至 5～6。

表 29-2　完全培养液及缺素培养液配方表

贮备液	每 1 000 mL 培养液中贮备液的用量(mL)						
	完全	缺 N	缺 P	缺 K	缺 Ca	缺 Mg	缺 Fe
$Ca(NO_3)_2$	5	—	5	5	—	5	5
KNO_3	5	—	5	—	5	5	5
$MgSO_4$	5	5	5	5	5	—	5
KH_2PO_4	5	5	—	—	5	5	5
K_2SO_4	—	5	1	—	—	—	—
$CaCl_2$	—	5	—	—	—	—	—
NaH_2PO_4	—	—	—	5	—	—	—
$NaNO_3$	—	—	—	5	5	—	—
Na_2SO_4	—	—	—	—	—	5	—
Fe-EDTA	5	5	5	5	5	5	—
微量元素	1	1	1	1	1	1	1

5. 取 7 个 1 000 mL 培养瓶,分别装入配制的完全培养液及各种缺素培养液 800 mL,贴上标签,写明组别与日期。如果培养瓶是透明的,瓶外加黑色蜡纸套(黑面向内)。用 0.3 mm 的橡胶垫做成瓶盖,并用打孔器在瓶盖中间打一圆孔。小心地去掉选好的玉米幼苗的胚乳,并用棉花缠裹住茎基部,通过圆孔固定在瓶盖上,使整个根系浸入培养液中(移植时注意勿损伤根系)。装好后将培养瓶放在阳光充足、温度适宜(20℃～25℃)的地方,培养 3～4 周。在盖与溶液之间应保留一定空隙,以利通气。

6.实验开始后每两天观察一次,并打气;用精密 pH 试纸检查培养液的 pH,如高于6,应用稀盐酸调整 pH 到 5~6 之间;如培养液的液面降低,加培养液补充到原液面高度。

7.培养液每隔一周需更换一次;密切观察并记录各处理玉米的生长情况、各种缺素症状和最先出现症状的部位及发展进程,填写表 29-3。

表 29-3　植物生长状况记载表

培养时间 (d)	处理(生长情况、缺素症状)						
	完全	缺 N	缺 P	缺 K	缺 Ca	缺 Mg	缺 Fe
2							
4							
6							
8							
10							
12							
14							
16							

8.元素缺乏症检索:根据植物的症状检索相应的缺乏元素。

1.老叶受影响。

(1)影响遍及全株,下部叶子干枯并死亡。

　　a.植株淡绿色,下部叶子发黄,叶柄短而纤弱 ……………………… 缺 N

　　b.植株深绿色,并出现红或紫色,下部叶子发黄,叶柄短而纤弱 ……… 缺 P

(2)影响限于局部,有缺绿斑,下部叶子不干枯,叶子边缘卷曲呈凹凸状。

　　a.叶子缺绿斑,有时变红,有坏死斑,叶柄纤弱 ………………… 缺 Mg

　　b.叶子缺绿斑,在叶边缘和近叶脉处或叶脉间出现小坏死斑,叶柄纤弱

　　　………………………………………………………………………… 缺 K

　　c.叶子缺绿斑,叶子包括叶脉产生大的坏死斑,叶子变厚,叶柄变短

　　　………………………………………………………………………… 缺 Zn

2.幼叶受影响。

(1)顶芽死亡,叶子变形和坏死。

　　a.幼叶变钩状,从叶尖和边缘开始死亡 ……………………………… 缺 Ca

　　b.叶基部淡绿,从基部开始死亡,叶子扭曲 ………………………… 缺 B

(2)顶芽仍活着,缺绿或萎蔫而无坏死斑。

　　a.幼叶萎蔫,不缺绿,茎尖弱 ………………………………………… 缺 Cu

　　b.幼叶不发生萎蔫,缺绿。

　　　(a)有小坏死斑,叶脉仍绿色 ……………………………………… 缺 Mn

　　　(b)无坏死斑,叶脉仍绿色 ………………………………………… 缺 Fe

　　　(c)无坏死斑,叶脉坏死 …………………………………………… 缺 S

9.待各缺素培养液中的幼苗表现出明显症状后,把缺素培养液更换为完全培养液,观察植株症状是否减轻以至消失,并记录结果。

三、思考题

1.为什么说无土培养是研究矿质营养的重要方法?

2.比较溶液培养和砂基培养的优缺点。

3.进行溶液培养或砂基培养有时会失败,主要原因何在?

4.无土栽培在生产实践中有哪些应用价值?

5.生产实践中应用元素缺乏症检索表来推测植物缺乏某种元素时,还需要考虑哪些因素会干扰推测结果? 如何最终确定植物缺乏某种元素?

实验三十　植物根系活力测定
（α-萘胺氧化法与 TTC 法）

植物根系是活跃的吸收器官和合成器官,主要有对地上部分的支持和固定、物质的贮藏、对水分和盐类的吸收以及合成氨基酸、激素等物质的作用。因此,根的生长情况和代谢水平即根系活力直接影响植物地上部分的生长和营养状况,它是植物生长的重要生理指标之一。这里介绍两种测定方法供选用,旨在练习测定根系活力的方法,从而为植物营养研究提供技术基础。

α-萘胺氧化法

植物根系能氧化 α-萘胺,生成红色的 α-羟基-1-萘胺,并沉淀于有氧化能力的根表面,使这部分根被染成红色。根对 α-萘胺的氧化能力与其呼吸强度有密切联系。日本人相见、松中等认为 α-萘胺氧化的本质就是过氧化物酶的作用,该酶的活力越强,对 α-萘胺的氧化力也越强,染色也越深。所以既可以根据根系表面着色深浅,定性观察并判断根系活力大小,也可通过测定溶液中未被氧化的 α-萘胺的量,以定量测定根系活力。

α-萘胺在酸性环境中可与对氨基苯磺酸(sulfanil-amide)和亚硝酸盐作用生成稳定的红色偶氮染料,其反应式如下:

生成的红色偶氮化合物在 pH 7.0 时在 510 nm 处有最大吸收峰,可用分光光度法测定光吸收值,从而利用此反应来间接测定溶液中 α-萘胺的量。反应液的酸度大则增加重氮化作用的速率,但会降低偶联作用的速率;增加温度可以增加反应速率,但会降低重氮盐的稳定度,所以反应需要在相同条件下进行。

一、仪器、药品与材料

(一)实验材料

水稻(*Oryza sativa* L.)等水生植物的须根系。

(二)仪器与用品

分光光度计,天平,恒温培养箱,三角烧瓶,量筒,移液管,剪刀,玻棒。

(三)试剂

1. α-萘胺溶液:称取 10 mg α-萘胺放在烧杯中,先用 2 mL 左右的 95% 酒精溶解,然后加水定容到 200 mL,成 50 μg/mL 的溶液。从中取 150 mL 50 μg/mL 的α-萘胺溶液加水定容至 300 mL,成 25 μg/mL 的 α-萘胺溶液。

2. 0.1 mol/L 磷酸缓冲液(pH 7.0),见附录 7。

3. 1% 对氨基苯磺酸溶液:称取 1 g 对氨基苯磺酸溶解于 100 mL 30% 的醋酸溶液中。

4. 0.01% 亚硝酸钠溶液:称取 10 mg 亚硝酸钠溶解于 100 mL 水中。

二、实验步骤

(一)定性观察

挖取处于不同生长状态的水生须根系植株(如水稻等)数株,洗净根部后再用滤纸吸去根上附着的水分。将植株根系浸入盛有 25 μg/mL α-萘胺溶液并用黑纸包裹的容器中,静置 24~36 h 后观察根系着色情况。比较不同植株根系活力大小,并与植物生长势比较,分析植物生长势与根系活力之间的关系。

(二)定量测定

1. 取 50 μg/mL 的 α-萘胺溶液和 0.1 mol/L 的磷酸缓冲液(pH 7.0)各 25 mL,置于三角瓶中,混匀。挖取生长季节植株的须根系,洗净后再用滤纸吸干。称取根系 1~2 g 浸没于三角瓶中的溶液中。同样地,取 50 μg/mL 的 α-萘胺溶液和 0.1 mol/L 的磷酸缓冲液(pH 7.0)各 25 mL,置于另一三角瓶中,混匀,不放根系作为对照。5 min 后,分别从两瓶中各取 2 mL 培养液,按照步骤 3 作第一次测定。

2. 将两三角瓶置于 25℃ 恒温箱中避光保温 60 min 后,各取 2 mL 培养液,按照步骤 3 作第二次测定。

3. α-萘胺含量测定:取 2 mL 培养液加 10 mL 水混匀,再顺次加入 1 mL 对氨基苯磺酸溶液与 1 mL 亚硝酸钠溶液,混匀,观察溶液颜色变化,并定容至 25 mL。室温 25 min 后,于 510 nm 处测定吸光度(OD)值。

4. 标准曲线制作:以 50 μg/mL 的 α-萘胺溶液为母液,配置 40、30、20、10、5、0 μg/mL 的溶液各 10 mL。各取 2 mL,按照步骤 3 分别反应,并测定 OD 值。以 OD 值为纵坐标,溶液浓度为横坐标,绘制 α-萘胺溶液的浓度—吸光度值标准曲线。或者根据浓度与 OD 值关系直接计算回归方程。

5. 分别查对标准曲线,或利用回归方程直接计算出实验组与对照组溶液实验前后对应的 α-萘胺浓度。

6. 根据实验结果计算不同植株根系对 α-萘胺的生物氧化强度[μg α-萘胺/(g FW·h)],并与植物生长势比较,分析它们之间的关系。

氯化三苯基四氮唑法(TTC 法)

氯化三苯基四氮唑(TTC)是标准氧化电位为 80 mV 的氧化还原色素,其水溶液

为无色溶液,但 TTC 还原后即生成红色的不溶于水的三苯甲臜(TTF),反应式如下:

$$\text{TTC(无色)} \quad Cl^- + 2H^+ \longrightarrow \quad \text{TTF(红色)} \quad + HCl$$

由于 TTF 比较稳定,不会被空气中的氧自动氧化,所以 TTC 被广泛用作酶试验的氢受体。植物根系中脱氢酶可以引起的 TTC 还原。所以 TTC 还原量能表示脱氢酶活性,并作为根系活力高低的指标。

一、仪器、药品与材料

(一)实验材料

水稻(*Oryza sativa* L.)等水生植物的根系。

(二)仪器与用品

小烧杯 3 个,研钵 1 个,移液管(0.5 mL×1、10 mL×1、5 mL×3),刻度试管 6 支,分光光度计,分析天平,温箱,试管架,药匙,石英砂适量,滤纸,研钵。

(三)试剂

1.乙酸乙酯(分析纯)。

2.次硫酸钠($Na_2S_2O_4$,分析纯)。

3.1% TTC 溶液:准确称取 TTC 1.0 g,溶于少量水中,定容至 100 mL,棕色瓶中保存。用时稀释至需要的浓度。

4.1/15 mol/L 磷酸缓冲液(pH 7.0),见附录 7。

5.1 mol/L 硫酸:用量筒取比重为 1.84 的浓硫酸 55 mL,边搅拌边加入到盛有 500 mL 蒸馏水的烧杯中,冷却后稀释至 1 000 mL。

6.0.4 mol/L 琥珀酸钠:称取 10.81 g $C_4H_4Na_2O_4 \cdot 6H_2O$,溶于水中,并定容至 100 mL。

二、实验步骤

(一)定性观察

1.配制反应液:把 1% TTC 溶液、0.4 mol/L 的琥珀酸和磷酸缓冲液按 1∶5∶4 比例混合。

2.选取生长于不同生境下的同种植物的不同植株,从茎基部切除地上部分并把根洗净后,将根放入三角瓶中,倒入反应液,以浸没根为度。将三角瓶置 37℃ 左右暗处 1~3 h 后,观察着色情况。比较不同生境下植株根部以及同一植株根部不同区域的着色深浅,判定根系活力大小,并与植物生长势比较,分析植物生长势与根系活力之间的关系。

(二)定量测定

1.TTC 标准曲线制作:取 0.4% TTC 溶液 0.2 mL 放入 10 mL 容量瓶中,加少许 $Na_2S_2O_4$ 粉末摇匀后立即产生红色 TTF。再用乙酸乙酯定容至所需刻度,摇匀。

此溶液浓度为每毫升含有 TTF 80 μg。分别取 0.25、0.50、1.00、1.50、2.00 mL 的上述溶液置于 10 mL 刻度试管中,用乙酸乙酯定容至所需刻度,即得到分别含 TTF 20、40、80、120 与 160 μg 的系列标准溶液。以乙酸乙酯溶液作参比溶液,在 485 nm 波长下测定吸光度(OD)值。以 OD 值为纵坐标,TTF 浓度为横坐标绘制标准曲线,或者根据浓度与 OD 值关系直接计算回归方程。

2.称取不同生境条件下的同种植物根尖样品各 0.5 g,放入小烧杯中,加入 0.4% TTC 溶液和磷酸缓冲液(pH 7.0)各 5 mL,混匀并使根充分浸没在溶液中,37℃条件下暗中保温 1~3 h,此后立即加入 1 mol/L 硫酸 2 mL,以终止反应。与此同时做一空白实验:向一烧杯中加入 0.4% TTC 溶液和磷酸缓冲液(pH 7.0)各 5 mL 和 1 mol/L 硫酸 2 mL 混匀后,再向烧杯中加入 0.5 g 的根尖样品,37℃下暗中保温相同时间。

3.取出根,用滤纸吸干后放入研钵中,加乙酸乙酯 3~4 mL,充分研磨,以提取 TTF。把红色提取液移入刻度试管,并用少量乙酸乙酯把残渣洗涤 2~3 次,皆移入刻度试管中,最后加乙酸乙酯定容到 10 mL,混匀。在 485 nm 处测定 OD 值。

4.分别查对标准曲线,或利用回归方程直接计算出实验组与对照组溶液中 TTF 的浓度。

5.根据实验结果计算根系对 TTC 的生物氧化强度[mg TTF/(g FW·h)]。

思 考 题

1.为什么要测定根系活力?植物的根与地上部分有何关系?通过根系活力测定你能够解决什么理论和实践问题?

2.简述各种根系活力测定方法的基本原理。比较各种方法的优缺点。

3.为什么利用 α-萘胺氧化法测定植物的根系活力时需要在 5 min 后作第一次测定,而 TTC 法则不需要?

4.测定根系活力时最好选择根的哪个部位?为什么?

5.分析不同生长阶段与不同生境下的同种植株,其根系活力与生长势的关系。

6.简述分光光度计使用过程及注意事项。

7.在使用分光光度计时,为什么每改变一次波长,就需要重新调零和调透光率 100%?

8.为什么在测定时需要洗净比色皿?洗净的比色皿在倒入提取液时为什么还要用提取液洗 2~3 遍?

实验三十一　硝酸还原酶活性的测定

硝酸还原酶(nitrate reductase，NR)是植物氮素代谢作用中的关键酶，它与作物吸收和利用氮肥有关。NR 作用于 NO_3^- 使其还原为 NO_2^-：

$$NO_3^- + NAD(P)H + H^+ \longrightarrow NO_2^- + NAD^+ + H_2O。$$

产生的 NO_2^- 可以从组织内渗透到外界溶液中，并积累在溶液中。测定反应溶液中 NO_2^- 含量的增加，即可表现 NR 活性的大小。

NO_2^- 含量的测定采用对氨基苯磺酸(sulfanil-amide)比色法。在酸性溶液中对氨基苯磺酸与 NO_2^- 形成重氮化合物，该重氮化合物再进一步与 α-萘胺偶联形成紫红色的偶氮化合物。其反应式如下：

生成的红色偶氮化合物在 pH 7.5 时 520 nm 处有最大吸收峰，可用分光光度法测定其吸光度值，从而间接测得溶液中的 NO_2^- 含量。这种方法非常灵敏，能测定每毫升含 0.5 μg 的 $NaNO_2$。

硝酸还原酶活性可由产生的亚硝态氮的量表示。一般以 $μg\ NO_2^- / (g\ FW \cdot h)$ 为单位。

一、仪器、药品与材料

(一)实验材料
新鲜的植物叶片(如豌豆、玉米、小麦、大豆等)。

(二)仪器与用品
50 mL 三角瓶，打孔器(直径 0.5 cm)，真空泵，温箱，分光光度计，移液管(5 mL×3、1 mL×2、2 mL×2)，分析天平。

(三)试剂
1. 1%对氨基苯磺酸：称取 1.0 g 对氨基苯磺酸溶于 100 mL 3 mol/L 的 HCl 中(25 mL浓盐酸加水定容至 100 mL，即为 3 mol/L 的 HCl)。

2. α-萘胺试剂：称取 0.2 g α-萘胺，用含 1 mL 浓盐酸的蒸馏水溶解，再用蒸馏水稀释至 100 mL。

3. NaNO₂标准液：称取 0.1 g NaNO₂，用蒸馏水溶解后定容至 100 mL。吸取其中 5 mL，用蒸馏水稀释至 1 000 mL。此溶液每毫升含有 5 μg NaNO₂，用时再根据不同需要稀释。

4. 0.2 mol/L KNO₃：称取 KNO₃ 2.002 g，用蒸馏水溶解，并定容至 100 mL，摇匀。

5. 0.1 mol/L 磷酸缓冲液(pH 7.5)，见附录 7。

二、实验步骤

1. 将取回的新鲜叶片洗净，用吸水纸吸干，再用打孔器打成直径约 1 cm 的圆片，最后称取等重的叶圆片两份，每份约 0.3～0.4 g(或每份取 50 个圆片)，分别置于含有下列溶液的 50 mL 三角烧瓶中：

①0.1 mol/L 磷酸缓冲溶液(pH 7.5)5 mL＋蒸馏水 5 mL(对照组)。

②0.1 mol/L 磷酸缓冲溶液(pH 7.5)5 mL＋0.2 mol/L KNO₃ 5 mL(实验组)。

将三角烧瓶置于真空干燥器中，接上真空泵抽气，放气后，叶圆片即沉于溶液中。如果没有真空泵，也可以用 20 mL 注射器代替：将反应液及叶圆片一起倒入注射器中，用手指堵住注射器出口小孔，然后用力拉注射器使其真空。如此抽气放气反复进行多次，即可将叶圆片中的空气抽去而使叶圆片沉于溶液中。将三角烧瓶置于 30℃ 温箱中，黑暗中保温 3 min 后，分别吸取反应溶液 1 mL，用于测定 NO₂⁻ 含量。

2. NO₂⁻ 含量测定：将上步中吸取的 1 mL 反应溶液置于一试管中，加入对氨基苯磺酸试剂 2 mL 及 α-萘胺试剂 2 mL，混合摇匀，静置 30 min，用分光光度计测定 520 nm处的吸光度(OD)值。

3. 绘制标准曲线：分别吸取不同浓度的 NaNO₂ 溶液(例如 5、4、3、2、1、0.5 μg/mL)各 1 mL 于试管中，加入对氨基苯磺酸试剂 2 mL 及 α-萘胺试剂 2 mL，混合摇匀，静置 30 min，测定 520 nm 处的 OD 值。然后，以 OD 值为纵坐标，NaNO₂浓度为横坐标绘制标准曲线，或者根据浓度与 OD 值关系直接计算回归方程。

4. 从标准曲线上查得或利用回归方程计算出实验组与对照组反应液中的 NaNO₂含量，并计算硝酸还原酶的活性：

$$酶活性[\mu g \ NaNO_2/(g \ FW \cdot h)]=\frac{(c_2-c_1)\times V}{t\times W}。$$

式中：

c_1——①号三角瓶里 NaNO₂浓度(μg/mL)。

c_2——②号三角瓶里 NaNO₂浓度(μg/mL)。

V——反应液总体积(mL)。

t——反应时间(h)。

W——植物鲜重(g)。

注意：

①硝酸盐还原过程应在黑暗中进行，以防亚硝酸盐还原为氨。

②从显色到比色时间要一致，显色时间过长或过短对溶液颜色都有影响。

③亚硝酸对氨基苯磺酸比色法比较灵敏，显色速率受温度和酸度等因素的影响。

因此,标准液与样品液的测定应在相同条件下进行,方可比较。

④取样前,叶子需进行一段时间的光合作用,以积累碳水化合物,否则酶活性偏低。水稻中缺乏硝酸还原酶,可在取样前一天用 50 mmol/L KNO$_3$ 或 NaNO$_3$ 加在培养液中,以诱导硝酸还原酶的生成。

三、思考题

1.真空泵抽气前,小叶圆片为何浮于水面?真空泵抽气完并放气后,小叶圆片为何能沉入水中?本实验中为何要用真空泵抽气?

2.本实验显色原理与 α-萘胺氧化法检测植物根系活力的原理一致,为何两者所选用的测定波长不一致?

3.本方法应用的是活体法测定硝酸还原酶的活力,如果采用离体法测定,实验该如何进行?

4.测定硝酸还原酶的材料为什么要提前一天施用一定量的硝态氮肥,并且取样应在晴天进行?

5.如果在材料处理时,事先将植物分成 4 组,第一组与第二组在培养过程中施用的是一定量的硝态氮肥,而第三组与第四组施用的是铵态氮肥;第一组与第三组在取材当天,将植物培养于充分光照条件下,而第二组与第四组则在取材当天将植物至于暗处培养。试问最终测定的硝酸还原酶活性将有什么不同?为什么?

实验三十二　单盐毒害及离子间拮抗现象

矿质离子特别是阳离子,对原生质的特性和生理机能有巨大影响。当植物生长于用很纯的盐类配制成的单盐溶液中时(即使是植物必需的营养元素),植物往往会生长不良,甚至发生毒害,以致死亡。但如果在单盐溶液中加入少量其他的盐类,则会产生拮抗作用而消除或减弱这种毒害。

离子间拮抗现象的本质是复杂的,它可能反映了不同离子对原生质亲水胶粒的稳定度、原生质膜的透性,以及对各类酶活性调节等方面的相互制约作用,从而维持机体的正常生理状态。

一、仪器、药品与材料

(一)实验材料

小麦(*Triticum aestium* L.)或其他植物的种子。

(二)仪器与用品

烧杯,纱布等。

(三)试剂[所用药品均需为分析纯(AR)级]

1. 0.12 mol/L KCl:称取 8.94 g KCl 溶解于去离子水中,并定容至 1 000 mL。

2. 0.06 mol/L $MgCl_2$:称取 5.7 g $MgCl_2$ 溶解于去离子水中,并定容至1 000 mL。

3. 0.12 mol/L NaCl:称取 7.02 g NaCl 溶解于去离子水中,并定容至1 000 mL。

二、实验步骤

1. 实验前 3～4 d 选择饱满度一致的小麦种子100 粒浸种,在室温下暗中萌发,待不定根长至 1 cm 时即可用作材料。

2. 取 5 个小烧杯,分别编号为①、②、③、④、⑤,依次向各编号烧杯中倒入100 mL下列盐溶液:

①0.12 mol/L KCl;

②0.06 mol/L $MgCl_2$;

③0.12 mol/L NaCl;

④0.12 mol/L NaCl 98 mL＋0.06 mol/L $MgCl_2$ 1 mL＋0.12 mol/L KCl 1 mL。

并用油性笔标记液面高度。

3. 小烧杯用涂石蜡的纱布盖上。挑选大小相等及根系发育一致的小麦幼苗 10株或 15 株,小心种植在纱布盖的孔眼里,使根系接触到下面的溶液(注意不要损伤到幼苗根系)。在室温下培育 2～3 星期后(注意及时补充去离子水至原液面高度,培养期间可更换一次培养液),测量平均苗高、根总长以及须根数目,并观察根部形态,将结果记录于下表中。

表 32　单盐毒害及离子间拮抗记录表

实验人＿＿＿＿＿＿　时期＿＿＿＿＿＿　材料名称＿＿＿＿＿＿　实验时室温＿＿＿＿＿℃

编　号	平均苗高 （cm/株）	平均根总长 （cm/株）	须根数 （/株）	根部形态
①				
②				
③				
④				

三、思考题

1.何谓单盐毒害和离子拮抗作用？

2.分析各组实验结果产生的原因。

3.现在如果要实验检测 K、Ca、Na、Ba 等离子之间的相互拮抗关系，请问如何设计实验？并事先预测一下可能的实验结果。

4.为何在生产实践中一般不会产生单盐毒害现象？

第七章　植物的光合作用

实验三十三　叶绿体色素的提取与分离(纸层析法) 以及叶绿体色素性质的观察

　　绿色植物的光合作用是在叶绿体中进行的,了解叶绿体色素的组成和性质对于理解光合作用的本质很有帮助。叶片中的叶绿素含量与光合强度以及氮素营养之间又有密切关系。因此,测定叶绿素含量便成为研究光合作用与氮代谢必不可少的手段,在作物育种、科学施肥、看叶诊断中有着广泛的应用。

叶绿体色素的提取

　　高等植物叶绿体色素主要包括叶绿素(叶绿素 a 和叶绿素 b)和类胡萝卜素(胡萝卜素和叶黄素)两类。它们是植物吸收太阳光能进行光合作用的重要物质,并在类囊体中与类囊体膜结合。这两类色素都不溶于水,而溶于有机溶剂,故可用乙醇、丙酮等有机溶剂提取。叶绿体色素易受光氧化,提取色素应在弱光中进行,并注意避光保存色素。

一、仪器、药品与材料

(一)实验材料

菠菜(*Spinacia oleracea* L.)等新鲜的绿色植物叶片。

(二)仪器与用品

天平,量筒,烧杯,具塞试管,研钵,离心机,漏斗,滤纸等。

(三)试剂

丙酮,碳酸钙,石英砂。

二、实验步骤

　　1.用于理化性质鉴定和色层分离的叶绿体色素提取:取含水量较低的新鲜植物叶片,擦净组织表面污物,去中脉后剪碎,混匀。称取 4 g 放入研钵中,加入少许碳酸钙和石英砂,再加入 10 mL 丙酮,匀浆。取滤纸 1 张,置于漏斗中,用丙酮润湿,沿玻棒把提取液倒入漏斗中,过滤,用少量丙酮冲洗研钵、研棒及残渣过滤,得叶绿体色素提取液,暗中保存。

　　2.用于定量分析的叶绿体色素提取:取新鲜植物叶片,擦净组织表面污物,去掉中脉后称取 0.5 g,剪碎放入研钵中,加入少许碳酸钙和石英砂,再加入 10 mL 丙酮,匀浆,过滤,再用 10 mL 丙酮冲洗滤渣,得叶绿体色素提取液。暗中保存备用。

叶绿体色素的分离

分离色素的方法有多种,纸层析是其中最简便的一种。当溶剂不断从层析滤纸上流过时,由于混合物中各成分在流动相与固定相间分配系数的不同,因此它们移动速率也不同。经过一定时间的纸层析后,可将各种色素分开。

一、仪器、药品与材料

(一)实验材料

新鲜制备的叶绿体色素溶液。

(二)仪器与用品

量筒,新华滤纸,大培养皿 1 只,结晶皿或小培养皿,毛细滴管,毛细管,电吹风,剪刀。

(三)试剂

丙酮—汽油(航空)推进剂($V/V = 3/10$)   用分析纯丙酮与航空汽油以体积比 3∶10 混合即得。

二、实验步骤

1.取一长滤纸条卷成芯(纸芯的长度取决于从结晶皿或小培养皿底部到大培养皿边缘的高度),用毛细滴管在一端点样(注意一次所点溶液不可过多,使色素尽量少地扩展),电吹风吹干后,再重复数次(也可把浓叶绿体色素溶液放在平底培养皿中,用滤纸一侧蘸叶绿体色素,然后将纸沿着长轴方向卷成纸捻,使浸过叶绿体色素溶液的一侧恰好在纸捻的一端)。

2.另取一大圆形定性滤纸(比培养皿直径稍大),在滤纸的中心戳一孔径与纸芯相符的小孔,将纸芯带有色素的一端插入图形滤纸中心处的小孔中,并使纸芯与滤纸齐平(勿突出)。

3.取一小结晶皿或培养皿,皿内加入适量丙酮—汽油(航空)推进剂。把插有纸芯的圆形滤纸平放在培养皿上(纸芯垂直),使纸芯的下端浸在推进剂中,迅速将大培养皿盖上。此时推进剂借毛细管引力顺着纸芯扩散到圆形滤纸上,并把叶绿体色素沿着滤纸向四周推进,不久即可看到被分离的各种色素的同心环。待推进剂前沿将要达到培养皿边缘时,取出滤纸。待推进剂挥发干后,用笔标出各色素的具体位置与名称。

叶绿体色素某些理化性质的观察

当叶绿体色素分子吸收光量子而转变成激发态时,分子很不稳定。当它再次回到基态时就会发射出红光量子,此现象称为荧光现象。因此,从与入射光相垂直的方向观察可见叶绿体色素溶液呈血红色。

在弱酸作用下,叶绿素分子中的镁可被 H^+ 取代而形成褐色的去镁叶绿素,后者遇铜则可形成绿色的铜代叶绿素。铜代叶绿素很稳定,在光下不易被破坏,故常用此法制作植物的原色标本。

叶绿素的化学性质不稳定,易受强光氧化,特别是当叶绿素与蛋白质分离后,破坏更快。叶绿素是一种二羧酸酯——叶绿酸与甲醇和叶绿醇形成的复杂酯,因而可与碱起皂化反应,产生醇(叶绿醇与甲醇)和叶绿酸的盐。叶绿酸的盐可溶于水,利用此法可将叶绿素与类胡萝卜素分离。

$$C_{32}H_{30}ON_4Mg \overset{COOCH_3}{\underset{COOC_{20}H_{39}}{\big\backslash}} +2KOH \longrightarrow C_{32}H_{30}ON_4Mg \overset{COOK}{\underset{COOK}{\big\backslash}} +CH_3OH+C_{20}H_{39}OH$$

　　叶绿素 a　　　　　　　　氢氧化钾　　叶绿素 a 的盐　　　　　　甲醇　　叶绿醇

一、仪器、药品与材料

(一)实验材料

新鲜制备的叶绿体色素溶液与新鲜叶片。

(二)仪器与用品

分液漏斗,移液管,试管与试管架,量筒,烧杯,酒精灯,滴管,药匙等。

(三)试剂

1. 醋酸铜粉末。

2. KOH 的甲醇溶液:称取 30 g KOH 颗粒溶解于甲醇中,并用甲醇定容至 100 mL。

3. 含醋酸铜的醋酸溶液:称取 6 g 醋酸铜溶于 100 mL 的 50% 醋酸溶液中。

4. 1 mol/L 浓盐酸:将 36% 的浓盐酸 85.45 mL 稀释到 1 000 mL 即得。

二、实验步骤

1. 叶绿素的荧光观察:取叶绿体色素提取液少许于试管中,首先从与入射光垂直的方向观察叶绿体色素溶液的颜色,然后再在透射光方向观察叶绿体色素溶液的颜色。两种不同的观察方向下,叶绿素体色素溶液颜色有何不同?为什么?

2. 光对叶绿素的破坏作用:取上述叶绿体色素提取液少许,分装在 2 支试管中,一支放在暗处或用黑纸包裹,另一支放在强光(太阳或强光源)下。2~3 h 后,观察两支试管中溶液的颜色有何不同,为什么?也可用叶绿体色素分离中的层析纸,剪成两半,每个半张上都有相同色素带,半张放在暗处,半张置于强光下,0.5 h 后比较两张色谱上各色带的颜色变化情况。

3. 铜代叶绿素反应:取上述叶绿体色素提取液少许于试管中,逐滴加入盐酸数滴并摇匀,观察溶液颜色的变化。待溶液颜色变褐色后,倾出一半于另一试管,加入醋酸铜粉末少许,微微加热,观察溶液颜色的变化。另取含醋酸铜的醋酸溶液20 mL放入烧杯,取新鲜绿叶一片,放入溶液中,用酒精灯缓缓加热,观察叶片颜色的变化,直至颜色不再变化为止,解释上述颜色的变化过程。

4. 叶绿素的皂化反应:取上述叶绿体色素提取液 10 mL,加到盛有 20 mL 乙醚的分液漏斗中,摇动分液漏斗,并沿漏斗边缘加入 30 mL 蒸馏水,轻轻摇动分液漏斗,静置片刻,观察溶液变化。弃去下层丙酮和水,再用蒸馏水冲洗乙醚溶液 1~2 次。然后于色素乙醚溶液中加入 5 mL 30％ KOH 的甲醇溶液,用力摇动分液漏斗后静置约 10 min,再加蒸馏水约 10 mL,摇动后静置分离,则得到黄色素层和绿色素层,分别保存于试管中。

注意:

①提取得到的叶绿素先观察其是否有血红色的荧光,如无荧光或荧光很弱,则表明提取不够完全,残渣可加少许丙酮液再研磨提取。

②为了避免叶绿素的光分解,操作时应在弱光下进行,研磨时间应尽量短些。

③提取色素用的圆形滤纸,在中心打的小圆孔,周围必须整齐,否则分离的色素不是一个同心圆。

④在低温下发生皂化反应的叶绿体色素溶液,易乳化而出现白絮状物,溶液浑浊,且不分层。可激烈摇匀,并放在 30℃~40℃ 的水浴中加热,溶液很快分层,絮状物消失,溶液也变得清晰透明。

思 考 题

1.研磨提取叶绿素时加入 $CaCO_3$、石英砂各有什么作用?

2.用不含水的有机溶剂如无水乙醇、无水丙酮等提取干燥植物材料中的叶绿体色素,结果会如何? 为什么?

3.在强光下提取叶绿素对测定结果会有什么样的影响? 为什么?

4.画图说明叶绿体色素纸层析结果,并解释原因。

5.铜在叶绿素分子中具有替代镁的作用,这有何实用意义?

6.黄色素与绿色素的分离中,KOH 溶液中为何要加入甲醇? 如不加入甲醇,实验中会出现什么现象?

7.你认为本实验中应注意哪些问题?

8.根据你所掌握的知识,如何提纯叶绿素? 如何检验叶绿素的纯度?

实验三十四　叶绿素含量的测定
（分光光度法）

　　根据朗伯—比尔（Lambert-Beer）定律，某有色溶液的吸光度 A 值与其中溶质浓度 c 以及光径 L 成正比，即 $A=\alpha cL$（α 为该物质的吸光系数）。各种有色物质溶液在不同波长下的吸光值可通过测定已知浓度的纯物质在不同波长下的吸光度而求得。如果溶液中有数种吸光物质，则此混合液在某一波长下的总吸光度就等于各组分在相应波长下的吸光度的总和，这就是吸光度的加和性。今欲测定叶绿体色素提取液中叶绿素 a、b 含量，只需测定该提取液在两个特定波长下的吸光度值，并根据叶绿素 a 与 b 在该波长下的吸光系数即可求出各自的浓度。在测定叶绿素 a、b 含量时，为了排除类胡萝卜素的干扰，所用单色光的波长应选择叶绿素在红光区的最大吸收峰。

　　已知叶绿素 a、b 的 80% 丙酮提取液在红光区的最大吸收峰分别为 663 nm 和 645 nm，又知在波长 663 nm 下，叶绿素 a、b 在该溶液中的比吸收系数分别为 82.04 和 9.27，在波长 645 nm 下分别为 16.75 和 45.60。根据加和性原则列出以下关系式：

$$A_{663}=82.04c_a+9.27c_b \qquad ①$$
$$A_{645}=16.75c_a+45.6c_b \qquad ②$$

　　式中 A_{663}、A_{645} 分别为波长 663 nm 和 645 nm 处测定叶绿素溶液的吸光度值；c_a、c_b 分别为叶绿素 a、b 的浓度（g/L）。

　　解联立方程①、②可得以下方程：

$$c_a=0.012\ 7A_{663}-0.002\ 69A_{645} \qquad ③$$
$$c_b=0.022\ 9A_{645}-0.004\ 68A_{663} \qquad ④$$

　　如把叶绿素含量单位由 g/L 改为 mg/L，③、④式则可改写为：

$$c_a(mg/L)=12.7A_{663}-2.69A_{645} \qquad ⑤$$
$$c_b(mg/L)=22.9A_{645}-4.68A_{663} \qquad ⑥$$

　　叶绿素总量：

$$c_t(mg/L)=c_a+c_b=20.21A_{645}+8.02A_{663} \qquad ⑦$$

　　叶绿素总量也可根据下式求导：

$$A_{652}=34.5\times c_t$$

　　由于 652 nm 为叶绿素 a 与 b 在红光区吸收光谱曲线的交叉点（等吸收点），两者有相同的比吸收系数（均为 34.5），因此也可以在此波长下测定一次吸光度（A_{652}）求出叶绿素总量：

$$c_t(g/L)=\frac{A_{652}}{34.5}$$

$$c_t(mg/L)=\frac{A_{652}}{34.5}\times 1\ 000 \qquad ⑧$$

　　因此，可利用⑤、⑥式分别计算叶绿素 a 与 b 的含量，利用⑦式或⑧式计算叶绿素总量。

一、仪器、药品与材料

(一)实验材料

不同生境的新鲜植物叶片。

(二)仪器与用品

分光光度计,天平(感量 0.01 g),研钵,漏斗,量筒,滤纸等。

(三)试剂

1.丙酮。

2.80％丙酮:取 80 mL 纯丙酮加入 20 mL 蒸馏水混匀即得。

3.石英砂。

4.无水 $CaCO_3$。

二、实验步骤

1.叶绿体色素溶液的提取:选取不同生境下生长植物的成熟叶片按照实验三十三中的方法用 80％丙酮进行提取。

2.测定吸光度值:以 80％丙酮作为参比溶液,分别在 652 nm、663 nm 和 645 nm 处测定叶绿体色素提取液(浓度大时需稀释)的光吸收值。

3.计算:把测得的光吸收值代入上述⑤、⑥、⑦和⑧等公式计算出叶绿素 a、b 和叶绿素总量。在计算时需要考虑稀释因子。

注意:

①在有叶绿素存在时,用分光光度法也可以同时测出溶液中类胡萝卜素的含量。Lichtenthaler 等对以上方法进行了修正,提出了 80％丙酮提取液中 3 种色素含量的计算公式:

$$c_a = 12.21A_{663} - 2.81A_{646}$$
$$c_b = 20.13A_{646} - 5.03A_{663}$$
$$c_x = \frac{1\,000A_{470} - 3.27c_a - 104c_b}{229}$$

式中:

c_a、c_b——叶绿素 a 和 b 的浓度。

c_x——类胡萝卜素的浓度。

A_{663}、A_{646} 和 A_{470}——叶绿体色素提取液在波长 663 nm、646 nm 和 470 nm 处的光吸收值。

另外,由于叶绿体色素在不同溶剂中的吸收光谱有差异,因此,在使用其他溶剂提取色素时,计算公式也有所不同。叶绿素 a、b 在 95％乙醇中最大吸收峰的波长分别为 665 nm 和 649 nm,类胡萝卜素为 470 nm,可据此列出以下关系式:

$$c_a = 13.95A_{665} - 6.88A_{649}$$
$$c_b = 24.96A_{649} - 7.32A_{665}$$
$$c_x = \frac{1\,000A_{470} - 2.05c_a - 114c_b}{245}$$

②一般大学教学实验室所用的分光光度计多为 722 型,属低级类型,而叶绿素 a

和 b 吸收峰的波长相差仅 18 nm(663～645 nm),难以达到精确测定。此外,有时还由于仪器本身的标称波长与实际波长不符,测定的正确性就更差了。根据公式计算往往会得到叶绿素 a：b 值小于正常的阳生植物的 3 或阴生植物的 2 左右的值,这就不很奇怪了。除向学生说明其中原因外,还可以在实验前对仪器的波长进行校正,使标称波长与实际波长一致。校正可用纯的叶绿素 a 和 b 进行,分别在波长 650～670 nm 和 630～650 nm 之间,每隔 1～2 nm 测定叶绿素 a 或 b 的吸光度 A,以确定叶绿素 a 和 b 的吸收峰的波长。如果测得的峰值与文献上的峰值 663 nm 和 645 nm 不同,可按照仪器说明书步骤进行校正。

为校正仪器波长所需的叶绿素 a 和 b 的用量是很少的,用纸层析法很快就能分离制得。纸层析结束后,用剪刀小心地剪下蓝绿色的叶绿素 a 和黄绿色的叶绿素 b(注意剪时尽量避开有可能遭污染的地区)。最后分别浸于 80% 丙酮中,洗下叶绿素 a 和 b。

三、思考题

1. 叶绿素 a 和 b 在红光区和蓝光区都有最大吸收峰,能否用蓝光区的最大吸收峰波长进行叶绿素 a 和 b 含量的定量分析? 为什么?

2. 叶片中的类胡萝卜素和花色素是否影响叶绿素含量测定? 为什么? 从叶绿素 a、叶绿素 b、胡萝卜素和叶黄素的吸收光谱讨论其生理意义。

3. 在用分光光度计测定叶绿素提取液的光密度时,为什么要用 80% 丙酮将仪器的透光率调到 100%? 如果用蒸馏水调 100% 对测定数据会有什么影响?

4. 比较你用波长 652 nm、645 nm 以及 663 nm 测定的叶绿素总量是否有差异,若有差异分析其原因。

5. 你所测得的叶绿素 a：b 值是否与教材上的数值相近? 如不相近,是因为什么?

6. 用阳生和阴生植物提取叶绿素时,会发现两种植物的叶绿素 a：b 值不同,哪一种植物的比值大?

7. 通过叶绿素含量测定你能够解决什么理论和实践问题?

8. 如果你不知道叶绿素的吸收系数,但有叶绿素的纯品,如何测定样品中的叶绿素含量?

9. 能否根据物品上的绿色残迹分析出植物的种类? 为什么?

实验三十五　叶绿体的分离与离体叶绿体
对染料的还原作用
（Hill 反应）

叶绿体的分离

　　叶绿体是绿色植物细胞中典型的细胞器,可通过研磨叶片并匀浆后,根据其颗粒大小经过滤、差速离心加以分离。分离叶绿体应在等渗溶液中制备,以减少渗透压对叶绿体的伤害。整个分离过程应在 0℃～4℃下进行,所有提取物、溶液和材料,也应保存在该温度下。叶绿体活力会随着离体时间延长而不断下降,因此,分离工作应尽可能在短时间内完成。

一、仪器、药品与材料

（一）实验材料

新鲜菠菜($Spinacia\ oleracea$ L.)叶片等。

（二）仪器与用品

离心机,天平,容量瓶,量筒,移液管,研钵,烧杯,纱布,冰箱,离心管,脱脂纱布等。分离器皿都须在 0℃下预冷。

（三）试剂

1. 0.35 mol/L NaCl 溶液:称取 2.045 g NaCl 溶解于 100 mL 蒸馏水中。

2. 0.035 mol/L NaCl 溶液:称取 0.204 5 g NaCl 溶解于 100 mL 蒸馏水中。

3. 10 mmol/L Tris-HCl 缓冲剂(pH 7.8),见附录 7。

二、实验步骤

　　1. 在晴天上午 10:00 时左右,选取生长健壮的、最好是连续几个晴天下生长的菠菜叶,洗净,擦干,去叶柄及主脉,然后放入 0℃～4℃冰箱或冰瓶中预冷。

　　2. 称取 10 g 鲜重的预冷叶片,撕碎后放入研钵并在冰浴中研磨。研磨时加入预冷的20 mL 0.35 mL/L NaCl、2 mL 10 mmol/L Tris-HCl 缓冲液以及少量石英砂。用手工快速研磨 30～60 s,注意不要用力过猛,也不必研磨过细。

　　3. 研磨成匀浆后,用 4 层纱布过滤于烧杯中。

　　4. 将滤液装入预冷过的两个离心管,1 000 rpm 离心 2 min,弃去沉淀,收集上清液。

　　5. 上清液再经 3 000 rpm 离心 5 min,弃去上清液,沉淀即是叶绿体。

　　6. 将沉淀分成 2 份,分别加入 0.35 mol/L NaCl 溶液和 35 mmol/L NaCl 溶液各10 mL,并用吸管轻轻冲散沉淀制成悬液,使叶绿体分别处于等渗和低渗溶液中,以获得完整叶绿体和破碎叶绿体。悬液保存在冰箱中待用。

离体叶绿体对染料的还原作用（Hill 反应）

离体的完整叶绿体，在合适的氧化剂，例如染料二氯靛酚（DCPIP，一种蓝色染料）存在下，当被光照时，可以使水光解释放氧气，DCPIP 接受电子和 H^+ 后被还原成无色。实验中可以直接观察颜色的变化，也可用分光光度计对还原量进行精确测定，该变化在 4～5 min 内呈线性关系。此反应为希尔（Hill）所发现，故常被称为希尔反应（Hill reaction）。

一、仪器、药品与材料

（一）实验材料
新鲜制备的完整与破碎的叶绿体悬浮液。

（二）仪器与用品
分光光度计，试管架，烧杯，容量瓶，移液管，试管，量筒。

（三）试剂
1. 10 mmol/L Tris-HCl 缓冲液（pH 7.8），见附录 7。
2. 0.1 mol/L 磷酸缓冲液（pH 7.3），见附录 7。
3. 0.3 mmol/L 2,6-二氯酚吲哚酚钠溶液：称取 8.7 mg 2,6-二氯酚吲哚酚钠，先用 95% 的乙醇溶解，再加水定容至 100 mL（如药品纯度低，可适当提高浓度）。

二、实验步骤

1. 加样：取干净试管 6 支，分为两组，并分别编成 1、2、3 号，然后按表 35 加入试剂。

表 35　离体叶绿体对染料的还原作用的实验操作表

	管号	磷酸缓冲液（mL）	叶绿体悬液（mL）	煮沸（min）	DCPIP 溶液（mL）
完整叶绿体	1	9.4	0.1	—	0.5
	2	9.4	0.1	5	0.5
	3	9.9	0.1	—	—
破碎叶绿体	1	9.4	0.1		0.5
	2	9.4	0.1	5	0.5
	3	9.9	0.1	—	—

注：①2 号管加叶绿体悬液后于沸水浴上煮 5 min，然后用蒸馏水补足丧失的水分。
②3 号管为比色时调节零点用。

2. 比色：当加入染料后立即摇匀倒入相应的比色杯中，迅速测定 620 nm 处的吸光度值，此即代表反应时间为 0 时的吸光度值。然后将比色杯置于离 150 W 灯源约 60 cm 处照光，每隔一分钟快速读下吸光度值，连续进行 5～6 次读数，严格控制照光时间。

3. 将结果以 A_{620} 为纵坐标，以时间（min）为横坐标作图。

4. 分析实验结果：可以列表和绘制吸光度值曲线两种方式。

（1）列表显示实验结果。

（2）绘制 Hill 反应中吸光度值随时间变化曲线。

思 考 题

1. 如何提取少量菠菜叶片的叶绿体？如果改用水稻叶片，又应如何提取？

2. 为什么制备和保存叶绿体都必须在 0℃～4℃ 条件下进行？

3. 试管中蓝色褪去的原因是什么？与光照有什么关系？

4. 分离叶绿体实验的原理是什么？操作过程中应注意什么？

5. 完整叶绿体和破碎叶绿体所得结果有什么不同？为什么？煮沸对叶绿体有何影响？

6. 请对实验结果曲线图作出解释。

实验三十六　植物叶片光合速率的测定
（改良半叶法）

光合速率测定是植物生理学的基本研究方法之一,在作物丰产生理、作物生态、新品种选育以及光合作用基本理论研究等方面都有着广泛的用途。

根据光合作用的总反应式:

$$CO_2 + 2H_2O \longrightarrow (CH_2O) + O_2 + H_2O,$$

光合速率原则上可以用任何一反应物消耗速率或生成物的产生速率来表示。由于植物体内水分含量很高,而且植物随时都在不断地吸水和失水,水参与的生化反应又特别多,所以实际上不可能用水的含量变化来测定光合速率。目前最常用的方法有:改良半叶法、红外线 CO_2 分析法和氧电极法。以下介绍用改良半叶法测定植物光合速率。

同一叶片的中脉两侧,其内部结构、生理功能基本一致。将叶片一侧遮光或一部分取下置于暗处,另一侧留在光下进行光合作用,过一定时间后,在该叶片两侧的对应部位取等面积的叶片,分别烘干称重。根据照光部分干重的增量便可计算出光合速率。

为了防止光合产物从叶中输出,可对双子叶植物的叶柄采用环割、对单子叶植物的叶片基部用开水烫或用三氯醋酸(蛋白质沉淀剂)处理等方法来损伤韧皮部活细胞,而这些处理几乎不影响水和无机盐分向叶片的输送。

一、仪器、药品与材料

（一）实验材料
生长于田间的植株。

（二）仪器与用品
剪刀,分析天平,称量皿(或铝盒),烘箱,刀片,金属(有机玻璃也可以)模板(或打孔器),纱布,夹子,有盖搪瓷盘,锡纸等。

（三）试剂
三氯乙酸,石蜡。

二、实验步骤

1.选择测定样品:实验可在晴天上午 8:00～9:00 开始,预先在田间选定有代表性的叶片(如叶片在植株上的部位、年龄、受光条件等)10 张,挂牌编号。

2.叶基部处理:目的是将叶柄输导系统的韧皮部破坏。

(1)棉花等双子叶植物,可用刀片将叶柄的外皮环割约 0.5 cm 宽,切断韧皮部运输。

(2)小麦、水稻等单子叶植物,由于韧皮部和木质部难以分开处理,可用刚在开水中浸过的纱布或棉花包裹的夹子将叶柄基部烫伤一小段(一般用 90℃以上的开水烫

20 s)以伤害韧皮部。也可用110℃～120℃的石蜡烫伤叶柄韧皮部。

为了使烫后或环割等处理的叶片不致下垂影响叶片的自然生长角度,可用锡纸、橡皮管或塑料管包绕,使叶片保持原来的着生角度。

3.剪取样品:叶柄基部处理完毕后,即可剪取样品,记录时间,开始光合速率测定。一般按编号次序分别剪下对称叶片的一半(中脉不剪下),并按编号顺序将叶片夹于湿润的纱布中,将叶置于暗处。4～5 h后(光照好、叶片大的样品,可缩短处理时间),再依次剪下另一半叶,同样按编号夹于湿润纱布中。两次剪叶的次序与所花时间应尽量保持一致,使各叶片经历相同的光照时数。

4.称重比较:将各同号叶片之两半按对应部位叠在一起,在无粗叶脉处放上已知面积(如棉花可用1.5 cm×2 cm)的金属模板(或用打孔器),用刀片沿边切下两个叶块,置于两个已烘至恒重的、分别标记为照光及暗中的称量皿中,80℃～90℃下烘至恒重(约5 h),在分析天平上称重比较。按表36填入测定数据,并计算。

5.光合速率计算:按照如下公式计算光合作用强度。

$$光合速率＝\frac{干重增加总数(mg)}{切取叶面积总和(dm^2)·照光时数(h)}。$$

光合速率单位为mg干物质/$(dm^2·h)$。

由于叶内贮存的光合产物一般为蔗糖和淀粉等,可将干物质重量乘系数1.5,即得二氧化碳同化量,单位为mg CO_2/$(dm^2·h)$。

表36　用改良半叶法测定植物光合速率的记载表

实验人_____　日期_____　材料名称_____　光照时间_____　叶面积_____

编号	黑暗组		光照组		叶片干重增量(g)
	称量皿重(g)	称量皿＋叶片干重(g)	称量皿重(g)	称量皿＋叶片干重(g)	
1					
2					
3					
4					
5					
6					
7					
8					
9					
10					

三、思考题

1.通过光合速率测定,你能够解决什么理论和实践问题?

2.为什么选择叶龄、叶色、着生部位和受光一致,以及主脉两侧对称的叶片?选择同一植株不同叶位叶片,试问它们的光合速率是否相同,为什么?

3.如果选择不同生境(如阴生、阳生或处于逆境胁迫下)下生长的、同一生长阶段、相同叶位的同种植物,它们的光合速率会有什么不同? 为什么?

4.在改良半叶法中为什么要杀死韧皮部?

5.测定时间过短对所测定的光合速率会产生什么样的影响? 为什么? 测定时间过长又会产生什么样的影响? 为什么?

6.根据光合作用的反应方程式,光合作用涉及二氧化碳、水、氧气、有机物质和光能的吸收,哪些因子可作为光合作用测定的指标? 为什么? 请简述各种光合作用测定方法的基本原理? 比较各种方法的优缺点?

7.从原理上讲,改良半叶法还可用于何种植物生理生化指标的测定? 需要做何修改? 请说明之。

实验三十七 环境因素对光合作用的影响
（真空渗入法与 BTB 法）

作物的光合作用强度与作物产量形成有密切关系，而光合强度又受到光照、温度、CO_2 浓度和水分等诸多环境因素的影响。了解各种环境因素对光合作用的影响无论是对于深入理解光合作用的本质，还是对于作物育种与制定合理的栽培措施都具有重要意义。

真空渗入法

用真空渗入法排除叶肉细胞间隙的气体，充以水溶液，使叶圆片沉于水中。在光合作用过程中，植物吸收 CO_2 而放出 O_2，由于 O_2 在水中的溶解度很少，并在细胞间和叶表面积累，结果使原来下沉的叶圆片上浮。根据上浮所需时间的长短，即能衡量光合作用的强弱。改变测定体系的 CO_2 浓度、温度和光强等，就能观察这些因素对光合作用的影响。

一、仪器、药品与材料

（一）实验材料

新鲜植物叶片，如小白菜（*Brassica pekinensis* Rupr.）、莴苣（*Lactuca sativa* L.）、陆地棉（*Gossypium hirsutum* L.）、蚕豆（*Vicia faba* L.）、青菜（*Brassica chinensis* L.）、油菜（*Brassica campestris* L. var. oleifera DC.）、蓖麻（*Ricinus communis* L.）等。

（二）仪器与用品

照度计，温度计，打孔器，注射器，小烧杯，光源，恒温水浴锅，镊子。

（三）试剂

1. CO_2 饱和的水溶液：用一玻管向 100 mL 左右的水中吹气数分钟，或用含 20 mmol/L $NaHCO_3$ 的 50 mmol/L 磷酸缓冲液（pH 7.0）代替水（其他缓冲溶液也可，具体配制见附录）。

2. 冰块。

二、实验步骤

1. 打取叶圆片：选取健壮、叶龄相似、厚薄均匀的叶片数张，用直径 1 cm 左右的打孔器，避开叶脉打下叶圆片 60 个（或更多一些，便于挑选）。

2. 真空渗入：用真空泵或注射器抽真空，使水渗入细胞间隙。水渗入细胞间隙后，叶片便变成半透明状而下沉。把下沉的叶圆片连同水一起倒入小烧杯中，置暗处备用。

3. 设置处理：取 100 mL 小烧杯 6 只，其中 2 只各倒 20 mL 水（或 pH 7.0 50 mmol/L 磷酸缓冲液），另外 4 只各加 20 mL CO_2 饱和的水溶液（或含 20 mmol/L

$NaHCO_3$ 的 pH 7.0 50 mmol/L 磷酸缓冲液)。然后于 6 只小烧杯中各放入叶圆片 10 个(叶圆片间不要重叠),分别置于不同光强和不同温度下。为要得到不同的光强,可把烧杯放置在离光源灯不同的距离处(用照度计测出该处照度)或烧杯上用黑纸遮光。为要获得不同温度,夏季可将小烧杯浸于冰水混合物中以获得低温,冬季可将小烧杯浸于热水中以获得高温,并用温度计测出实际实验温度。

表 37-1　用真空渗入法观察环境因素对光合作用的影响记录表

实验人_____　时期_____　材料名称_____　实验时室温_____℃

编　号	光强(lx)	温度(℃)	CO_2(是否饱和)	上浮所需时间(min)
1				
2				
3				
4				
5				
6				

4. 观察与分析:记录各烧杯中每一叶圆片上浮所需的时间。以一定时间内上浮的叶圆片数或上浮所需的平均时间来比较各杯中叶圆片的光合作用强弱状况,并分析光、温、CO_2 等因素对光合作用的影响。

溴麝香草酚蓝法(BTB 法)

在光合作用过程中,植物吸收 CO_2 放出 O_2。CO_2 含量的减少使得周围环境的酸度降低,可用溴麝香草酚蓝(BTB)来测定酸度的改变。BTB 的变色范围为 pH 6.0～7.6,酸性时呈黄色,碱性时呈蓝色,中间经过绿色(变色点为 pH 7.1)。

一、仪器、药品与材料

(一)实验材料

新鲜绿色沉水植物,如水绵属(*Spirogyra*)植物、黑藻(*Hydrilla verticillata* Royle)等。

(二)仪器与用品

照度计,温度计,大烧杯,光源,试管,镊子,玻管。

(三)试剂

0.04% BTB 液:称取 0.1 g BTB,溶解于 250 mL 自来水中,然后用滤纸滤去残渣。溶液若还呈黄色,可滴加数滴稀氨水或稀 NaOH 溶液,使之变为蓝色或蓝绿色。此液贮于棕色瓶中可长期保存。

二、实验步骤

1. 取试管 6 支,分别加 4 mL 自来水,然后再向每支试管中加入 BTB 液 2 mL,编号 1、2、3、4、5、6。根据下表分别冲以 CO_2(用干净的玻管向其中吹气数分钟,待溶液变黄、且深浅一致即可),待用。

2.取 6 只烧杯,编号 1、2、3、4、5、6,其中根据下表加入各种温度的水(高温水用 30℃~35℃的水,低温水用冰水混合物),待用。

3.根据下表,分别向对应管号的试管中放入绿色沉水植物(如水绵、黑藻等)适量,并将试管放入对应编号的烧杯中。然后再将各烧杯按表中要求置于不同的光照下(无光照的置于黑暗中即可)。1 h 后观察结果。

4.根据结果,比较光照、温度、CO_2 对光合作用的影响。确定光合作用的必要条件。

表 37-2　用 BTB 法观察环境因素对光合作用的影响记录表

实验人_____　日期_____　材料名称_____　实验时室温_____℃

烧杯号与试管号	水草	CO_2	适宜温度	适宜光照	现象
1	+	+	+	+	
2	−	+	+	+	
3	+	−	+	+	
4	+	+	−	+	
5	+	+	+	−	
6	−	+	+	−	

思 考 题

1.根据以上两个实验结果可以初步得出什么结论?

2.环境因子中除了光强、温度、CO_2 浓度外,还有哪些因素会影响植物的光合作用?

3.如果让你设计本实验,你还可以怎样设计实验来检测环境因素对光合作用的影响?

第八章　植物的呼吸作用

实验三十八　植物呼吸速率的测定
（小篮子法）

呼吸作用是一切生物的共同特性。不论是植物、动物或微生物,不论是哪个器官、组织或细胞,只要有活细胞的部分,都毫不例外地要进行呼吸与有机物质的氧化分解,释放能量,以供生命活动的需要。呼吸作用的强弱即呼吸速率的大小是植物生命活动最重要的指标之一。一般的说,呼吸速率大表示新陈代谢旺盛,呼吸速率小则说明代谢活动弱。植物呼吸速率的大小因植物类型、组织种类、生育期的差异而不同,也受到外界环境的影响。测定植物呼吸速率,就可以研究内外因素对植物生命活动的效应。因此,在植物生理研究及生产实践等方面都有测定的必要。测定呼吸速率的方法很多,如红外线 CO_2 分析法、氧电极法、瓦氏呼吸仪法、呼吸瓶法等。本实验采用广口瓶与小篮子测定呼吸速率的方法。

植物进行呼吸时吸收 O_2,放出 CO_2,计算一定的植物样品在单位时间内放出 CO_2 的数量,即为该样品的呼吸速率。植物材料呼吸过程中释放的 CO_2 可用氢氧化钡溶液吸收。实验结束后,用草酸溶液滴定剩余碱量,由空白和样品二者消耗草酸溶液之差即可计算出呼吸过程中释放的 CO_2 量。其反应如下:

$$Ba(OH)_2 + CO_2 \longrightarrow BaCO_3 \downarrow + H_2O$$
$$Ba(OH)_2(剩余) + H_2C_2O_4 \longrightarrow BaC_2O_4 \downarrow + 2H_2O$$

一、仪器、药品与材料

(一)实验材料
处于萌发不同阶段的小麦(*Triticum aestivum* L.)种子。

(二)仪器与用品
广口瓶,天平,酸碱滴定台与酸式滴定管,量筒,天平,钟表,温度计,干燥管,尼龙网制小篮。

(三)试剂
1. 0.05 mol/L 的 $Ba(OH)_2$:称取 8.6 g $Ba(OH)_2$ 溶于 1 000 mL 蒸馏水中,密封保存。

2. 1/44 mol/L 草酸溶液:准确称取 2.865 1 g 重结晶的 $H_2C_2O_4 \cdot 2H_2O$ 溶于蒸馏水中并定容至 1 000 mL。

3. 酚酞指示剂:称取 1 g 酚酞溶于 100 mL 95%乙醇中,并贮于滴瓶中。

二、实验步骤

1.取 500 mL 广口瓶一个,瓶口用打有两孔的橡皮塞塞紧,一孔插一盛碱石灰的干燥管,使呼吸过程中能进入无 CO_2 的空气,另一孔直径约 1 cm,供滴定用,平时用一小橡皮塞塞紧。瓶塞下方挂一小篮,以便装植物样品(也可用单层纱布包裹种子代替)。

2.向瓶中准确加入 0.05 mol/L 的 $Ba(OH)_2$ 溶液约 20 mL,立即塞紧橡皮塞(不加样品),充分摇动广口瓶 2 min,待瓶内 CO_2 全部被吸收后,拔出小橡皮管塞,加入酚酞指示剂 2 滴,把滴定管插入孔中,用标准草酸溶液进行空白滴定,直到红色刚刚消失为止。记录所用草酸溶液体积 V_1 mL。

3.倒出废液,用无 CO_2 的蒸馏水(煮沸过的)洗净后,重新加上述 $Ba(OH)_2$ 溶液 20 mL,同时称取植物样品 20～30 g,装入小篮子中,挂于橡皮塞下,塞紧瓶塞,并用熔化的石蜡密封瓶口,防止漏气。开始记录时间,每过 10 min 左右,轻轻地摇动广口瓶,破坏溶液表面的 $BaCO_3$ 薄膜,以利 CO_2 的吸收。1 h 后,小心打开瓶塞,迅速取出小篮,加 1～2 滴指示剂,立即重新盖紧瓶塞混匀,然后拔出小橡皮塞,把滴定管插入小孔中,用草酸滴定,直到红色刚刚消失为止。记录所用草酸溶液体积 V_2 mL。

4.结果计算:

$$呼吸速率[mg\ CO_2/(g\ FW \cdot h)] = \frac{V_1 - V_2}{W \times t}。$$

式中:

V_1——空白滴定用去的草酸量(mL);

V_2——样品滴定用去的草酸量(mL);

W——样品鲜重(g);

t——测定时间(h)。

注:1 mL 1/44 mol/L 的草酸溶液的摩尔浓度相当于 1 mg CO_2 的摩尔浓度。

三、思考题

1.在本实验中进行呼吸速率测定时怎样排除不应有的干扰因素?

2.在实验过程中为什么要轻摇广口瓶数次?

3.就计算公式而言,为什么草酸的用量可代表种子呼吸放出的 CO_2 的量?

4.以草酸(1/44 mol/L)滴定 $Ba(OH)_2$(0.05 mol/L),用酚酞作指示剂,溶液由红色变成无色,滴定至终点后,马上颜色又由无色变成红色,原因是什么?

5.白天在实验室测定植物茎叶的呼吸速率会受到什么影响?如何解决?

6.如果实验材料选择的是不同萌发阶段的小麦种子及幼芽,哪一阶段的呼吸速率最大?

实验三十九　过氧化物酶活性的测定
（比色法）

　　过氧化物酶是植物体内普遍存在的、活性较高的一种酶，它与呼吸作用、光合作用及生长素的氧化等都有密切关系。在植物生长发育过程中，它的活性不断发生变化。因此测量这种酶，可以反映某一时期植物体内代谢的变化。

　　在有过氧化氢存在的条件下，过氧化物酶能使愈创木酚氧化，生成茶褐色物质。该物质在 470 nm 处有最大吸收，可用分光光度计测量 470 nm 处的吸光度变化速率来测定过氧化物酶的活性。

一、仪器、药品与材料

（一）实验材料
新鲜植物组织。

（二）仪器与用品
分光光度计，研钵，恒温水浴锅，100 mL 容量瓶，吸管，高速冷冻离心机，秒表，磁力搅拌器。

（三）试剂
1. 愈创木酚。
2. 30% 过氧化氢。
3. 100 mmol/L 磷酸缓冲液（pH 6.0），见附录 7。
4. 反应混合液：取 100 mmol/L 磷酸缓冲液（pH 6.0）50 mL 于烧杯中，加入愈创木酚 28 μL，于磁力搅拌器上加热搅拌，直至愈创木酚完全溶解，待溶液冷却后，加入 30% 过氧化氢 19 μL，混合均匀，保存于冰箱中备用。

二、实验步骤

　　1. 称取植物材料 0.1 g，剪碎，放入预冷的研钵中，加入适量预冷的磷酸缓冲液冰浴研磨成匀浆。残渣再用 5 mL 磷酸缓冲液提取一次，合并两次匀浆液，以 4 000 rpm 低温离心 15 min，上清液即为粗酶液，定容至 10 mL，酶液贮于低温下备用。

　　2. 取 2 支试管，于 1 支中加入反应混合液 3 mL 和磷酸缓冲液 1 mL，作为对照，另 1 支中加入反应混合液 3 mL 和上述酶液 1 mL（如酶活性过高可稀释之）。迅速将两支试管中溶液混匀后，倒入比色杯，置于分光光度计样品室内，立即开启秒表记录时间，于 470 nm 处测定吸光度（OD）值，每隔 10 s 读数一次。

　　3. 结果计算：以每分钟 OD 变化值 [$\Delta A_{470}/(g\,FW \cdot min)$] 表示酶活性大小，也可以用每分钟 OD 值变化 0.01 作为 1 个过氧化物酶活性单位（U）表示。

$$过氧化物酶活性 [U/(g\,FW \cdot min)] = \Delta A_{470} \times \frac{V_T}{W \times V_s \times 0.01 \times t}。$$

式中：

ΔA_{470}——反应时间内 OD 变化值。

V_T——提取酶液总体积(mL)。

W——植物鲜重(g)。

V_S——测定时取用酶液体积(mL)。

t——反应时间(min)。

三、思考题

1. 如果在酶反应测定时动作缓慢,会有怎样的结果?

2. 试选择不同的植物材料,比较不同植物中过氧化物酶活性的差异。

3. 测定过氧化物酶活性除了本方法外,还可以采用什么方法进行?

4. 在植物体内,过氧化物酶的底物会是哪些物质? 在体外条件下,除可用愈创木酚外,你还可以使用什么底物?

5. 植物组织中的多酚氧化酶是否会对本实验产生影响? 为什么?

第九章 植物激素

实验四十 吲哚乙酸氧化酶活性的测定

植物体内生长素的种类很多,其中吲哚乙酸(IAA)是植物体内普遍存在的一种生长素。植物体内 IAA 的含量,对于植物的生长、发育、衰老、脱落等均有重要意义。植物体内存在吲哚乙酸氧化酶,吲哚乙酸氧化酶氧化 IAA,使其失去活性,从而调节体内 IAA 的水平,影响植物的生长。酶活力的大小可以用其破坏 IAA 的速率亦即溶液中 IAA 减少的速率来表示。

1947 年,我国植物生理学家汤玉玮等发现,在无机酸存在下,IAA 能与 $FeCl_3$ 作用,生成红色的螯合物。该物质在 530 nm 有最大吸收峰,由此引出 IAA 的定量测定方法,此法可测出微克级的 IAA。

一、仪器、药品与材料

(一)实验材料

大豆(*Glycine max* Merr.)或绿豆(*Phaseolus radiatus* L.)幼苗的下胚轴。

(二)仪器与用品

分光光度计,离心机,恒温水浴锅,天平,研钵,试管 12 支,移液管(5 mL×2、2 mL×2、1 mL×4),烧杯 1 个。

(三)试剂

1.20 mmol/L 磷酸缓冲液(pH 6.0),见附录 7。

2.1 mmol/L 2,4-二氯酚:称取 16.3 mg 2,4-二氯酚用蒸馏水溶解并定容至100 mL。

3.1 mmol/L 氯化锰:称取 19.8 mg $MnCl_2 \cdot 4H_2O$ 用蒸馏水溶解并定容至100 mL。

4.200 $\mu g/mL$ 吲哚乙酸:称取 20 mg IAA 用少量乙醇溶解,然后用蒸馏水定容至 100 mL。

5.吲哚乙酸试剂 A 或 B(任备其中之一)。

试剂 A:15 mL 0.5 mol/L $FeCl_3$,300 mL 浓硫酸(比重为 1.84),500 mL 蒸馏水,使用前混合即成,避光保存。使用时于 1 mL 样品中加入试剂 A 4 mL。

试剂 B:10 mL 0.5mol/L $FeCl_3$,500 mL 35%过氯酸,使用前混合即成,避光保存。用时于 1 mL 样品中加入试剂 B 2 mL。试剂 B 较试剂 A 灵敏。

二、实验步骤

(一)吲哚乙酸氧化酶的制备

1. 将大豆或绿豆种子于 30℃温箱中暗中萌发 3~4 d,选取生长一致的幼苗,除去子叶和根,留下胚轴作为实验材料。

2. 取 1~2 根下胚轴,称得重量,置研钵中,加入预冷的磷酸缓冲液(pH 6.0) 5 mL,石英砂少许,置冰浴中研磨成匀浆。再按每 100 mg 鲜重材料加入 1 mL 提取液的比例,用磷酸缓冲液稀释匀浆液。离心(4 000 rpm)20 min,所得上清液即为粗酶液。

(二)吲哚乙酸氧化酶的活性测定

1. 取 2 支试管并编号,于①号试管中加 1 mL 的 $MnCl_2$、1 mL 的 2,4-二氯酚、2 mL 的 200 μg/mL IAA、1 mL 的酶液和 5 mL 的磷酸缓冲液,混合均匀;②号试管中,除酶液用 1 mL 磷酸缓冲液代替外,其余成分与①号试管相同。将 2 支试管置于 25℃恒温水浴中保温 30 min。

2. 30 min 后,另取 2 支试管并分别编号 $1'$、$2'$,先于每支试管中加入 4 mL 试剂 B,然后分别取步骤 1 中反应混合液各 2 mL 加入到加有试剂 B 的相应标记的试管中,小心地混匀,于 40℃的温箱中保温 30 min,使反应混合液呈红色。

3. 于 530 nm 处测定 OD 值,根据 OD 值从标准曲线上查出相应的 IAA 浓度或从直线方程计算反应液中 IAA 的残留量。

4. 用对照管中吲哚乙酸的量减去实验管中吲哚乙酸的残留量,即得被酶分解的吲哚乙酸的量。

(三)标准曲线的制作

1. 配制吲哚乙酸的系列标准溶液,其浓度分别为 0、0.5、1.0、2.5、5、10、15、20、25 μg/mL。

2. 取干洁的大试管 9 支,每支加入 4 mL 试剂 B,再分别加入不同浓度的 IAA 溶液各 2 mL,摇匀,于 40℃条件下保温 30 min,使反应混合液呈红色。

3. 取反应液在 530 nm 处测定 OD 值。以 IAA 浓度(μg/mL)为横坐标,OD 值为纵坐标绘制标准曲线或直接计算直线回归方程。

(四)结果计算

以 1 mL 酶液在 1 h 内氧化的吲哚乙酸量(μg)来表示酶活力大小。

$$吲哚乙酸氧化酶活性[\mu g\ IAA/(g\ FW \cdot h)] = \frac{(c_1 - c_2) \times V \times V_T}{W \times t \times V_1}。$$

式中:

c_1——对照管在标准曲线上查得 IAA(μg)。

c_2——测定管在标准曲线上查得 IAA(μg)。

V_T——酶液稀释后总体积(mL)。

V_1——酶液反应时用体积(mL)。

V——步骤(二)1、2 中所得反应混合液体积(mL)。

W——样品鲜重(g)。

t——酶反应时间(h)。

注意：

①吲哚乙酸试剂 B 中含有强氧化剂，有腐蚀性，使用时要小心，以免溅出。

②研磨时应注意使用预冷的磷酸缓冲液，冰浴下进行，同时加入石英砂。

三、思考题

1.本实验步骤(一)中为何取材时去除子叶与胚根，留下胚轴？

2.本实验设一对照组，用意何在？

3.本实验反应混合液中为什么要加入 $MnCl_2$ 及 2,4-二氯酚？

4.IAA 氧化酶在植物的生长发育过程中起着什么作用？为何在生产实践中一般不用 IAA，而用 NAA 或 2、4-D 等植物生长调节剂？

实验四十一 赤霉素对 α-淀粉酶的诱导形成
（碘—碘化钾染色法）

种子萌发过程中贮藏物质的降解，需要在一系列酶的催化作用下才能进行。这些酶有的已经存在于干燥种子中，有的需要在种子吸水后重新合成。种子萌发过程中淀粉的分解主要是在淀粉酶的催化下完成的。淀粉酶在植物中存在多种形式，包括 α-淀粉酶、β-淀粉酶等。β-淀粉酶已经存在于干燥种子中，而 α-淀粉酶不存在或很少存在于干燥种子中，需要在种子吸水后重新合成。实验证明，启动 α-淀粉酶合成的化学信使是赤霉素(GA)。萌发的禾本科植物种子的胚产生赤霉素扩散到胚乳的糊粉层中，刺激糊粉层细胞内 α-淀粉酶的合成。合成的 α-淀粉酶进入胚乳，将胚乳内贮藏的淀粉水解成还原糖。因此，自然条件下如果没有胚所释放赤霉素进入胚乳，α-淀粉酶就不能合成。外加赤霉素可以代替胚的释放作用，从而诱导 α-淀粉酶的合成。这个极其专一的反应被用来作为赤霉素的生物鉴定方法。在一定范围内，由去胚的吸胀大麦粒所产生的还原糖量，与外加赤霉素浓度的对数成正比。根据淀粉遇 I_2-KI 反应呈蓝色，而淀粉分解的产物还原糖不能与 I_2-KI 显色的原理，可以定性和定量地分析 α-淀粉酶的活性。

一、仪器、药品与材料

（一）实验材料

大麦(*Hordeum vulgare* L.)或小麦(*Triticum aestivum* L.)等禾本科植物种子。

（二）仪器与用品

分光光度计，恒温振荡器，水浴锅，2 mL 移液管 1 支，50 mL 烧杯 2 只，试管 6 支，青霉素小瓶 6 个，镊子 1 把，刀片。

（三）试剂

1. 1%次氯酸钠溶液：称取 1 g 次氯酸钠粉末溶解于 1 000 mL 水中。

2. 0.1%淀粉磷酸盐溶液：取 1 g 淀粉和 8.16 g KH_2PO_4，用蒸馏水配制成 1 000 mL 的溶液。

3. 系列梯度淀粉溶液：以 0.1% 淀粉磷酸盐溶液为母液，分别配制 0、1、2、3、4、5、6、7 g/mL 的淀粉溶液。

4. $2×10^{-5}$ mol/L 赤霉素溶液：称取 6.8 mg 的 GA_3 放入烧杯中，加少量 95%乙醇使其溶解，移入 1 000 mL 容量瓶中，加水定容至刻度，然后再稀释成 $2×10^{-6}$ mol/L、$2×10^{-7}$ mol/L 和 $2×10^{-8}$ mol/L 三种浓度的赤霉素溶液。

5. 10^{-3} mol/L 醋酸缓冲液(pH 4.8)：缓冲液配制参见附录 7。每 1 000 mL 10^{-3} mol/L醋酸缓冲液中加入 1 g 链霉素，使每毫升缓冲液中含链霉素 1 mg。

6. I_2-KI 溶液：取 0.6 g KI 和 0.06 g I_2 溶于 1 000 mL 0.05 mol/L 的 HCl 中。

二、实验步骤

1. 取样：选取大小一致、健康完好的大麦或小麦种子 100 粒，用刀片将每粒种子横切成有胚和无胚的两半,分装于 2 个烧杯中备用。

2. 表面消毒:向 2 个烧杯中加入 1‰次氯酸钠溶液,以浸没种子为度。消毒 15 min 后,用无菌水冲洗 3 次,备用。

3. 处理浓度:将 6 只青霉素小瓶编号后,按表 41 加入溶液和材料。溶液混匀后, 1～6 号小瓶中赤霉素的最终浓度分别为:$0、0、2 \times 10^{-5}、2 \times 10^{-6}、2 \times 10^{-7}$ 和 2×10^{-8} mol/L。将青霉素小瓶置于恒温振荡器中,25℃下振荡培养 24 h。

4. 淀粉酶活力分析:培养完毕后,从每个小瓶中吸取培养液 0.1 mL,分别置于事先盛有 1.9 mL 0.1‰淀粉磷酸盐溶液的试管中,摇匀,在 30℃恒温箱或水浴中精确保温 10 min。用滴管各取出 1 滴反应液滴于白瓷板的 6 个穴中,滴加 1 滴 I_2-KI,观察显色情况,比较各穴中颜色的差异。若用白瓷板显色时差异尚不明显,则延长保温时间,直至白瓷板上有显色差异为止。取出试管各加 I_2-KI 溶液 2 mL、蒸馏水 5 mL, 充分摇匀,于 580 nm 条件下测定吸光度(OD)值,以蒸馏水作为空白对照。

表 41   GA₃处理浓度及方法

青霉素小瓶编号	赤霉素溶液		醋酸缓冲液 (mL)	实验材料
	浓度(mol/L)	mL		
1	0	1	1	20 个无胚半粒
2	0	1	1	20 个有胚半粒
3	2×10^{-5}	1	1	20 个无胚半粒
4	2×10^{-6}	1	1	20 个无胚半粒
5	2×10^{-7}	1	1	20 个无胚半粒
6	2×10^{-8}	1	1	20 个无胚半粒

5. 标准曲线制作:各取不同浓度(0～7 μg/mL)淀粉溶液 2 mL,按照步骤 4 过程, 各加 I_2-KI 溶液 2 mL、蒸馏水 5 mL,充分摇匀,并于 580 nm 处测定 OD 值(以蒸馏水作为空白对照)。

以淀粉浓度为横坐标,OD 值为纵坐标绘制标准曲线,或直接计算直线回归方程。

6. 结果计算:根据 OD 值从标准曲线上查得或使用直线回归方程计算出各处理中淀粉的含量。第 1 瓶为淀粉的原始量(X),第 2 瓶为带胚半粒种子反应后淀粉的剩余量 (Y),第 3～6 瓶为无胚半粒种子加入不同浓度赤霉素溶液反应后淀粉的剩余量(Y)。

$$被水解淀粉的含量(\%) = \frac{X - Y}{X} \times 100。$$

以被水解的淀粉量衡量淀粉酶活性大小,绘制赤霉素浓度与淀粉酶关系曲线,并解释实验结果。

三、思考题

1. 下图示大麦种子萌发过程中物质的变化。请写出图中①～⑤的物质名称或结构名称:

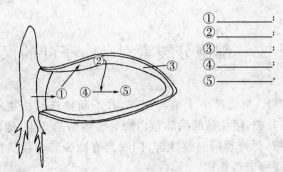

① ＿＿＿＿＿；
② ＿＿＿＿＿；
③ ＿＿＿＿＿；
④ ＿＿＿＿＿；
⑤ ＿＿＿＿＿。

2.实验中为何要用1％次氯酸钠溶液处理小麦种子？为何要在醋酸缓冲液中加入链霉素？

3.本实验为何要将小麦种子分成有胚和无胚的半粒？为何1号和2号瓶中都没有加入赤霉素溶液,但反应完成后两者溶液的吸光值却不同？

4.本实验采用的是用I_2-KI的方法检测残余淀粉量来测定 α-淀粉酶活性,请问是否还有其他方法可以用来检测？

5.赤霉素在大麦种子萌发过程中的作用是诱导了糊粉层中 α-淀粉酶的新的合成,其实验依据主要有哪些？

实验四十二 细胞分裂素对萝卜子叶的保绿作用

细胞分裂素(CTK)主要产生于植物根部,并不断输送到植物的其他各个部分。CTK 能够促进细胞分裂,阻止核酸酶和蛋白酶等水解酶的产生,延缓核酸、蛋白质和叶绿素等物质的降解,保持膜的完整性等,同时具有减少营养物质向外运输的作用,因而具有保绿及延缓衰老等作用。

将植物的离体叶片放在适宜浓度的细胞分裂素溶液中,置于 25℃～30℃黑暗条件下,叶片中叶绿素的分解速率比对照慢,证明细胞分裂素具有保绿作用。

一、仪器、药品与材料

(一)实验材料
子叶刚刚完全展开的萝卜(*Raphanus savivus* L.)幼苗。

(二)仪器与用品
分光光度计,天平,量筒,漏斗,研钵,培养皿,容量瓶,剪刀,离心机,具塞试管。

(三)试剂
1.0.1 mol/L HCl:将 8.55 mL 36％的浓盐酸稀释至 1 000 mL 即得。

2.6-苄基氨基嘌呤(6-BA)溶液:称取 10 mg 6-BA,先用 0.1 mol/L HCl 溶解,再用蒸馏水稀释成 100 mL,得浓度为 100 μg/mL 的 6-BA 溶液。再将 100 μg/mL 的 6-BA 用蒸馏水稀释成 5、10、20 μg/mL。所有配成的溶液 pH 约为 5.0。

3.纯丙酮与 80％丙酮。

4.碳酸钙粉末。

5.石英砂。

二、实验步骤

1.取 4 套培养皿分别加入 0、5、10、20 μg/mL 的 6-BA 溶液各 20 mL,每种浓度处理重复 3 次。各培养皿中放入苗龄和长势相同的萝卜子叶各 1 g,加盖后放在 25℃～30℃黑暗处培养。

2.1～2 d 后取出叶片,观察叶片颜色与质地,并记录;同时用吸水纸吸干子叶上的溶液,然后按实验三十四中的方法,测定各处理组子叶中所含的总叶绿素含量[mg 叶绿素/(g FW)]。

三、思考题

1.试比较不同浓度的细胞分裂素溶液对植物绿叶的保绿作用。如用不同的植物材料,效果最佳的细胞分裂素浓度是否一致?

2.细胞分裂素为什么能延缓叶片衰老?

3.细胞分裂素的这个功能可以怎样应用于生产实践中?

实验四十三　乙烯对果实的催熟效应

乙烯是植物正常代谢的产物,是植物体内的一种内源激素,具有多种生理功能,如能增强果胶酶和纤维素酶的活性,加速果胶质和纤维素水解,促进呼吸作用与果实的成熟、离层产生和器官脱落等。

乙烯利(2-氯乙基膦酸)是促进成熟和衰老的植物生长调节剂,它可经由植株的茎、叶、花和果实等吸收,然后传导到植物的细胞中。一般细胞液 pH 皆在 4.0 以上,而乙烯利在 pH 大于 4.0 时会分解生成乙烯,因而乙烯利具有与乙烯相同的生理效应。

一、仪器、药品与材料

(一)实验材料

成熟度一致,果皮由绿转白的番茄($Lycopersicon\ esculentum$ Mill.)。

(二)仪器与用品

剪刀,镊子,培养皿,小烧杯,层析缸,容量瓶,量筒,移液管,烧杯,塑料袋。

(三)试剂

1 000 mg/L、500 mg/L 与 200 mg/L 乙烯利溶液:将市场购得 40% 的乙烯利液剂分别稀释 100 倍、200 倍和 500 倍即得。并分别向其中加入吐温-80,使吐温-80 终浓度为 0.1%。

二、实验步骤

1. 摘取成熟度一致,果皮由绿转白的番茄 40 个,10 个一组共分为 4 组。

2. 第一、第二与第三组分别在不同浓度(1 000、500 和 200 mg/L)乙烯利溶液中浸 1 min,第四组浸于蒸馏水中 1 min。

3. 将处理过的番茄分别放入 4 只层析缸中,加盖,或置于塑料袋中,缚紧袋口,置于 25℃～30℃阴暗处。

4. 逐日观察番茄变色和成熟过程,记下成熟的个数,直至全部番茄成熟为止。

三、思考题

1. 试比较乙烯利的催熟效果与处理浓度的关系,并筛选出最佳处理浓度。

2. 如果选择幼嫩的番茄果实为实验材料做同样的实验,结果将会如何?

3. 在日常生活中还可以采用哪些方法来促进果实成熟?其原理分别是什么?

4. 在日常生活中,可以用哪些方法来抑制或延迟果实成熟?其原理分别是什么?

5. 解释箱装香蕉中有一支熟透的香蕉会引起整箱香蕉快速熟烂的原因。

6. 乙烯除了有对果实催熟效应外,在生产实践上还有哪些用途?

第十章 植物的生长与发育

实验四十四 花粉活力的测定
（碘—碘化钾染色法与 TTC 法）

通过花粉活力的测定，可以了解花粉的可育性，并掌握不育花粉的形态和生理特征。在作物杂交育种、作物结实机理和花粉生理的研究中，常涉及花粉活力的鉴定。在进行雄性不育株的选育、杂交技术的改良以及揭示内外因素对花粉育性和结实率影响时，花粉活力的快速检测也是不可缺少的方法。

碘—碘化钾染色法

多数植物正常花粉呈规则形状，如圆球形或椭球形、多面体等，并积累较多淀粉，通常 I_2-KI 可将其染成蓝色。发育不良的花粉常呈畸形，往往不含淀粉或积累淀粉较少，用 I_2-KI 染色，往往呈现黄褐色。因此，可用 I_2-KI 溶液染色法测定花粉活力。

一、仪器、药品与材料

（一）实验材料
各种着生花芽的植物枝条，花芽要充分发育并已含苞待放。

（二）仪器与用品
显微镜，恒温箱，镊子，载玻片，盖玻片。

（三）试剂
I_2-KI 溶液：取 2 g KI 溶于 5～10 mL 蒸馏水中，然后加入 1 g I_2，待全部溶解后，再加蒸馏水定容至 300 mL。贮于棕色瓶中备用。

二、实验步骤

1. 花粉采集：取充分成熟将要开花的花蕾，剥除花被片等，取出花药。

2. 镜检：取一花药置于载玻片上，加 1 滴蒸馏水，用镊子将花药充分捣碎，使花粉粒释放，再加 1～2 滴 I_2-KI 溶液，盖上盖玻片，于低倍显微镜下观察。凡被染成蓝色的为含有淀粉的活力较强的花粉粒，呈黄褐色的为发育不良的花粉粒。观察 2～3 张装片，每片取 5 个视野，统计花粉的染色率，以染色率表示花粉的活力。

注：此法不能准确表示花粉的活力，也不适用于研究某一处理对花粉活力的影响。因为核期退化的花粉已有淀粉积累，遇 I_2-KI 呈蓝色反应。另外，含有淀粉而被杀死的花粉粒遇 I_2-KI 也呈蓝色。

氯化三苯基四氮唑法（TTC 法）

TTC（氯化三苯基四氮唑）的氧化态是无色的，可被氢还原成不溶性的红色三苯甲腊（triphenyl formajan，TTF）。用 TTC 的水溶液浸泡花粉，使之渗入花粉内，如果花粉具有生命力，其中的 $NADH_2$ 或 $NADPH_2$ 就可以将 TTC 作为受氢体，使之还原成为红色的 TTF；如果花粉死亡便不能染色；如果花粉生命力衰退或部分丧失生活力，则染色较浅或局部被染色。因此，可以根据花粉染色的深浅程度来鉴定种子的生命力。

一、仪器、药品与材料

(一)实验材料

各种植物的含苞待放的花蕾。

(二)仪器与用品

显微镜，恒温箱，镊子，载玻片，盖玻片。

(三)试剂

0.5％ TTC 溶液：准确称取 0.5 g TTC，溶于少量水中，并定容至 100 mL，棕色瓶中保存。TTC 水溶液呈中性，pH 7±0.5，不宜久藏，应随用随配。

二、实验步骤

1.同碘—碘化钾染色法实验中步骤 1，取少数花粉于载玻片上，加 1～2 滴 TTC 溶液，盖上盖玻片。

2.将制片于 35℃恒温箱中放置 15 min，然后置于低倍显微镜下观察。被染为红色的花粉活力强，淡红的次之，无色者为没有活力的花粉或不育花粉。

3.每一植物观察 2～3 个花朵，每一花朵制一张片，每片取 5 个视野，统计 100 粒花粉，然后计算花粉的活力百分率。

思 考 题

1.上述方法是否适合于所有植物花粉活力的测定？哪种方法更能准确反应花粉的活力？

2.如果选取不同成熟阶段的花粉，用这两种方法检测将会出现怎样的结果？为什么？

3.你还知道哪些方法可以用来检测植物花粉活力？

4.败育花粉常与其中缺少某些物质相关，试问用什么简易实验方法可检测出败育的花粉？

实验四十五　植物种子生命力的快速测定
（TTC法、红墨水法、荧光法与BTB法）

种子生命力是指种子能够萌发的潜在能力或种胚具有的生命力。它是决定种子品质和实用价值大小的主要依据，在确定播种量以及种子生理研究方面具有重要的作用。测定种子生活力常采用发芽实验，即在适宜条件下，让种子吸水萌发，在规定天数内统计发芽的种子占供试种子的百分数。但用常规的直接发芽的方法测定发芽率所需时间较长，特别是有时为了应急需要，如涉及购买种子或者地区间交换种子时，没有足够的时间来测定发芽率。所以有必要根据活种子的生理特性建立起一套快速鉴定种子生命力的方法，以克服常规方法的缺点。

氯化三苯基四氮唑法（TTC法）

TTC（氯化三苯基四氮唑）的氧化态是无色的，可被氢还原成不溶性的红色三苯甲𫚧（TTF）。应用TTC的水溶液浸泡种子，使之渗入到种胚的细胞内，如果种胚具有生命力，TTC可作为氢受体被脱氢辅酶（$NADH_2$或$NADPH_2$）上的氢还原，此时无色的TTC便转变为红色的TTF，并吸附在活细胞表面，而且种子的生活力越强，代谢活动越旺盛，被染色的程度越深。死亡的种子由于没有呼吸作用，因而不会将TTC还原为红色。种胚生活力衰退或部分丧失生活力，染色则会较浅或局部被染色。因此，可以根据种胚染色的部位以及染色的深浅程度来判定种子的生活力的有无与大小。该方法在国际、地区间交换种子时最为常用。TTC还原反应如下：

$$\text{TTC（无色）} \quad Cl^- + 2H^+ \longrightarrow \quad \text{TTF（红色）} \quad + HCl$$

一、仪器、药品与材料

（一）实验材料

水稻（*Oryza sativa* L.）、小麦（*Triticum aestivum* L.）、玉米（*Zea mays* L.）、陆地棉（*Gossypium hirsutum* L.）、油菜（*Brassica campestris* L. var. oleifera DC.）等待测种子。

（二）仪器与用品

小烧杯，刀片，镊子，恒温箱，烧杯，培养皿，天平。

（三）试剂

0.5％TTC溶液：称取0.5 g TTC放在烧杯中，加入少许95％乙醇使其溶解，然后用蒸馏水定容至100 mL。溶液避光保存。若溶液变成红色，表示TTC已被氧化不能再用。

二、实验步骤

1. 浸种：将待测种子用温水(约 30℃)浸泡 24 h,使种子充分吸胀,以增强种胚的呼吸强度,使显色迅速。

2. 显色：随机取吸胀的种子 200 粒,水稻种子要去壳,豆类种子要去皮,然后沿种子胚的中心线纵切为两半。将其中的一半置于两只培养皿中,每皿 100 个半粒,加入适量的 0.5% TTC(以浸没种子为度)。然后置于 30℃恒温箱中培育 0.5～1 h。

3. 观察：倒出 TTC 溶液,再用清水冲洗种子 1～2 次,观察种胚被染色的情况：凡种胚被染成红色的即为具有生命力的种子；种胚不被染色的为死种子；如果种胚中非关键性部位(如子叶的一部分)被染色,而胚根或胚芽的尖端不被染色的都属于不能正常发芽的种子(染色结束后要立即进行鉴定,因放久后会褪色)。

将种子的另一半在沸水中煮 5 min,杀死胚,或用微波炉烤死胚,作同样染色处理,作为对照观察,并与活种子比较看现象有何不同。

4. 计算种子的生命力,并将结果填入表 45-2 中。

注意：

①TTC 溶液最好现用现配,并贮于棕色瓶中,放在阴凉的黑暗处,如溶液变红则不可再用。

②染色结束后要立即进行鉴定,因为放久会褪色。如种子数量较多,一时观察不完,应将已染色的样品放在湿润处,勿使其干燥以免影响观察判断。

③判断有生命力的种子应具备的特征：胚发育良好、完整、整个胚染成鲜红色；子叶允许有小部分坏死,但其部位不是胚中轴和子叶连接处；胚根尖虽有小部分坏死,但其他部位完好。TTC 法判断要点在于看胚根、胚盾片等关键部位是否有生活力,凡这几个部分健全而有生活力的(染成红色)就是可发芽的种子；反之,如这几个部分不能染成红色,其他部位(如胚芽鞘、胚根鞘、盾片两端)虽然染色,种子也不能发芽。

④本方法缺点：主要测定生活力,以能否发芽为依据,对发芽速率、生长势等未加考虑；染色图像多样性,仅靠观察不宜准确识别；逐粒割开分析胚部,费工费时,有时会造成误差即切口表面不着色而内部却着深色,原因在于切口表面直接接触氧气,以至氧气争夺 H^+ 而使 TTC 无法形成还原态而不能呈现红色。

⑤对于不同作物种子生命力的测定,所需浸泡时间、染色时间不同。现将主要作物种子生命力测定所需要的条件列入表 45-1。

表 45-1　用 TTC 法测定主要作物种子生命力所需条件

作物种子	处理方式	浸泡时间(h)	35℃下染色时间(h)
水稻	去壳纵切	2～3	0.1
高粱、玉米及麦类作物	纵切	0.5～1	0.1
棉花、荞麦、蓖麻	剥去种皮	2～3	1.0
花生、甜菜、大麻、向日葵	剥去种皮	3～4	0.1
大豆、菜豆、亚麻、二叶草	无需准备	3～4	1.0

染料(如红墨水等)染色法

有生活力的种子其胚细胞的原生质具有半透性,有选择吸收外界物质的能力,一般染料如红墨水中的大红G不能进入细胞内,胚部不染色。而丧失生活力的种子,其胚部细胞原生质膜丧失了选择吸收的能力,染料可自由进入细胞内使胚部染色,所以可根据种子胚部是否染色来判断种子的生活力。

一、仪器、药品与材料

(一)实验材料

水稻(*Oryza sativa* L.)、小麦(*Triticum aestivum* L.)、玉米(*Zea mays* L.)、陆地棉(*Gossypium hirsutum* L.)、大豆(*Glycine max* Merr.)及一些树木的种子。

(二)仪器与用品

恒温箱,培养皿,刀片,烧杯,镊子。

(三)试剂

5%红墨水(酸性大红G):以市场购得的红墨水为原液,用自来水配置成5%的红墨水溶液。

二、实验步骤

1.浸种:同上述TTC法。

2.染色:取已吸胀的种子200粒,用刀片沿种子胚的中心线纵切为两半,将其中一半置于培养皿中,加入5%红墨水(以淹没种子为度),染色10～15 min(温度高时可缩短时间)。

3.观察:染色后倒去红墨水,用水冲洗多次,至冲洗液无色为止。对比观察冲洗后的死种子胚部和活种子胚部的着色情况。凡胚部深红色或粉红色有密集散状红斑者为丧失发芽力的种子;胚全部无着色为强活力种子;带有不同程度的红斑者为低活力、具有不同程度发芽力的种子。把测定结果记入表45-2。

表45-2　种子生命力快速测定记载表

方法	种子名称	供试粒数	有生命力种子粒数	无生命力种子粒数	有生命力种子粒数占供试种子粒数的百分比(%)
TTC					
红墨水法					
荧光法					
BTB法					

4.计算种子的生命力。

注意:染料的浓度要适当,染色时间不能太长(如用红墨水染色,只需5～10 min即可),否则不易区别染色与否。

荧光法

植物种子中常含有一些物质能够在紫外线照射下产生荧光,如一些黄酮类、香豆素类、酚类物质等。在种子衰老过程中,这些荧光物质的结构和成分往往发生变化,因而荧光的颜色也相应的有所改变。而且即使这些种子在衰老死亡时,内含荧光物质改变不大,但由于生命力衰退或已经死亡的细胞原生质的透性增加,当浸泡种子时,细胞内的荧光物质很容易外渗。因此,可以根据前一种情况直接观察种胚荧光的方法来鉴定种子的生命力,或根据后一种情况通过观察荧光物质渗出的多少来鉴定种子的生命力。

一、仪器、药品与材料

(一)实验材料

禾本科(Gramineae)、松柏纲(Coniferopsida)、蔷薇科(Rosaceae)、十字花科(Cruciferae)等植物的待测种子。

(二)仪器与用品

紫外光灯,滤纸(不产生荧光的),刀片,镊子,培养皿,烧杯。

二、实验步骤

(一)直接观察法

这种方法适用于禾谷类、松柏类及某些蔷薇科果树的种子生命力的鉴定,但种间的差异较大。

用刀片沿种子的中心线将种子切为两半,使其切面向上放在无荧光的滤纸上,置于紫外光灯下照射并进行观察。有生命力的种子在紫外光的照射下将产生明亮的蓝色、蓝紫色或蓝绿色的荧光;丧失生命力的死种子在紫外光照射下多呈黄色、褐色以至暗淡无光,并带有多种斑点。

随机选取20粒待测种子按上述方法进行观察,并记载有生命力及丧失生命力的种子的数目,然后计算有生命力种子所占的百分数。与此同时也作一平行的常规发芽试验,计算其发芽率作为对照。

(二)纸上荧光法

这个方法应用于白菜、萝卜等十字花科植物种子生命力的鉴定效果很好。

1.浸种:将完整无损的种子100粒于25℃~30℃水中浸泡2~3 h。

2.把已吸胀的种子,以3~5 mm间隔整齐地排列在培养皿中的湿滤纸上,滤纸上水分不能过多,以免荧光物质流散,彼此影响。培养皿可以不必加盖,放置1.5~2 h,取出种子,将滤纸阴干。取出的种子仍按原来顺序排列在另一培养皿中的湿滤纸上以备验证。

3.观察:将阴干的滤纸置于紫外荧光灯下进行观察,观察如能在暗室中进行,则效果更好。在放过种子的位置上如见到荧光圈,则为死种子。如要确证它们是死种子,可将排列在另一培养皿中的这些种子挑出来,集中在一只培养皿的湿滤纸上,而让不产生荧光圈的种子留在原来的培养皿中,维持湿度,让其自然发芽。

4.记录发芽数:3~4 d后记录培养皿中发芽种子数,并与观察结果比较。

此方法的成败,首先决定于种子中荧光物质的存在,其次决定于种皮的性质。有些种子无论有无发芽能力,一经浸泡,即有荧光物质透出,大豆即属此类;也有些种由于种皮的不透性,无论种子死活,都不产生荧光圈。许多植物的种子都会碰到这种个别现象,此时只要用机械方法擦伤种皮,可重复验证。相反,有时由于收获时种子受潮,种皮已破裂,也会产生荧光圈,试验时都应该注意。最好将活种子的浸泡液进行检查,没有荧光的种子则适于做试验材料。这个方法应用于白菜、萝卜等十字花科植物种子生命力的鉴定效果很好。但对于一些在衰老、死亡后荧光减弱或失去荧光的种子便不适用此法,对它们只宜采用直接观察法测定种子生命力。

溴麝香草酚蓝法(BTB法)

凡活细胞必有呼吸作用,吸收空气中的 O_2,放出 CO_2。CO_2 溶于水成为 H_2CO_3,H_2CO_3 解离成 H^+ 和 HCO_3^-,使得胚周围环境的酸度增加,可用酸碱指示剂溴麝香草酚蓝(BTB)来测定酸度的改变。BTB 的变色范围为 pH 6.0~7.6,酸性时呈黄色,碱性时呈蓝色,中间经过绿色(变色点为 pH 7.1)。颜色变化越明显则表明种子活力越强。死细胞没有呼吸作用,也就没有 BTB 的颜色变化。

一、仪器、药品与材料

(一)实验材料

玉米(*Zea mays* L.)、小麦(*Triticum aestivum* L.)等种子。

(二)仪器与用品

恒温箱,天平,刀片,烧杯,镊子,培养皿,滤纸,漏斗。

(三)试剂

1.0.1% BTB 溶液:称取 BTB 0.1 g,溶解于煮沸过的 100 mL 自来水中,然后用滤纸滤去残渣。滤液若呈黄色,可加数滴稀氨水或稀 NaOH 溶液,使之变为蓝色或蓝绿色。此液贮于棕色瓶中可长期保存。

2.1% BTB 琼脂凝胶:取 0.1% BTB 溶液 100 mL 于烧杯中,将 1 g 琼脂剪碎后加入,用小火加热并不断搅拌。待琼脂完全溶解后,趁热倒入数个干洁的培养皿中,使之呈一均匀的薄层,冷却后备用。

二、实验步骤

1.浸种:同上述 TTC 法。

2.显色:取已吸胀的种子 200 粒,整齐地将胚向下埋于准备好的琼脂凝胶培养皿中,间隔距离在 1 cm 左右。然后将培养皿置于恒温箱中 30℃~35℃培养。2 h 后,观察并解释实验现象。

用沸水杀死或微波炉烤死的种子作同样浸种与实验处理,进行对比观察。

3.计算活种子百分率:记数种胚附近出现的黄色晕圈的活种子数,计算活种子的百分率。

思 考 题

1.简要描述实验材料小麦(或玉米)胚的基本结构。

2.用 TTC 法快速测定种子生命力的实验操作中应注意什么?

3.用红墨水染色法与 TTC 法检测种子生命力的原理与现象有何不同？鉴定结果是否有差别？

4.用 BTB 法测定种子生命力，配制 BTB 溶液为何用自来水，而且还需要煮沸，用蒸馏水可否配制？

5.用 BTB 法测定种子发芽率时，若用煮死的种子作比较，有时也发现在种子周围出现黄色晕圈，为什么？

6.用 TTC 法、BTB 法、红墨水法及纸上荧光法测定种子生命力的结果是否相同？为什么？哪一种方法更准确？它们与种子的实际萌芽率是否一致？若有偏差，理论上应为偏高还是偏低？为什么？

7.就你所知还有哪些方法可以快速测定种子的生命力？

8.如果用以上各方法来进行实验观察，没有完全成熟的种子将会有怎样的结果？

实验四十六　谷物种子萌发时淀粉酶活力的测定
（3,5-二硝基水杨酸法与碘—碘化钾染色法）

几乎所有植物中都存在淀粉酶（amylase），尤其是萌发的禾谷类种子，淀粉酶活性最强，其中主要是 α-淀粉酶和 β-淀粉酶。种子萌发时，淀粉酶活性随萌发时间延长迅速增加，并将淀粉分解成小分子糖类，供幼苗生长。α-淀粉酶随机作用于淀粉链内部，生成麦芽糖、麦芽三糖、糊精等还原糖，同时使淀粉浆的黏度下降，因此又称为液化酶；β-淀粉酶每次只能从淀粉的非还原端逐次切下一分子麦芽糖，并能使一部分糊精糖化，又被称为糖化酶。

3,5-二硝基水杨酸（DNS）法

α-淀粉酶和 β-淀粉酶具有不同的理化特性：α-淀粉酶不耐酸，在 pH 3.6 以下迅速钝化；β-淀粉酶不耐热，在 70℃ 下 15 min 就被钝化。据此，在测定时钝化其中之一，就可以测定出另一种酶的活力。本实验采用加热钝化 β-淀粉酶测出 α-淀粉酶活力，再与非钝化条件下测得的总淀粉酶活力比较，求出 β-淀粉酶的活力。

淀粉的水解产物麦芽糖及其他还原糖能与 3,5-二硝基水杨酸试剂反应，使其还原生成稳定的红色物质 3-氨基-5-硝基水杨酸。在一定范围内，其颜色深浅与淀粉酶水解产物的浓度成正比，可用麦芽糖（或葡萄糖）浓度表示。用麦芽糖制作标准曲线，用分光光度法测定淀粉水解生成的还原糖的量，以单位重量样品在一定时间内生成的还原糖的量表示酶活力。本实验以萌发种子为材料，测定其中 α-淀粉酶和 β-淀粉酶活性的差异。

一、仪器、药品与材料

（一）实验材料
不同萌发阶段的大麦（*Hordeum vulgare* L.）或小麦（*Triticum aestivum* L.）种子。

（二）仪器与用品
分光光度计，离心机，恒温水浴锅（37℃，70℃，100℃），研钵，25 mL 具塞刻度试管 13 支，刻度吸管（1 mL、2 mL、5 mL 各 1 支），50 mL 容量瓶 2 个。

（三）试剂（均为分析纯）
1. 麦芽糖标准液（1 mg/mL）：称取 100 mg 麦芽糖，用蒸馏水溶解并定容至 100 mL。

2. DNS 试剂（3,5-二硝基水杨酸）：精确称取 1 g 3,5-二硝基水杨酸，溶于 20 mL 2 mol/L NaOH 溶液中，加入 50 mL 蒸馏水，再加入 30 g 酒石酸钾钠，待溶解后用蒸馏水定容至 2 000 mL，棕色瓶保存。盖紧瓶塞，勿使 CO_2 进入。若溶液浑浊可过滤后使用。

3. 0.1 mol/L 的柠檬酸缓冲液（pH 5.6），见附录 7。

4.1%淀粉溶液:称取 1 g 淀粉溶于 100 mL pH 5.6 的 0.1 mol/L 的柠檬酸缓冲液中。

二、实验步骤

1.酶液提取:称取 25℃下萌发不同天数的小麦种子 1.0 g(去胚芽鞘和幼叶),置于研钵中,加少量石英砂和 2 mL 蒸馏水,研磨成匀浆后转入离心管中,用 7 mL 蒸馏水分次将残渣洗入离心管提取液中,在室温下放置提取 15~20 min,每隔数分钟搅动 1 次,使其充分提取。然后在 3 000 rpm 下离心 10 min,将上清液倒入 50 mL 容量瓶中,加蒸馏水定容至刻度,摇匀,即为淀粉酶原液。吸取上述淀粉酶原液 5 mL,放入 50 mL 容量瓶中,用蒸馏水定容至刻度,摇匀,即为淀粉酶稀释液。

2.麦芽糖标准曲线制作:取 7 支干净的具塞刻度试管,编号,按表 46-1 加入试剂。摇匀,置沸水浴中煮沸 5 min。取出后冷却,加蒸馏水定容至 20 mL。以 1 号管作为空白调零点,540 nm 处测定吸光度值。以麦芽糖含量为横坐标,吸光值为纵坐标,绘制标准曲线。

表 46-1　制作麦芽糖标准曲线配方表

试　剂	管　号						
	1	2	3	4	5	6	7
麦芽糖标准液(mL)	0	0.2	0.4	0.8	1.2	1.6	2.0
蒸馏水(mL)	2.0	1.8	1.6	1.2	0.8	0.4	0
麦芽糖含量(mg)	0	0.2	0.4	0.8	1.2	1.6	2.0
DNS 试剂(mL)	2	2	2	2	2	2	2

3.酶活力的测定:取 6 支干净的具塞刻度试管,编号,按表 46-2 进行操作。

表 46-2　酶活力测定配方表

操作项目	管　号					
	Ⅰ-1	Ⅰ-2	Ⅰ-3	Ⅱ-1	Ⅱ-2	Ⅱ-3
淀粉酶稀释液(mL)	1.0	1.0	1.0	0	0	0
钝化 β-淀粉酶	置 70℃水浴中 15 min,取出后在流水中冷却					
淀粉酶稀释液(mL)	0	0	0	1.0	1.0	1.0
DNS 试剂(mL)	2.0	0	0	2.0	0	0
预保温	40℃恒温水浴中保温 10 min					
1%淀粉溶液(mL)(40℃预热)	1.0	1.0	1.0	1.0	1.0	1.0
保　温	40℃恒温水浴中准确保温 5 min					
DNS 试剂(mL)	0	2.0	2.0	0	2.0	2.0

摇匀,置沸水浴中 5 min,取出后冷却,加蒸馏水至 20 mL,摇匀。540 nm 处测定吸光度值,记录测定结果。

4.结果计算:用Ⅰ-2、Ⅰ-3 吸光度平均值与Ⅰ-1 吸光度值,在标准曲线上查出相应的麦芽糖含量(mg),再按下式计算 α-淀粉酶的活力(A_a)。

$$A_a[\text{mg 麦芽糖}/(\text{g} \cdot \text{min})] = \frac{(A-A') \times V_t}{\text{样品重(g)} \times V \times t}。$$

II-2、II-3 吸光度平均值与 II-1 吸光度值之差,在标准曲线上查出相应的麦芽糖含量(mg),按下式计算(α+β)-淀粉酶总活力 A_T。

$$A_T[\text{麦芽糖 mg}/(\text{g} \cdot \text{min})] = \frac{(B-B') \times V_t}{\text{样品重(g)} \times V \times t}。$$

式中:

A——α-淀粉酶水解淀粉生成的麦芽糖(在标准曲线上查得值)(mg)。

A'——α-淀粉酶的对照管中麦芽糖量(mg)。

B——(α+β)-淀粉酶共同水解淀粉生成的麦芽糖量(mg)。

B'——(α+β)-淀粉酶的对照管中麦芽糖量(mg)。

V_t——样品稀释总体积(mL),本实验中为 500 mL。

V——测定时所用样品液体积(mL),本实验中为 1 mL。

t——酶作用时间(min)。

碘—碘化钾染色法

当种子萌发时,水解酶活性大大增强,子叶或胚乳中贮藏的有机物,在它们的作用下降解为简单的化合物,供幼苗生长时的需要。淀粉酶水解淀粉为可溶性糖。利用淀粉对 I_2-KI 的蓝色反应,即可检测淀粉酶的存在。在一定条件下定量测定淀粉酶糖化过程的时间即可表示酶活力的大小。

一、仪器、药品与材料

(一)实验材料

不同萌发阶段的大麦(*Hordeum vulgare* L.)或小麦(*Triticum aestivum* L.)种子。

(二)仪器与用品

天平,恒温水浴锅,研钵,白瓷板,漏斗,漏斗架,培养皿,滤纸。

(三)试剂(均为分析纯)

1.1%淀粉溶液:称取 1 g 淀粉溶于 100 mL 蒸馏水中,4℃保存。

2.0.2 mol/L 磷酸缓冲液(pH 6.0),见附录 7。

3.I_2-KI 溶液:取 2 g KI 溶于 5～10 mL 蒸馏水中,然后加入 1 g I_2,待全部溶解后,再加蒸馏水定容至 300 mL。贮于棕色瓶中备用。

4.原碘液:称取 11 g I_2、22 g KI 用水溶解,并定容至 500 mL。

5.标准稀碘液:取原碘液 15 mL,加 8 g KI 定容至 500 mL。

6.比色稀碘液:取原碘液 2 mL,加 20 g KI,加水溶解并定容至 500 mL。

7.标准糊精:称取 0.12 g 糊精,悬浮于少量水中,再移至沸水中,冷却定容至 200 mL,取其中 1 mL 加 3 mL 标准稀碘液作为比较颜色。

8.琼脂。

二、实验步骤

(一)淀粉酶活性显示

1.称取琼脂 2 g 置于烧杯中,加水 100 mL,小火加热,不断搅拌,使琼脂溶解。另取淀粉 1 g 于小烧杯中,加水少许调匀,待琼脂溶解后,将淀粉悬液倒入,搅匀,趁热将琼脂倒在培养皿中使其成一薄层,冷却凝固后备用。

2.取已萌发种子和未萌发的干种子各 20 粒,分别于研钵中加水 5 mL 研磨,再加水 5 mL 将研碎物全部洗于小烧杯中,静置 15 min。上清液即为淀粉酶液。

3.用毛笔蘸取少许上述淀粉酶液,分别在两只琼脂平板上任意绘画。盖上皿盖,放于 25℃ 恒温箱中保温,20~30 min 后,以稀 I_2-KI 溶液浸湿整个平板,试比较两个皿中用提取液绘画处颜色的深浅。

(二)淀粉酶活性测定

1.淀粉酶液的制备:取萌发不同时间的幼苗胚乳各 0.5 g,分别置于研钵中,并分别加 5 mL pH 6.0 的磷酸缓冲液,仔细研磨,滤纸过滤(或离心),用适量缓冲液冲洗,最后定容至 10 mL。

2.保温糖化:取 20 mL 1% 淀粉液和 5 mL pH 6.0 的磷酸缓冲液于三角烧瓶中,置于 35℃ 水浴中平衡 15 min,加 1 mL 制备好的酶溶液,搅匀,立即计时。

3.显色、观察及测定:吸取上述混合液 1 滴于白瓷反应板上,加 1 滴比色稀碘液,观察颜色,与标准糊精比较颜色,相同即是反应达到终点,记录糖化时间 t。

4.计算:酶活力单位定义为每克材料每小时消化 1 g 淀粉的酶活力为 1 个单位 $[g 淀粉/(g\ FW \cdot h)]$,计算公式如下:

$$U_a = \frac{20 \times 1\% \times F \times 60}{t} 。$$

式中:

F——稀释倍数,本实验中为 20。

t——糖化时间(min)。

思 考 题

1.不同萌发阶段种子的 α-淀粉酶和 β-淀粉酶活力有何差异? 这种变化有何生物学意义?

2.α-淀粉酶和 β-淀粉酶性质有何不同? 作用特点有何不同?

3.3,5-二硝基水杨酶法实验中设置 I-1、II-1 的意义何在?

4.在实验过程中应注意哪些问题才能确保酶活性测定的准确?

5.你还可以找到什么方法证明种子萌发时淀粉酶活性的存在?

第十一章 植物的生殖生理

实验四十七 植物春化和光周期现象的观察

植物春化现象的观察

冬性作物(如冬小麦)在其生长发育过程中,必须经过一段时间的低温,花诱导才能被促发,生长锥才能开始分化。因此,可以用检查生长锥是否分化来确定作物是否已通过春化,并预测作物最终是否能正常开花、结果。这在生产和科学研究中均有一定的应用价值。

一、仪器、药品与材料

(一)实验材料

冬小麦(*Triticum aestivum* L.)种子。

(二)仪器与用品

冰箱,解剖镜,镊子,解剖针,载玻片2片,培养皿5套。

二、实验步骤

1.选取一定数量的冬小麦种子(最好用强冬性品种),分别于播种前50 d、40 d、30 d、20 d、10 d吸水萌动后,置培养皿内,并放在0℃~5℃的冰箱中进行春化处理。

2.于春季(约在3月下旬或4月上旬)从冰箱中取出经不同天数处理的小麦种子和未经低温处理但已萌动的小麦种子(对照),同时播种于花盆或实验地中。

3.麦苗生长期间,各处理组进行同样的水肥管理,并随时观察植株生长情况。当有麦苗出现拔节时,在各处理组中分别取一株麦苗,用解剖针剥出生长锥,并将其切下,放在载玻片上,加1滴水,然后在解剖镜下观察。具体观察不同处理组生长锥的形态、大小,并画出简图。

4.继续观察植株生长情况,直到半数处理组的植株开花时。将观察情况记入表47-1。

表 47-1　小麦生长情况记载表

材料名称：_____　品种：_____　春化温度：_____　播种时间：_____

观察日期	春化天数及植株生育情况记载					
	50 d	40 d	30 d	20 d	10 d	未春化（对照）

植物光周期现象的观察

许多植物需经过一定时间的昼夜光暗交替（光周期）才能开花，这种现象被称为光周期现象。暗期的长短是决定能否完成花诱导的关键，而叶片是感受光周期效应的器官。在一定的光周期条件下，叶内产生某些特殊的代谢产物，传递到茎端生长点，导致生长点完成花诱导，并进而在适宜的条件下形成花芽。本实验以短日照植物为材料，在自然光照条件下，人为地给以短日照、间断白昼、间断黑夜等处理，以了解昼夜光暗交替及其长度对短日照植物开花的影响。

一、仪器、药品与材料

（一）实验材料

大豆（*Glycine max*）或苍耳（*Xanthium sibiricum*）等短日照植物幼苗。

（二）仪器与用品

黑罩（外面白色）或暗箱、暗柜、暗室，日光灯或红色灯泡（60～100 W），光源定时开关自动控制装置。

二、实验步骤

将大豆、苍耳等短日照植物栽培于长日照条件下（每天日照时数在 18 h 以上，夜温在 18℃～20℃以上）。当大豆幼苗长出第一片复叶或苍耳幼苗长出 5～6 片真叶后，即按表 47-2 中的方法给予不同处理，一般情况下连续处理 10 d 后即可完成，苍耳只需处理 1～2 d 即可。

表 47-2　各种日照处理方法

处　理	光　周　期	开花/不开花
短日照	每日照光 8 h（早上 8:00 至下午 4:00）	
间断白昼	每日中午 11:30 至下午 2:30 移入暗处（或用黑罩布）间断白昼 3 h	
间断黑夜	在短日照处理基础上，夜晚 12:00 至凌晨 1:00 照光 1 h，以间断黑夜	
对　照	自然光照条件	

经上述处理后记下各处理方式下大豆、苍耳现蕾期,也可参照本实验第一项剥离生长锥的方法观察花器官发育进程,并与对照作比较。

思 考 题

1.春化处理天数多与天数少的冬小麦抽穗时间有无差别?为什么?

2.春化现象的研究在农业生产中有何意义?举例说明。

3.幼苗经不同光周期处理后,花期有的较对照提前,有的与对照相当,应如何解释?

4.按植物对光周期的要求,可把植物分为哪几大类?

5.如果实验材料换成长日照植物,实验将如何设计?

6.根据植物光周期现象的原理,在引种工作中应注意哪些问题?

第十二章　植物的抗性生理

实验四十八　电导法测定植物细胞的透性

细胞膜不仅是分隔细胞质和胞外环境的屏障,而且也是细胞与环境发生物质交换的主要通道,又是细胞感受环境变化刺激的部位。在正常情况下,植物细胞膜的选择透性对维持细胞的微环境和正常的代谢起着重要的作用。当植物受到逆境胁迫时,细胞膜的结构遭到破坏,膜透性增大,从而使细胞内的电解质外渗。将受到胁迫的植物组织浸入去离子水中,水的电导度将因细胞内电解质的外渗而加大,伤害愈重,外渗愈多,电导度的增加也愈大。这种植物组织的电导度变化趋势可在一定程度上反映其受胁迫后抗逆性的强弱。故可用电导仪测定外液电导度的增加值而得知植物受到伤害的程度,这在科学研究上有一定重要性。由于植物细胞膜透性增大的程度与逆境胁迫强度有关,也与植物抗逆性的强弱有关,比较不同作物或同一作物不同品种在相同胁迫条件下膜透性的增大程度,即可比较作物间或品种间的抗逆性强弱。因此,电导法目前已成为作物抗性栽培、育种上鉴定植物抗逆性强弱的一个精确而实用的方法。

本实验根据电导度变化测定细胞透性变化,观察如温度、重金属等逆境胁迫对植物细胞透性的影响,为植物抗逆性的研究提供基础。

一、仪器、药品与材料

(一)实验材料
经不同逆境胁迫(如高温、低温、重金属等)处理植物的新鲜叶片。

(二)仪器与用品
电导仪,打孔器,恒温箱,真空干燥器,真空泵,恒温水浴锅,具塞试管,10 mL 移液管,注射器,烧杯,滤纸等。

(三)试剂
去离子水。

二、实验步骤

1. 容器的洗涤:电导法对水和容器的洁净度要求严格,水的电导值要求为 $1\sim2\ \mu S$(微西门子),因此所用容器均必须彻底清洗,再用去离子水冲净,倒置于洗净而垫有洁净滤纸的搪瓷盘中备用。为了检查试管是否洁净,可向试管中加入电导值在 $1\sim2\ \mu S$ 的新制去离子水,用电导仪测定是否仍维持原电导度。

2.试验材料的处理:分别在正常生长和逆境胁迫的植株上取同一叶位的功能叶若干片。若没有逆境胁迫的植株,可取正常生长的叶片若干片,分成两份,用纱布擦净表面灰尘后,将其中一份放在低温(如−20℃左右的温度的冰箱中)或高温(如40℃左右的恒温箱中)处理30 min,进行逆境胁迫处理。另一份裹入潮湿的纱布中放置在室温下作对照。

3.测定:按以下步骤进行电导度的测定。

(1)将处理组叶片与对照组叶片用去离子水冲洗两次,再用洁净滤纸吸净表面水分。用打孔器避开主脉打取叶圆片,每组叶片打取叶圆片60片,分装在3只洁净的小烧杯中,每杯放20片。

(2)在装有叶圆片的烧杯中加入20 mL的去离子水,浸没叶片。将烧杯放入真空干燥箱中用真空泵抽气20 min(也可直接将叶圆片放入注射器内,吸取10 mL的去离子水,堵住注射器口进行抽气),以抽出细胞间隙的空气。当缓缓放入空气时,水即渗入细胞间隙,叶片沉入水下。

(3)将抽过气的小烧杯取出,连同叶圆片倒入带刻度的试管中(大小以能够容纳电极为宜),放入试管架上静置1 h,其间多次轻轻晃动试管。1 h后将各试管充分摇匀,在20℃~25℃条件下,用电导仪测定溶液电导度(S_1)。

(4)将各试管盖塞封口,放入100℃沸水浴中水浴15 min,以杀死植物组织。取出试管,自来水冲淋冷却10 min,并在20℃~25℃条件下再次测定其煮沸电导度(S_2)。

4.计算:用相对电导度的大小表示细胞膜受伤害的程度。

$$相对电导度(L)=\frac{S_1}{S_2}。$$

由于室温对照组叶圆片也有少量电解质外渗,故可按下式计算由于逆境胁迫而产生的外渗,称为伤害度(或伤害性外渗):

$$伤害度(\%)=\frac{L_t-L_{ck}}{1-L_{ck}}×100。$$

式中:

L_t——处理叶片的相对电导度。

L_{ck}——对照叶片的相对电导度。

在电导度测定中一般应用去离子水,若制备困难可用普通蒸馏水代替,但需要设一蒸馏水作空白对照。测定样品时同时测定空白电导值,按下式计算相对电导度:

$$相对电导度(L)=\frac{S_1-空白电导度}{S_2-空白电导度}。$$

注意:

①由于电导度变化极为灵敏,溶液中稍有杂质即产生很大的误差,故清洗为本实验的重要步骤,所有玻璃用具均需先用洗衣粉洗涤,然后用自来水、蒸馏水冲洗三四遍(最好容器向下用水冲),然后倒置于洗净而垫有洁净滤纸的盘中。电极测定后要随时清洗干净。

②实验过程中不应用手直接接触植物材料,以防污染。

③CO_2在水中的溶解度较高,测定电导度时要防止高CO_2气源和口中呼出的

CO_2 进入试管,以免影响结果的准确性。

④温度对溶液的电导影响很大,故 S_1 和 S_2 必须在相同温度下测定。

三、思考题

1.电导法测定膜透性的原理是什么？通过植物外渗电导度测定,能够解决什么理论和实践问题？

2.细胞受伤后为何透性会变大？透性变大有何害处？植物抗逆性与细胞膜透性有何关系？

3.在测定电导度时为什么要用去离子水洗净植物材料并用洁净吸水纸吸干？为什么要用去离子水洗净所有用具(烧杯、刀片以及电极等)？

4.测定电解质外渗量时,为何要对材料进行真空渗入？测定过程中为何进行振荡？

5.你知道哪些因素会使细胞透性发生变化？透性增大是否都属反常现象？

6.利用外渗电导度测定方法还可以测定什么生理指标？为什么？

7.以电导度或相对电导度作为抗性指标,你认为哪个更合适？为什么？

实验四十九　植物体内游离脯氨酸含量的测定

　　脯氨酸亲水性极强,能稳定原生质胶体等,因而能降低冰点,有防止细胞脱水的作用。在正常条件下,植物体内游离脯氨酸(proline,Pro)含量很低,但遇到干旱、低温、盐碱等逆境胁迫时,游离脯氨酸便会大量积累,其积累指数与植物的抗逆性强弱有关。抗逆性强的品种往往积累较多的脯氨酸。因此,脯氨酸可作为指示植物抗逆性强弱的一项生化指标。

　　用磺基水杨酸提取植物体内游离脯氨酸时,脯氨酸游离于磺基水杨酸的溶液中,方便检测。该法不仅大大减小了其他氨基酸的干扰,快速简便,而且不受样品状态的限制。在酸性条件下,脯氨酸与茚三酮反应生成稳定的红色缩合物,用甲苯萃取后,此缩合物在波长 520 nm 处有一最大吸收峰。脯氨酸浓度的高低在一定范围内与其吸光度值成正比。因此,可以从标准曲线上查出或用回归方程计算出反应体系中脯氨酸的浓度,进而计算出植物组织中的脯氨酸含量。

一、仪器、药品与材料

(一)实验材料
正常生长与逆境胁迫处理后的新鲜植物叶片。

(二)仪器与用品
分光光度计,水浴锅,漏斗,20 mL 大试管数支,20 mL 具塞刻度试管 9 支,5~10 mL注射器或滴管。

(三)试剂
1. 3%磺基水杨酸水溶液。

2. 甲苯。

3. 2.5%酸性茚三酮显色液:将冰乙酸和 6 mol/L 磷酸以 3 : 2 比例混合,用混合液作为溶剂进行显色液的配制,此液在 4℃下 2~3 d 内有效。

4. 脯氨酸标准溶液:称取 25 mg 脯氨酸,蒸馏水溶解后定容至 250 mL,其浓度为 100 μg/mL。再取此液 10 mL 用蒸馏水稀释至 100 mL,即成 10 μg/mL 的脯氨酸标准液。

二、实验步骤

1. 标准曲线制作:按以下步骤绘出标准曲线。

表 49　各试管中试剂加入量

管　号	0	1	2	3	4	5	6
标准脯氨酸量(mL)	0	0.2	0.4	0.8	1.2	1.6	2.0
H_2O(mL)	2	1.8	1.6	1.2	0.8	0.4	0
冰乙酸(mL)	2	2	2	2	2	2	2
显色液(mL)	3	3	3	3	3	3	3
脯氨酸含量(μg)	0	2	4	8	12	16	20

(1)取 7 支具塞刻度试管按表 49 依次加入各试剂。混匀后加塞,在沸水中加热 40 min。

(2)取出试管冷却后,向各管加入 5 mL 甲苯充分振荡。静置,待分层后,吸取甲苯层以"0"号管为对照,测定各管 520 nm 处的吸光度值。

(3)以吸光度值为纵坐标,脯氨酸浓度为横坐标,绘制标准曲线,并求线性回归方程。

2.样品测定:按以下步骤对样品进行测定。

(1)脯氨酸提取:取不同处理的剪碎混匀新鲜叶片 0.2～0.5 g(干样根据水分含量酌减),分别置于大试管中,加入 5 mL 3‰的磺基水杨酸溶液,加盖,于沸水浴中浸提 10 min。

(2)取出试管冷却至室温,吸取上清液 2 mL,加 2 mL 冰乙酸和 3 mL 显色液,于沸水浴中加热 40 min。再按照标准曲线制作中的方法进行甲苯萃取和吸光度测定。

3.结果计算:从标准曲线中查出测定液中脯氨酸的浓度,按下式计算样品中脯氨酸含量。

$$脯氨酸(\mu g/g \text{ FW 或 DW}) = \frac{c \times V_t}{V \times W}。$$

式中:

c——提取液中脯氨酸浓度(μg),由标准曲线求得。

V_t——提取液总体积(mL)。

V——测定时所吸取的体积(mL)。

W——样品重(g)。

注意:

①样品测定时若气温较低,萃取物分层不清晰,可将试管置于 40℃左右的水浴中静置,待分层后再吸取测定。

②茚三酮与氨基酸反应所生成的红色缩合物在 1 h 内保持稳定,故稀释后尽快比色。

三、思考题

1.对植物体内游离脯氨酸测定有何意义?

2.茚三酮与所有氨基酸的反应产物颜色都相同吗?为什么?

3.本实验中如何去除植物组织中其他水溶性氨基酸的干扰?

4.是否可以改用其他萃取剂?若用其他萃取剂,则如何选择最佳萃取剂?如何选择比色条件?

实验五十　植物组织中丙二醛(MDA)含量的测定

植物组织或器官衰老或遭受逆境胁迫时,往往发生膜脂过氧化作用。膜脂过氧化作用的产物多种多样,主要包括一些醛类和烃类,其中丙二醛(MDA)是常见的主要产物之一。MDA从膜上产生的位置释放后,可以与蛋白质、核酸等生物大分子发生反应,或使之产生交联反应,从而改变生物大分子的构型,甚至使其丧失功能。此外,MDA还可使纤维素分子间的联系松弛、抑制蛋白质和核酸的生物合成。因此,MDA产生数量的多少能够代表膜脂过氧化的程度,也可间接反映植物组织的抗氧化能力的强弱。所以,在植物衰老生理和抗性生理研究中,丙二醛含量是一个常用指标。

在酸性和高温条件下,MDA可以与硫代巴比妥酸(TBA)反应生成红棕色的三甲川(3,5,5-三甲基恶唑2,4-二酮),其最大吸收波长在532 nm,可使用分光光度法测定其含量。但因为植物组织中的可溶性糖也可与TBA发生显色反应,其产物的最大吸收波长为450 nm,在532 nm处也有一定吸收,而植物在遭受逆境胁迫时可溶性糖会应激性地增加。因此,应用TBA法测定植物组织中MDA含量时一定要排除可溶性糖的干扰。此外,低浓度的Fe^{3+}能够显著增加TBA与蔗糖或MDA的显色反应物在532 nm、450 nm处的消光度值,所以反应体系中需要一定量的Fe^{3+}。通常植物组织中铁离子的含量为$100 \sim 300$ $\mu g/g$(DW),一般反应体系中的加入的Fe^{3+}的终浓度为0.5 $\mu mol/L$。

MDA与TBA显色反应产物在450 nm波长下的消光度值为零。不同浓度的蔗糖($0 \sim 25$ mmol/L)与TBA显色反应产物在450 nm的消光度值与532 nm和600 nm处的消光度值之差成正相关。已知蔗糖与TBA显色反应产物在450 nm和532 nm波长下的比吸收系数分别为85.40和7.40;MDA在450 nm波长下的比吸收系数为0,532 nm波长下的比吸收系数为155。根据朗伯—比尔定律和双组分分光度计法建立方程组,可得以下计算公式:

$$c_1 = 11.71A_{450}$$
$$c_2 = 6.45(A_{532} - A_{600}) - 0.56A_{450}$$

式中:

c_1——可溶性糖浓度(mmol/L);

c_2——MDA浓度($\mu mol/L$);

A_{450}、A_{532}、A_{600}分别代表反应液在450 nm、532 nm和600 nm下的吸光度值。

计算出反应液中MDA的浓度后,可进一步算出其在植物组织中的MDA含量。

一、仪器、药品与材料

(一)实验材料
正常生长的以及经逆境处理的小麦、玉米或其他植物的叶片。

(二)仪器与用品
分光光度计,离心机,电子天平,10 mL离心管4支,研钵,试管,刻度吸管,水浴锅,剪刀等。

(三)试剂

1. 10%三氯乙酸(TCA):准确称取 50 g 三氯乙酸,溶解于蒸馏水中,并定容至 500 mL。

2. 0.6%硫代巴比妥酸(TBA):准确称取硫代巴比妥酸 0.6 g,先加少量的氢氧化钠(1 mol/L)溶解,再用 10%的三氯乙酸定容至 100 mL。

3. 石英砂。

二、实验步骤

1. MDA 的提取:称取剪碎的试材 1 g,加入 2 mL 10% TCA 和少量石英砂,研碎后,再加 8 mL 的 10% TCA 液进一步研磨至匀浆,将匀浆离心(4 000×g)10 min,上清液为 MDA 粗提液。

2. 显色反应和测定:取上清液 2 mL(对照以 2 mL 蒸馏水替代),加入 2 mL 0.6%的 TBA 溶液,混匀后于沸水浴上反应 15 min(自有小气泡产生后计时)。自来水迅速冷却后再离心(4 000×g)15 min。取上清液,以对照组为空白对照,分别测定实验组在 532 nm、600 nm 和 450 nm 波长下的吸光度值。

3. 计算:用上述方法求得 MDA 的浓度。

MDA 的浓度(μmol/L)$=6.45(A_{532}-A_{600})-0.56A_{450}$。

MDA 含量$[\mu mol/(g\ FW)]=c(MDA\ 浓度)\times V(提取液体积\ mL)\times 10^{-3}/(g\ FW)$(植物组织鲜重)。

注意:

①MDA-TBA 显色反应的加热时间,最好控制沸水浴在 10~15 min 之间。时间太短或太长均会引起 532 nm 下的吸光度值下降。

②如用 MDA 作为植物衰老或抗逆指标,首先应检验被测试材料提取液是否能与 TBA 反应形成 532 nm 处的吸收峰。因为 532 nm 处吸光度的增大,不一定是 MDA 含量的升高,而可能是糖类物质含量的增加。

三、思考题

1. 为什么要测定反应液在 600 nm 下的吸光度?

2. 什么时候植物会发生严重的膜脂过氧化作用?膜脂过氧化作用对植物会产生哪些效应?

3. 通过对丙二醛含量测定能够解决什么理论和实际问题?

4. TBA 为什么要溶解在三氯乙酸中?

5. 如果可溶性糖含量会影响丙二醛含量的测定,你有什么办法消除其影响?

6. 比较正常状况与逆境情况下植物组织中 MDA 含量的差异,分析差异产生的原因。

实验五十一　植物组织中 SOD 活性的测定

衰老或逆境胁迫下,植物细胞内的自由基体系失去平衡,对各种生物大分子造成损伤,导致如核酸和蛋白质含量下降、叶绿素降解、光合作用降低及内源激素平衡失调等,同时也引起酶体系(包括超氧化物歧化酶、过氧化物酶、过氧化氢酶等)的应激性变化,以清除过量的自由基,保护植物体内各项生理活动的正常进行。

超氧化物歧化酶(superoxide dismutase,简称 SOD)普遍存在于动、植物体内,是一种清除超氧阴离子自由基(O_2^-)的酶。它与过氧化物酶、过氧化氢酶等酶协同作用防御活性氧或其他过氧化物自由基对细胞膜系统的伤害。SOD 催化下列反应:

$$2O_2^- + 2H^+ \longrightarrow H_2O_2 + O_2$$

反应产物 H_2O_2 可由过氧化氢酶进一步分解或被过氧化物酶利用,转化成无害的分子氧和水,减少自由基对有机体的毒害。

$$2H_2O_2 \longrightarrow 2H_2O + O_2$$

因此,该酶与植物抗逆性及衰老有着密切关系,故而成为植物逆境生理学的重要研究对象。

在有氧化物质存在下,核黄素可被光还原,被还原的核黄素在有氧条件下极易再氧化而产生 O_2^-,O_2^- 可将氯化硝基四氮唑蓝(简称氮蓝四唑,NBT)还原为蓝色的甲腙,后者在 560 nm 处有最大吸收。而 SOD 可清除 O_2^-,从而抑制了甲腙的形成。于是光还原反应后,反应液蓝色愈深,说明 SOD 酶活性愈低,反之酶活性愈高。因此,依据 SOD 抑制氮蓝四唑(NBT)在光下的还原作用的大小确定 SOD 酶活性大小。一般,将一个 SOD 酶活单位(U)定义为将 NBT 的还原抑制到对照一半(50%)时所需的酶量。

一、仪器、药品与材料

(一)实验材料

正常生长与逆境胁迫处理后的新鲜植物叶片。

(二)仪器与用品

高速台式离心机,分光光度计,天平,恒温培养箱,荧光灯(试管反应处照度为 4 000 lx),微量进样器,试管数支,石英砂,研钵,三角烧瓶,量筒,移液管,剪刀,玻棒,黑色硬纸套。

(三)试剂

1. 0.05 mol/L 磷酸缓冲液(pH 7.8),见附录 7。

2. 提取介质:50 mmol/L pH 7.8 磷酸缓冲液(内含 1% 聚乙烯吡咯烷酮)。

3. 130 mmol/L 甲硫氨酸(Met)溶液:称 1.399 g Met 用磷酸缓冲液溶解并定容至 100 mL。

4. 750 μmol/L 氮蓝四唑(NBT)溶液:称取 0.061 3 g NBT 用磷酸缓冲液溶解定容至 100 mL,避光保存。

5. 100 μmol/L EDTA-Na$_2$ 溶液:称取 0.037 21 g EDTA-Na$_2$ 用磷酸缓冲液溶解并定容至 1 000 mL。

6. 200 μmol/L 核黄素溶液:称取 0.075 3 g 核黄素用蒸馏水溶解并定容至 100 mL,避光保存。用时稀释 10 倍,随用随配。

二、实验步骤

1. 酶液提取:取一定部位的植物叶片(视需要而定,去叶脉)0.5 g 于预冷的研钵中,加少量石英砂和 2 mL 预冷的提取介质在冰浴下将叶片研磨成匀浆,加入提取介质冲洗研钵,并使终体积为 5 mL。匀浆于 4℃下 4 000 rpm 离心 15 min,上清液即为 SOD 粗提液。

2. 显色反应:取透明度、质地相同的 15 mm×150 mm 试管 10 支,8 支为实验管、2 支为对照管,按表 51 加入试剂。

混匀后,给 1 支对照管罩上比试管稍长的双层黑色硬纸套遮光,与其他各管同时置于日光灯下 4 000 lx 处反应 20～30 min(要求各管照光情况一致,反应温度控制在 25℃～35℃之间,视酶活性高低适当调整反应时间)。

表 51　反应系统中各试剂与酶液的加入量(mL)

试剂或酶	用量(mL)	终浓度
0.05 mol/L 磷酸缓冲液	1.5	0.005 mol/L
130 mmol/L Met 溶液	0.3	13 mmol/L
750 μmol/L NBT 溶液	0.3	75 μmol/L
100 μmol/L EDTA-Na$_2$ 溶液	0.3	10 μmol/L
20 μmol/L 核黄素	0.3	2.0 μmol/L
SOD 粗提液	0.05	2 支对照管以缓冲液代替酶液
蒸馏水	0.25	
总体积	3.0	

3. SOD 活性测定:至反应结束后,用黑布罩盖上试管,终止反应。以遮光的对照管作为空白,分别在 560 nm 波长下测定各管的吸光度。

4. 结果计算:SOD 活性单位是以抑制 NBT 光化还原的 50% 为一个酶活性单位,按下式计算 SOD 活性:

$$\text{SOD 总活性}[U/(g \cdot FW)] = \frac{(A_{ck} - A_E) \times V}{A_{ck} \times 0.5 \times W \times V_t}。$$

式中:

A_{ck}——照光对照管的吸光度;

A_E——样品管的吸光度;

V——SOD 粗提液总体积(mL);

V_t——反应液中粗酶液用量(mL);

W——样品鲜重(g)。

注意：

①富含酚类物质的植物（如茶叶等）在匀浆时产生大量的多酚类物质，会引起酶蛋白颗粒可逆沉淀，使酶失去活性。因此，在提取此类植物 SOD 时，必须添加多酚类物质的吸附剂，将多酚类物质除去，避免酶蛋白变性失活。一般在提取液中加 1%～4%的聚乙烯吡咯酮（PVP）。

②测定时的温度和光化反应时间必须严格一致。为保证各烧杯和试管所受光照的光强度一致，所有烧杯应排列在与日光灯管平行的直线上。

三、思考题

1.超氧自由基为什么能对机体活细胞产生危害？SOD 如何减少超氧自由基的毒害？

2.为何在提取液中要加入一定量的聚乙烯吡咯酮？

3.在 SOD 测定中为什么设照光和遮光两个对照管？

4.如何在实验中保证各试管反应条件一致？

5.影响本实验准确性的主要因素是什么？应如何克服？

下篇　植物生物学拓展实验

实验五十二 关于植物细胞壁性质的测定

细胞壁是植物细胞所特有的一种结构,也是植物细胞与动物细胞区别的主要特征之一。随着科学技术的发展,人们对于细胞壁的认识发生了根本性的改变。细胞壁除具有机械支持、物质运输、防御反应等传统功能外,还具有植物生长调控作用及参与多种细胞代谢活动,如细胞的生长、分化,细胞的识别,并可以决定细胞的命运。

细胞在生长分化过程中,由于内外环境的刺激以及适应不同的功能需求,在细胞内合成一些特殊的物质并掺入壁层内,改变了细胞壁的性质,如细胞壁的木质化、栓质化、角质化、硅质化和黏液化等。研究细胞壁的性质,有助于深入了解植物组织的构造及其功能的多样性。细胞壁物质也是地球上最重要的可再生自然资源,其中的纤维素和木质素在自然界中的天然化合物中分别占据第一、第二的位置。由于细胞壁物质在造纸、纤维及其他工业上所具有的重要性,对于细胞壁的研究也可以促进人类进一步利用植物资源。

一、实验前资料准备

1. 利用互联网与图书馆电子与纸质期刊查找相关研究论文,了解各种细胞壁的结构特点及其相应变化。

2. 根据实验的具体要求,确定实验材料的取材部位、所选植物体的生境等。

3. 对实验进行初步设计,并与指导老师商讨实验的可行性,对实验设计进行修改。

二、实验材料与实验方法

(一)实验材料与处理方法

1. 选取材料:根据实验要求,选取合适的实验材料,如观察木质化细胞壁可选取厚壁组织中的石细胞、纤维,输导组织的木质部中的导管、管胞等;栓质化细胞壁可选取位于植物体根和茎表面的木栓层;角质化细胞壁常位于植物的表皮外侧;矿质化细胞壁可选择禾本科植物的叶片等。

2. 处理方法:选择合适的固定液固定材料,进行石蜡切片。运用不同的组织化学染色法,对组织切片进行染色处理实验,通过比较观察结果,确定合适的染色法;封片。

(二)形态构造观察

使用光学显微镜及其他研究型显微镜进行观察研究,拍摄相关照片。

三、实验结果整理与论文写作

1. 在老师指导下,对所观察结果进行分析。

2. 在老师指导下,参照科研论文的写作要求进行实验总结与论文写作。

四、思考题

1. 在实验结果观察中可以见到植物细胞壁上具有的一些特殊结构,你能列举出这些特殊结构所具有的生理机能吗?

2. 随着相关科学研究的进展,细胞壁在细胞分化中的重要意义已引起植物学家的广泛关注,试加以阐述。

实验五十三　水稻花粉败育中环境因素影响的研究

在花粉发育的各个阶段,由于受到各种外界条件和内在因素的影响,导致花粉不能正常发育,这种现象称为花粉的败育(abortion)。花粉败育现象多种多样,如小孢子母细胞败育;四分体核畸形,败育;单核小孢子的核畸形、退化、解体,细胞质稀薄、收缩、解体;二胞花粉的生殖细胞和营养核畸形、退化、解体,细胞质稀薄、收缩、解体等。花药组织发育出现的异常现象,主要是绒毡层异常。

环境因素的影响主要为不正常的温度,如变温、高温与低温的影响,多雨或干旱的影响等。多雨及不正常的温度可导致水稻花粉母细胞不能正常进行减数分裂,因此形成4核、3核或5核的细胞。在减数分裂将要结束,四分体分离时,低温引起小孢子形态结构异常的现象也极为普遍,表现为壁破坏而解体形成合胞体。干旱或变温导致花粉母细胞互相粘连在一起,成为细胞质块;或是出现多极纺锤体或多核仁相连;或是产生的4个孢子大小不等,因而不能形成正常发育的花粉。环境因素的影响还会导致花粉停留在单核或双核阶段,不能产生精子细胞。有的花粉败育是由于绒毡层细胞的作用失常,如在花粉形成过程中,绒毡层细胞不仅没有解体,反而继续分裂,体积增大。了解环境因素对水稻花粉发育的影响,对于提高水稻等作物的产量,具有一定的现实意义。

一、实验前资料准备

1. 利用互联网或图书馆电子与纸质期刊查找相关研究论文,了解可能导致植物花粉败育的一些环境因素以及产生花粉败育的各个阶段及各种现象。

2. 对实验进行初步设计,并与指导老师商讨实验的可行性,对实验设计进行修改。

3. 联系相关部门,选择合适的实验用水稻大田。为了使本实验具有较强的实践性和可操作性,也可结合本地区条件,选择当地主要农作物作为实验材料。

二、实验材料与实验方法

(一)实验材料与处理方法

采集合适的材料是本实验的关键。指导教师需要通过预实验,了解水稻或其他实验植物的花粉发育各阶段花的大小及相应发育时间,便于指导学生进行取材工作。

采集各个发育时期的水稻花,同时记录下采集时间及前一段时期的气候条件。将材料置于50% FAA固定液中,抽取出材料内的空气,以使材料充分固定。将材料瓶置于冰箱内待用。成熟花粉粒活力的测定需采集新鲜花粉。

(二)观察内容与方法

运用石蜡切片法将所贮存材料制取成各时期花粉囊横切面,切片厚度为6～8 μm;用铁矾—苏木精染色,PAS反应鉴定多糖物质,中性树胶封片。在显微镜下观察花粉发育各时期,重点观察花粉母细胞减数分裂时期及雄配子体形成时期各种花粉的败育现象,观察花粉发育时绒毡层细胞的动态。测定成熟花粉的活力,测得花粉败育率。

三、实验结果整理与论文写作

1.在老师指导下,了解所记载的实验植物的花粉发育时期气候条件与特点是否有异常。结合实验观察结果,综合分析花粉败育的环境因素影响。

2.在老师指导下,参照科研论文的写作要求进行实验总结与论文写作。

四、思考题

花粉败育的现象同样发生于正常自然条件下的个别植物中,这种现象叫做雄性不育。试分析环境因素所导致的花粉败育和雄性不育在现象上有无区别。导致雄性不育的原因是什么? 鉴于雄性不育可以被用于杂交育种中,能否通过调控作物的生长环境造成花粉败育,以达到人工去雄,进行杂交育种?

实验五十四　不同贮藏温度对果实成熟过程中生理生化的影响

绝大多数果实在生长发育及成熟过程中,都要经历一系列的生理生化变化,导致果实色泽、营养成分、细胞壁组成成分等发生一系列的变化,最终果实与种子完全成熟,并达到可食状态,同时致使不同种水果、甚至同种水果的不同品种具其特有的品质特征。

很多食用果实由于属于呼吸骤变型果实,成熟快,从而导致果实贮藏困难,商品货架期短,因此研究果实贮藏期间的生理生化变化,并通过各种手段延长或提早呼吸骤变峰的到来对于生产实践具有很现实的意义。

一、实验前资料准备

1. 利用互联网与图书馆电子与纸质期刊查找相关研究论文,了解果实成熟过程中的生理生化变化。

2. 根据做实验的具体季节选择当季合适的呼吸骤变型果实种类作为实验对象。

3. 对实验进行初步设计,并与指导老师商讨实验的可行性,对实验设计进行修改。

二、实验材料与实验方法

(一)实验材料与处理方法

根据果实的成熟时间的长短,选择果形端正、成熟度一致、发育良好、中等大小和无机械损伤的果实,将果实装入预先选定的一定厚度的(如 0.03 mm)与合适大小的(如薄膜袋规格 630 mm×240 mm,具有 1.5% 的孔隙度)聚乙烯薄膜包装袋中。根据实验取样次数,每袋中装入适宜个数的水果,分别置于不同温度[如:常温、(1 ± 0.5)℃、(5 ± 0.5)℃与(10 ± 0.5)℃]与相同相对湿度的环境条件下,每处理组至少设3个重复,每隔数天随机取样,并测定果实的各种生理生化指标。

(二)各项理化指标的测定

选择能够代表所选果实不同成熟阶段的各种生理生化指标进行测定。这些生化指标可以部分参考本教材前面已经学过的各种方法(如对叶绿素含量、淀粉含量、呼吸速率等进行测定),其他的可以参考相关科研论文,根据实验室现有仪器设备,选择可行的方法进行测定[如可对果肉硬度、电导率、乙烯含量、纤维素或果胶水解酶等酶的活性、酸含量、还原糖含量、可溶性固形物含量、花青素含量、多酚氧化酶(PPO)活性等指标进行测定]。

三、实验结果整理与论文写作

1. 在老师指导下,用统计学方法对所测得各种结果进行分析。

2. 在老师指导下,参照科研论文的写作要求进行实验总结与论文写作。

四、思考题

不同植物果实的成熟过程不同,其所需的贮藏条件也不同,因此本实验选用不同果实所获得的实验结果可能并不一致。另外,在生产实践中,有时需要促进果实成熟,有时又需要延迟果实成熟。试通过查找资料分析一些常见水果(如柿子、草莓、苹果、梨等)的贮藏与催熟方式。

实验五十五　黄瓜根系分泌物对黄瓜种子萌发的影响

在作物栽培中,多年连作,往往会导致土壤环境恶化,病虫害严重,产量降低,品质下降以及其他一些连作障碍的发生,严重威胁着农业生产的可持续发展。究其原因,除了病原菌积累,养分单一和不均、土壤结构变劣以外,化感作用(allelopathy)(又称他感作用)——植物分泌某些化学物质对其他生物的生长产生的抑制或促进作用,也是其中的主要原因之一。

20 世纪 70 年代初,Gaidmak 发现栽培黄瓜的营养液中含有一些对黄瓜生长有毒害的物质;吴凤芝发现即便长期连作土壤的基础肥力高于短期连作的土壤肥力,短期连作黄瓜的根系活力、光合叶面积、光合速率及产量也都显著高于长期连作的黄瓜,说明了化感作用是长期连作障碍的主要因子之一。由此可见,研究植物的化感作用对合理指导农业生产具有重要的指导意义。

一、实验前资料准备

1. 利用互联网或图书馆电子与纸质期刊查找相关研究论文,了解植物种子萌发过程中的形态与生理生化变化,了解黄瓜种子萌发与黄瓜生长的合适条件。

2. 对实验进行初步设计,寻找合适的生理与形态指标,并与指导老师商讨实验的可行性,对实验设计进行修改。

二、实验材料与实验方法

(一)实验材料与处理方法

1. 购买萌发力较高的黄瓜(*Cucumis statirus* L.)种子,选择合适的萌发条件进行萌发,待植物生长到 3~4 片真叶期备用。

2. 根系分泌物收集:待黄瓜幼苗长出 3~4 片真叶后,转入人工气候室(昼 25℃/夜 16℃)内以 Hoagland 营养液通气水培养。将水培养槽置于高处,槽底排水孔以橡皮管与低处的色谱柱(如内填 XAD-4 大孔吸附树脂)上端相连,使色谱柱中的树脂可以连续吸附根系分泌物。营养液每 3 d 换一次。连续吸附一段时间,如 20 d 后,取下色谱柱,用 750 mL 甲醇洗脱。洗脱液经旋转蒸发仪浓缩即得黄瓜根系分泌物的粗提物。若没有色谱柱或没有人工气候室,也可以在室内条件下在 Hoagland 营养液中静止培养,定期用充气泵打气。每隔 3 d 收集培养液,再经旋转蒸发仪浓缩获得粗提物。用蒸馏水将粗提物稀释成 5%、10%、20%、40%的溶液,置于 4℃冰箱内备用。

3. 发芽试验:直径 12 cm 的培养皿内铺一层滤纸,放入 25 粒健康饱满的黄瓜种子,分别取上述稀释液 5 mL 加入培养皿中,以加入 5 mL 蒸馏水为对照(CK)。然后置于 25℃的培养箱中 12 h/d 光照条件下发芽,每 12 h 换一次滤纸和稀释液。

(二)各项形态与理化指标测定

1. 形态指标测定:根据所查资料,选择可以代表黄瓜萌发力与生长势的各指标:如可以每 4 h 统计一次发芽率;待对照全部发芽后,可以分别测定各处理组幼苗的胚根、胚轴的长度以及幼苗鲜重等;注意各处理组至少重复 3 次。另外,还可以通过观察比较各处理组幼苗的生长状态、根尖颜色、胚轴形态等,分析这些形态指标与稀释液浓度的相关性。

2.各理化指标测定:选择能够代表黄瓜不同萌发阶段的各种理化指标进行测定。这些理化指标同样可以部分选择本教材前面已经学过的各种方法(如对 α-淀粉酶和总淀粉酶的活性、呼吸速率、胚轴中吲哚乙酸氧化酶的活性等进行测定),也可以参考相关科研论文,根据实验室现有仪器设备,选择各种可行的方法进行测定。

三、实验结果整理与论文写作

1.在老师指导下,用统计学方法对所测得各种结果进行分析,计算化感作用抑制率(inhibitory rate, I_R):$I_R(\%)=(T_i-T_0)/T_0 \times 100$,$T_i$ 为测试项目的处理值,T_0 为对照值。I_R 大于 0 表示呈促进作用,I_R 小于 0 表示呈抑制作用。

2.在老师指导下,参照科研论文的写作要求进行实验总结与论文写作。

四、思考题

自德国学者莫利休(H. Molish)于 1937 年首先提出了"他感作用"这一术语以来,人们发现,他感作用是自然界存在的一种普遍现象。它们不仅存在于植物与植物之间(包括同种植物与异种植物之间),还存在于植物与微生物、植物与动物之间。植物的化感作用有些对农业生产不利,但也有很多植物的化感作用如水生高等植物对水体中某些藻体生长的抑制作用、植物与根际微生物的互生作用等对农业生产非常有利。试寻找日常生产实践中常见的植物的化感作用,并分析如何在生产实践中应用有益的化感作用,避免或尽量降低有害的化感作用的危害。

实验五十六　银杏的保鲜贮藏

银杏(*Ginkgo biloba* L.)，其果实除去肉质外种皮后的种核俗称白果。银杏种核除富含蛋白质、氨基酸、脂肪、糖、维生素 C、核黄素等营养成分外，还含黄酮、内酯等有效成分。通过动物试验研究表明，银杏种仁具有提高机体耐缺氧、抗疲劳以及延缓衰老的作用，一直被誉为高级滋补品，具极高的经济价值。

我国银杏种核的产量占世界总产量的 90%，目前银杏核用树的种植规模及种核产量仍以每年 10%～15% 的速率在增长。由于银杏种核在干燥后会失水萎缩硬化，从而失去食用价值；而不干燥，则含水量较高，在常温贮藏条件下，易发生霉变、产生浮籽等变质现象；另外，银杏种胚具后熟作用，采后继续发育，不仅消耗核仁的水分和养分，而且使核仁氢氰酸含量提高，产生苦味，降低食用品质。以上这些因素导致目前银杏种核的贮藏期仅在 3～6 个月，严重影响种核的市场供应和销售。据报道，目前我国经过长期贮运的白果只有 10% 符合出口标准，因而银杏采后贮藏保鲜问题已成为银杏生产中亟待解决的一个关键问题。

一、实验前资料准备

1.利用互联网或图书馆电子与纸质期刊查找相关研究论文，了解目前银杏贮藏与保鲜中常用的方法，比较它们的优劣；了解其他相关植物材料的保鲜贮藏方法，寻找一个你认为比较合适的保鲜贮藏方法。

2.通过查找文献了解与银杏的新鲜程度相关的生理生化指标。

3.对实验进行初步设计，寻找合适的生理与形态指标，并与指导老师商讨实验的可行性，对实验设计进行修改。

二、实验材料与实验方法

(一)实验材料与处理方法

可以通过事先联系银杏果园，采收成熟的银杏，剔除机械损伤果及腐烂果，选择形态、大小一致的银杏，或带皮、或用饱和石灰水浸泡去除外种皮后作为实验材料。根据你所设计的一种或几种方法进行处理。每隔 15 d 测定一次形态与理化指标，直至银杏全部霉变为止，各重复 3 次。

(二)各项形态与理化指标测定

1.形态指标测定：根据所查资料，选择可以代表银杏新鲜度的形态指标，如霉变率、鲜重、浮果率等进行观察测定。

2.各理化指标测定：选择可以代表银杏新鲜度的理化指标，如多聚半乳糖醛酸酶活性、果胶甲酯酶活性、胚乳细胞渗透率等进行测定。

三、实验结果整理与论文写作

1.在老师指导下，用统计学方法对所测得的各种结果进行分析，比较各方法的优逆。

2.在老师指导下,参照科研论文的写作要求进行实验总结与论文写作。

四、思考题

不仅果实等生殖器官,还有植物的营养器官的贮藏与保鲜技术都是目前在生产实践中亟待解决的问题。请你进行一次市场调查,看看目前市场上最亟待解决保鲜贮藏的有哪些植物材料,并思考可以通过哪些方法达到目的。

实验五十七　水稻剑叶衰老过程中的生理生化变化

　　水稻籽粒中 2/3 以上的干物质是开花后通过剑叶等功能叶片光合作用获得的，然而，当籽粒灌浆需要光合产物输入时，功能叶的光合功能却在衰退。因此，研究水稻冠层叶片的衰老特性，这为延长其光合功能持续期，进一步培育高产水稻品种提高产量提供理论基础，对于解决人类未来的粮食安全问题无疑具有重要意义。

　　剑叶的衰老，其生理过程涉及显微结构以及生理生化包括核酸含量、蛋白质含量、光合作用、呼吸作用、激素水平、营养物质消耗以及水稻的抗氧化能力等诸多方面。同学们可以根据实验室现有条件选择某一方向，或几个小组分工合作选择多个方向同时进行试验，从而能更全面地了解水稻的衰老特性，为细胞及分子生物学水平调节剑叶功能衰退进程、延长功能期提供实验证据，并最终为培育具有高产、优质、成熟期长和抗逆性强等优良性状的水稻新品种提供科学依据。

一、实验前资料准备

　　1.利用互联网或图书馆电子与纸质期刊查找相关研究论文，了解植物叶片衰老过程中可能发生的形态结构与生理生化变化，了解水稻的生长条件与生长季节。

　　2.与相关部门（如当地农科院等）联系选择合适生长季节的水稻大田做实验之用。

　　3.对实验进行初步设计，寻找合适的生理与形态指标，并与指导老师商讨实验的可行性，对实验设计进行修改。

二、实验材料与实验方法

（一）实验材料与处理方法

　　尽量选取大田生长的国内大面积种植的水稻，如超级稻"两优培九"为材料，常规水稻如杂交稻"汕优 63"为对照，分别在剑叶、全展期、开花期、灌浆初期、灌浆中期、灌浆后期等时期取样。

（二）各项理化指标测定

　　选择能够代表叶片不同衰老阶段的各种形态结构与生理生化指标进行测定。如形态结构指标可以选择通过超薄切片、透射电镜观察叶片的叶绿体与线粒体的超微结构；光合指标可以测定水稻剑叶不同衰老阶段的叶绿素含量、最大光合能力（饱和光强、饱和 CO_2 下的光合速率）、可溶性蛋白含量的变化、叶绿体希尔反应活性、光合放氧活性、光合磷酸化活性、电子传递活性、类囊体膜光化学特性、Ca^{2+}-ATPase 和 H^+-ATPase 活性，以及 ATP 含量等指标；抗氧化指标可以选择水稻剑叶衰老期内活性氧含量的变化，以及抗氧化系统活性，包括 SOD（Superoxide Dismutase，超氧化物歧化酶）、CAT（Catalase，过氧化氢酶）、POD（Peroxidase，过氧化物酶）、GPX（Glutathione Peroxidase，谷胱甘肽过氧化物酶）、APX（Ascorbate Peroxidase，抗坏血酸过氧化物酶）、DHAR（Dehydroascorbate Reductase，脱氢抗坏血酸还原酶）、GR

(Glutathione Peroxidase,谷胱甘肽还原酶)等的活性变化；另外还可以考虑测定剑叶衰老过程中的核酸含量、核酸酶活性、呼吸速率以及各激素水平的变化等。你也可以根据自己的兴趣选择其他合适的指标。

三、实验结果整理与论文写作

1. 用统计学方法对所测得的各种结果进行比较，并分析所测结果的生理意义。
2. 在老师指导下，参照科研论文的写作要求进行实验总结与论文写作。

四、思考题

叶片的衰老是外界环境与植物相互作用的一个综合结果。它一方面是植物固有的特性，与植物本身的遗传特性密不可分；另一方面，它又受很多外界环境调控，如在高光强、高温或低温、重金属污染、病虫害等逆境胁迫下，植物叶片会提早进入衰老进程。因此，逆境胁迫往往可能是影响植物叶片寿命的一个重要条件，如低温逆境就会导致"两优培九"剑叶的早衰。你认为逆境导致的"两优培九"剑叶的早衰可能是通过哪一个或几个代谢过程实现的？

实验五十八 大气污染对城市中行道树生理生化状态的影响

随着城市建设总体规模的不断扩大,工业及车辆废气排放量增加,我国大多数城市大气环境污染严重。尽管不同地区大气污染中有害气体及颗粒物的种类不尽相同,但大气污染对大气圈里的生物(包括动物、植物、微生物以及人类)以及气候、土壤、水源等均可造成极大的影响。相对而言,植物更容易受大气污染危害,首先是因为它们有庞大的叶面积同空气接触并进行活跃的气体交换;其次,植物不像低等动物那样具有循环系统,可以缓冲外界的影响,为细胞和组织提供比较稳定的内环境;此外,植物一般是固定不动的,不像动物可以避开污染。大气污染往往损害植物酶的功能、影响植物的新陈代谢功能、破坏原生质体的完整性、损害根系生长及其功能,使植物生长不良,生物产量下降、抗病抗虫能力减弱,甚至死亡。大气污染对植物的危害程度还取决于污染物的剂量、组成和组成比例等因素。因此,研究城市中不同地点大气污染对植物如城市行道树的影响,一方面可以了解污染对植物的危害机制与危害程度,了解植物的抗性机制;另一方面可以为寻找污染指示植物、利用植物来吸收有害气体等提供有益的思路。

一、实验前资料准备

1.利用互联网或图书馆电子与纸质期刊查找相关文献,了解我国与世界各大城市大气污染程度,了解大气污染的成因、大气污染物的种类以及大气污染物对人与动植物的危害。

2.收集你所在城市的大气污染状况指数,确定你所在城市的最广布的植物[如南京的行道树悬铃木(*Platanus acerifolia* Willd.)]为研究对象,选定不同程度大气污染地区(如风景区、交通要道、化工厂、学校等)与取材时间(如植物旺盛生长与大气污染较重的季节),选择待测植物对大气污染可能敏感的形态以及理化指标,对实验进行初步设计。

3.与指导老师商讨实验的可行性,对实验设计进行修改。

二、实验材料与实验方法

(一)实验材料与处理方法

在合适的季节与合适的地点,尽量同时选择树径、枝条、距地面高度以及叶位一致的完全展开叶进行实验,每个地点至少取 3 个重复样本。

(二)各项理化指标测定

选择合适的形态与理化指标进行测定。如可以进行叶片形态与叶细胞超微结构观察,进行叶片电导率的测定,叶片叶绿素、游离脯氨酸(Pro)、可溶性糖、丙二醛(MDA)等的含量,超氧化物歧化酶(SOD)、谷胱甘肽过氧化物酶(GSH-Px)等酶活性的测定,也可以查找相关文献找到更合适的测定指标。

三、实验结果整理与论文写作

1. 在老师指导下,用统计学方法对所测得的各种结果进行分析。

2. 参照科研论文的写作要求进行实验总结与论文写作。

四、思考题

环境污染除了大气污染外,还包括水污染、土壤污染等,试着查阅资料,分析水污染与土壤污染的成因、目前我国的污染程度以及已采取与拟采取的措施。

实验五十九　雌雄异株植物不同性别植株之间的理化性质比较

自然界存在着大量的雌雄异株植物。而且不少雌雄异株植物由于性别的差异，导致它们在生产实践中的应用方向与经济价值相差很大。比如：银杏树的雄株主要用于行道树、风景树，而雌株则主要用于收获种核；再比如沙棘的果实利用价值极高，而雄株相对经济价值较小。但很多雌雄异株植物在开花结果之前在形态上很难区分，这就为早期雌雄株的鉴别带来了一定的难度。

一些实验结果证明，虽然雌雄株植物可能在形态上差别较小，但在内部生理生化方面可能存在着不少差异。如：银杏雌株抗氧化能力高于雄株；沙棘雄株叶片的叶绿素含量、光合速率、呼吸速率、叶片持水力（即在自然条件下，离体叶片在不同时间失去的水分占总含水量的比例）以及蛋白质、可溶性糖和氨基酸尤其是精氨酸和赖氨酸含量等比雌株高，沙棘雌雄株间的过氧化物同工酶谱带也不一样：雄株为3条酶带，雌株为4条酶带；芦笋雌株的呼吸速率大于雄株等。因此，可以利用这些差异进行雌雄株的早期鉴别。

一、实验前资料准备

1. 进行各种调查，找到您所在地的雌雄异株植物，分析它们的雌雄株之间在形态、用途与经济价值等方面是否有差异。

2. 确定雌雄株间在形态上没有明显区分，但在用途与经济价值方面相差较大的植物。查找相关资料分析它们在理化指标上可能存在的差异。

3. 找到一定数量的性别已知的雌雄植株，这一材料用于在后续理化测定中确定雌雄株之间的差异。另外，再找到一定数量的性别未知的实生苗或有萌发能力的种子，用于检验确定的理化指标在性别鉴定中的应用。

4. 查找相关文献，找到可能在待测植物的雌雄株之间存在差异的理化指标，根据实验室现有条件，对理化指标进行遴选，确定实验方案。与指导老师商讨实验的可行性方案，对实验设计进行修改。

二、实验材料与实验方法

(一)实验材料与处理方法

首先在植物生长季节，在相同的时间选择叶位一致，已知性别的雌雄株的完全展开叶进行取材。然后选取生长季节实生苗相同叶位的完全展开叶进行取材，或者在室内相同条件下萌发种子，待小苗长到一定程度时，取相同叶位的完全展开叶。每次取材至少有3个重复样本。

(二)各项理化指标测定

选择合适的理化指标，如可溶性蛋白含量、抗氧化能力、呼吸速率、过氧化物酶同工酶谱等进行测定。

三、实验结果整理与论文写作

1.用统计学方法对所测得的各种结果进行分析,首先分析所测指标在所测植物的雌雄株之间是否存在明显差异;然后进一步用实生苗检验该指标是否可以用于该植物雌雄植株的早期性别鉴定。

2.参照科研论文的写作要求进行实验总结与论文写作。

四、思考题

在生产实践中,如以收获果实或种子为栽培目的时,理论上应尽可能地多栽培雌株。但若全部或绝大多数植株是雌株时,又会造成传粉受精效率不高,从而影响最终的产量。请问在生产实践中常采取哪些措施以消除这一不利影响?

实验六十　重金属污染对水生植物形态、结构与生理生化的影响

随着人类活动对自然的影响愈显剧烈,水环境污染已经成为全球普遍关注的焦点问题。水环境污染中十分突出的是重金属的污染。重金属污染物能在生物体内富集,并通过水生食物链的生物放大作用对高营养级的生物甚至人类造成危害。如:被镉污染的水、食物,人饮食后,会造成肾、骨骼病变,甚至死亡;铅造成的中毒则会引起贫血、神经错乱;六价铬能引起皮肤溃疡,还有致癌作用;饮用含砷的水,会造成机体代谢障碍、皮肤角质化,甚至引发皮肤癌。

由于水生植物对污水中的重金属离子有一定的富集能力,因而也具有净化与修复水体的作用。同时,由于其在遭受重金属胁迫时,会在结构和生理生化上发生一定的变化,并在外部形态特征上有一定的体现,从而可以作为环境污染监测的指标。因此,研究重金属污染对于水生植物形态、结构与生理生化的影响具有重要的现实意义和广泛的应用前景。

一、实验前资料准备

1.利用互联网与图书馆电子与纸质资源查找相关文献,了解水生植物在遭受逆境胁迫时在形态、结构以及生理生化上有哪些变化。

2.根据实验开展时的具体季节选择当季常见的高等水生植物作为实验材料。

3.选择合适的重金属离子、处理浓度和处理时间,对实验进行初步设计,并与指导老师商讨实验方案的可行性,对实验设计进行修改。

二、实验材料与实验方法

(一)实验材料与处理方法

选择生长状态一致的水生植物若干,以合适的培养液(如 Hogland 培养液)培养于室内容器中。待植物生长良好后,按照实验设计,用培养液配制的不同浓度的重金属处理液处理植物一定时间。处理过程中,注意观察植物的形态、叶色等外部形态的变化。

(二)各项理化指标测定

选择能够代表所选水生植物的各种与抗性相关的形态、结构与生理生化指标进行测定。这些指标既可参照已学习的方法,如叶色、各器官的显微结构和细胞的亚显微结构、叶绿素含量、光合速率、呼吸速率、电导率、SOD 活性、过氧化物酶活性、MDA 含量等进行测定,也可以参考相关科研论文,根据实验室现有仪器设备,选择其他可行的方法进行测定。

三、实验结果整理与论文写作

1.在老师指导下,用统计学方法对所测得的各种结果进行分析。

2.在老师指导下,参照科研论文的写作要求进行实验总结与论文写作。

四、思考题

本实验研究的是重金属污染对水生植物的影响。如何研究其他逆境胁迫如大气污染、有机物污染、干旱、高温、寒害、冻害等对植物所产生的影响? 我们又如何从自身做起保护我们赖以生存的环境呢?

实验六十一　丽格海棠组织培养技术的探索

植物组织培养技术始于 20 世纪初,该技术是指在无菌条件下,将离体的植物器官、组织、细胞、胚胎、原生质体,培养在人工配制的培养基上,给予适宜的培养条件(温度、湿度、光照等),诱导其产生愈伤组织,或潜伏芽等,直至形成完整的植株。目前,植物组织培养技术日趋完善,世界各国运用植物组织培养技术已实现了大规模的农业产业化生产。植物组织培养技术具有繁殖快速、节省劳力、充分利用空间、全年生产、不受自然条件限制等优势,可以应用于改良育种,研究细胞、组织或器官的繁殖、生长和分化,以及了解各种外界因素对上述各方面的影响,从而为解决农业生产和药物生产中的某些问题开辟广阔的前景。

MS 培养基贮备液的配制

MS 培养基是一种最常用的植物离体培养基。为方便起见,常将培养基配方中的试剂配制成具有一定倍数的浓缩贮备液,使用时按比例混合、稀释。MS 培养基使用时常按需要添加一定量的激素或生长调节剂。

一、仪器、药品与材料

(一)仪器与用品

天平,称量纸,烧杯,量筒,药匙,蒸馏水,洗瓶,容量瓶,pH 试纸,试剂瓶(棕),搅拌器,加热设备,玻棒,标签纸,滴管。

(二)试剂

1. MS 培养基各成分、BA、NAA、95% 乙酸,见附录 10、11。

2. 1 mol/L NaOH。

3. 1 mol/L HCl。

二、实验步骤

将各成分按使用量和性质分为 4 组:终浓度大于 100 mg/L 的 5 种无机盐混合为贮备液 I(大量元素);终浓度低于 25 mg/L 的 7 种无机盐混合为贮备液 II(微量元素);$FeSO_4 \cdot 7H_2O$ 与 Na_2-EDTA 混合为贮备液 III(铁盐);5 种有机物混合为贮备液 IV(有机成分)。

称量→分别溶解→混合→调 pH→定容。

MS 培养基的组成、生长调节剂的配制方法见附录 10、附录 11。

三、思考题

如需配制 MS 培养基贮备液 I(20×)1 000 mL、贮备液 II(100×)、贮备液 III(100×)和贮备液 IV(100×)各 200 mL 以及 BA 和 NAA(浓度为 1 mg/mL)各 50 mL,则各种试剂应分别称取多少? 配制与保存过程中,注意的要点有哪些?

茎芽增殖培养基的设计与配制

在植物离体培养中,细胞分裂素类激素促进愈伤组织的形成,诱导不定芽的分化。

一、仪器、药品与材料

(一)仪器与用品

天平,称量纸,药匙,烧杯,量筒,蒸馏水,加热设备,水浴锅,玻棒,移液管,洗瓶,滴管,pH 试纸,标签纸,带盖塑料培养瓶,高压灭菌器。

(二)试剂

1 mol/L NaOH,1 mol/L HCl,蔗糖,琼脂,MS 培养基贮备液,6-BA 贮备液,蒸馏水。

二、实验步骤

1. 每小组称取 2 g 琼脂和 7.5 g 蔗糖,置于烧杯中,加蒸馏水至需配培养基终体积 250 mL 的 3/4 左右,加热使之溶解,并在 80℃ 热水浴中保温。

2. 分别加入一定量的 MS 培养基贮备液 Ⅰ、Ⅱ、Ⅲ 和 Ⅳ,然后各小组再分别加入各自不同量的 BA(0、0.125、0.25、0.375、0.5、0.625、0.75、0.875 mg)。

3. 充分混匀后,用 1 mol/L 的 NaOH 和 1 mol/L 的 HCl 调节培养基的 pH 至 5.8,补加蒸馏水定容至终体积。

4. 混合均匀的培养基分装到带盖的塑料培养瓶中,每个培养瓶的装量不超过其最大容积的 1/3。拧紧培养瓶盖。

5. 装好培养基的培养瓶置高压灭菌器中,于 121℃ 灭菌 20 min。

6. 灭菌结束后,将装有培养基的培养瓶从高压灭菌器中取出,置于水平台上,在室温下冷却,备用。

茎芽增殖培养外植体的处理与接种

植物体细胞具有全能性,通过无菌处理后,在适宜的条件下培养,可发育为完整的植株。

一、仪器、药品与材料

(一)实验材料

盆栽丽格海棠(*Begonia aelatior*)成年植株。

(二)仪器与用品

超净台,镊子(大,小),解剖刀,培养皿,棉球,酒精灯,火柴,酒精缸,工具架,废物缸,装有培养基灭过菌的培养瓶,培养室。

(三)试剂

0.1% $HgCl_2$(每 100 mL $HgCl_2$ 溶液加 10 滴吐温-20),70% 酒精,无菌水,茎芽增殖培养基。

二、实验步骤

1. 将经过湿热灭菌的装有培养基的培养容器、接种用具等置于超净台上,打开超净台的紫外灯,灭菌处理 30 min。

2. 从健壮的丽格海棠植株上,切取健康无菌斑的幼嫩叶片,用洗衣粉液浸泡数分钟后,在流动的自来水下冲洗干净,置无菌水中,将无菌水连同叶片材料放入超净工作台内。用 70%酒精棉球擦超净台面、操作者手、装有叶片的容器外壁等。

3. 用镊子将材料从无菌水中取出,用 70%的酒精浸泡 3~4 s,迅速置于无菌水中片刻,如此重复处理 2~3 次。其表面被水全部湿润后,置 0.1% $HgCl_2$(每100 mL $HgCl_2$ 溶液加 10 滴吐温-20)中灭菌 10 min,用无菌水冲洗 4~5 次。用无菌滤纸吸去叶片表面的水分后置培养皿中,用解剖刀切割成 1 cm×1 cm 的小块。

4. 打开培养容器盖子,将叶片组织块平放在培养基表面,上表面朝上,略加按压。盖好培养容器盖,置于超净台上适当位置;对接种用具、超净台面、操作者手等进行适当灭菌处理,继续接种。如此操作,直至完成。

5. 接种完毕后,将培养瓶置于培养室中,光照强度 1 200~1 300 lx、光照时间 12 h/d、温度 20℃~24℃。培养 25~30 d,观察不同培养基中愈伤组织和丛生芽的形成状况。

根再生诱导培养基的设计与配制

在植物离体培养中,生长素类激素促进根的再生。

一、仪器、药品与材料

(一)仪器与用品

天平,称量纸,药匙,烧杯,量筒,加热设备,水浴锅,玻棒,移液管,洗瓶,滴管,pH试纸,标签纸,带盖塑料培养瓶,高压灭菌器。

(二)试剂

蔗糖,琼脂,MS 培养基贮备液,NAA 贮备液,1 mol/L NaOH,1 mol/L HCl,蒸馏水。

二、实验步骤

1. 每小组称取 2 g 琼脂和 7.5 g 蔗糖,置于烧杯中,加蒸馏水至需配培养基终体积 250 mL 的 3/4 左右,加热使之溶解,并在 80℃ 热水浴中保温。

2. 分别加入一定量的 MS 培养基贮备液Ⅰ、Ⅱ、Ⅲ和Ⅳ,然后各小组再分别加入各自不同量的 NAA 贮备液(0、0.125、0.25、0.375、0.5、0.625、0.75、0.875 mg)。

3. 充分混匀后,用 1 mol/L 的 NaOH 和 1 mol/L 的 HCl 调节培养基的 pH 至 5.8。

4. 补加蒸馏水定容至终体积 250 mL。

5. 将混合均匀的培养基分装到所选用的带盖塑料培养瓶中,每个培养瓶的装量不超过其最大容积的 1/3。拧好培养瓶盖。

6. 装好培养基的培养瓶置高压灭菌器中,于 121℃ 灭菌 20 min。

7. 灭菌结束后,将装有培养基的培养瓶从高压灭菌器中取出,置于水平台上,在室温下冷却,备用。

试管苗再生根的诱导

选取无菌的试管苗为外植体,进行适当处理,利用生长素促进苗的生根。

一、仪器、药品与材料

(一)实验材料
丽格海棠试管苗。

(二)仪器与用品
超净台,镊子(大、小),解剖刀,培养皿,棉球,酒精灯,火柴,酒精缸,工具架,废物缸,装有培养基灭过菌的培养瓶,培养室。

(三)试剂
70%酒精,再生根诱导培养基。

二、实验步骤

1. 将经湿热灭菌装有培养基的培养瓶、接种用具等置于超净台上,打开超净台的紫外灯,灭菌处理 30 min。

2. 用70%酒精棉球擦超净台面、操作者手和臂、装有试管苗培养瓶的外壁等部分。

3. 从装有试管苗的培养瓶中取出无菌苗,置于无菌的培养皿中(无菌滤纸上),用灭过菌的刀和镊子配合操作,从其基部将新生芽苗切下。打开培养瓶的盖子,将所切芽苗按其自然极性方向垂直插入培养基,盖好培养瓶盖,置于超净台上适当位置;对接种用具等进行适当灭菌处理,继续接种完成。

4. 转接后的无菌苗仍置于培养室中,光照强度 1 200～1 300 lx,光照时间 12 h/d,温度 20℃～24℃。培养 10 d 左右,定期观察不同培养基中无菌苗的生根状况。

试管苗的移栽

诱导生根的无菌苗经炼苗处理后,可移栽到自然条件下生长。

一、仪器、药品与材料

(一)实验材料
丽格海棠试管苗。

(二)仪器与用品
培养室,塑料周转箱,蛭石。

(三)试剂
多菌灵。

二、实验步骤

1. 打开培养瓶盖，培养条件不变，通风炼苗 6 d。选择叶片绿色加深，叶面较干燥的试管苗，取出洗去琼脂后立即移栽。

2. 室温下移栽，栽于塑料周转箱中（以蛭石作介质），用塑料薄膜遮挡保湿，湿度控制在 80％以上（每天雾状喷水一次），温度保持在 20℃～24℃，每 7 d 喷多菌灵 2 次。7 d 后除去塑料膜，14 d 后逐步加强光照。移栽 25 d 后观察比较不同处理的幼苗成活率。

思考题

1. 根据你的体会，在进行茎芽增殖培养基设计与配制时，应注意哪些问题？

2. 实验操作过程中，为保证无菌操作，你认为应注意哪些问题？

3. 定期观察各组培养的外植体材料，粗略分析细胞分裂素浓度对愈伤组织或不定芽形成的影响。

4. 以实验班为单位，记录、分析上次实验结果[组别、BA 浓度(mg/L)、平均芽数/株]。

5. 定期观察生根状况；以实验班为单位，记录、分析实验结果[组别，NAA＋BA (mg/L)，平均根数/株]。

6. 定期观察移栽苗的生长状况，并分析前期培养的激素量对苗的后期生长有无影响。

附　录

附录1　显微镜的种类及其使用方法

一、光学显微镜

光学显微镜是一种精密的光学仪器。目前使用的显微镜由一套透镜配合,因而可选择不同的放大倍数对物体的细微结构进行放大观察。普通光学显微镜通常能将物体放大 1 500~2 000 倍(最大的分辨力为 0.2 μm)。

(一)光学显微镜的基本结构(附图 1-1)

1.光学部分:包括目镜、物镜、聚光器和光源等。

(1)目镜。目镜通常由两组透镜组成,上端的一组又称为"接目镜",下端的则称为"场镜"。两者之间或在场镜的下方装有视场光阑(金属环状装置),经物镜放大后的中间像就落在视场光阑平面上,所以其上可加置目镜测微尺。在目镜上方刻有放大倍数,如 10×、20× 等。按照视场的大小,目镜可分为普通目镜和广角目镜。有些显微镜的目镜上还附有视度调节机构,操作者可以对左右眼分别进行视度调整。另有照相目镜(NFK)可用于显微拍摄。

(2)物镜。物镜由数组透镜组成,安装于转换器上,又称接物镜。通常每

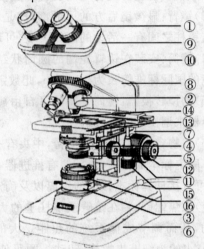

附图 1-1　普通光学显微镜的结构

①目镜　②物镜　③光源　④聚光器
⑤光圈　⑥镜座　⑦镜柱　⑧镜臂　⑨镜筒
⑩转换器　⑪粗准焦螺旋　⑫细准焦螺旋
⑬载物台　⑭弹簧夹　⑮推动器　⑯滤光器

台显微镜配备一套不同倍数的物镜,包括:①低倍物镜:指 1×~6×;②中倍物镜:指 6×~25×;③高倍物镜:指 25×~63×;④油浸物镜:指 90×~100×。其中油浸物镜使用时需在物镜的下表面和盖玻片的上表面之间填充折射率为 1.5 左右的液体(如香柏油等),它能显著地提高显微观察的分辨率。其他物镜则直接使用。观察过程中物镜的选择一般遵循由低到高的顺序,因为低倍镜的视野大,便于查找待检目标的具体部位。

显微镜的放大倍数,可粗略视为目镜放大倍数与物镜放大倍数的乘积。

(3)聚光器。聚光器由聚光透镜和虹彩光圈组成,位于载物台下方。聚光透镜的功能是将光线聚焦于视场范围内;透镜组下方的虹彩光圈可开大缩小,以控制聚光器的通光范围,调节光的强度,影响成像的分辨力和反差。使用时应根据观察目的,配合光源强度加以调节,得到最佳成像效果。

(4)光源。较早的普通光学显微镜借助镜座上的反光镜,将自然光或灯光反射到聚光器透镜的中央作为镜检光源。反光镜是由一平面和另一凹面的镜子组成。不用

聚光器或光线较弱时用凹面镜,凹面镜能起汇聚光线的作用;用聚光器或光线较强时,一般都用平面镜。

新近出产的显微镜一般直接在镜座上安装光源,并有电流调节螺旋,用于调节光照强度。光源类型有卤素灯、钨丝灯、汞灯、荧光灯、金属卤化物灯等。

显微镜的光源照明方法分为两种:透射型与反射(落射)型。前者是指光源由下而上通过透明的镜检对象,后者则是从物镜上方打光到不透明的物体上。

2. 机械部分:包括镜座、镜柱、镜臂、镜筒、物镜转换器、载物台和准焦螺旋等。

(1)镜座:基座部分,用于支持整台显微镜的平稳。

(2)镜柱:镜座与镜臂之间的直立短柱,起连接和支持的作用。

(3)镜臂:显微镜后方的弓形部分,是移动显微镜时握持的部位。有的显微镜在镜臂与镜柱之间有一活动的倾斜关节,可调节镜筒向后倾斜的角度,便于观察。

(4)镜筒:安装在镜臂先端的圆筒状结构,上端连接目镜,下端连接物镜转换器。显微镜的国际标准筒长为 160 mm,此数字标在物镜的外壳上。

(5)物镜转换器:镜筒下端的可自由旋转的圆盘,用于安装物镜。观察时通过转动转换器来调换不同倍数的物镜。

(6)载物台:镜筒下方的平台,中央有一圆形的通光孔,用于放置载玻片。载物台上装有固定标本的弹簧夹,一侧有推进器,可移动标本的位置。有些推动器上还附有刻度,可直接计算标本移动的距离以及确定标本的位置。

(7)准焦螺旋:装在镜臂或镜柱上的大小两种螺旋,转动时可使镜筒或载物台上下移动,从而调节成像系统的焦距。大的称为粗准焦螺旋,每转动一圈,镜筒升降 10 mm;小的为细准焦螺旋,转动一圈可使镜筒仅升降 0.1 mm。一般在低倍镜下观察物体时,以粗准焦螺旋迅速调节物像,使之位于视野中。在此基础上,或在使用高倍镜时,用细准焦螺旋微调。必须注意,一般显微镜装有左右两套准焦螺旋,作用相同,但切勿两手同时转动两侧的螺旋,防止因双手力量不均产生扭力,导致螺旋滑丝。

(二)普通光学显微镜的基本成像原理

光线→(反光镜)→遮光器→通光孔→镜检样品(透明)→物镜的透镜(第一次放大成倒立实像)→镜筒→目镜(再次放大成虚像)→眼。

(三)普通光学显微镜的使用过程

1. 镜检前的准备:室内应清洁而干燥,实验台台面保持水平且稳固无震动,显微镜附近不应放置具有腐蚀性的试剂。

从显微镜柜或镜箱内取出显微镜时,要用右手紧握镜臂,左手托住镜座,平稳地取出,放置在实验台桌面上,置于操作者左前方,距实验台边缘约 10 cm。实验台右侧放绘图用具。

2. 调节光源:如需利用外置光源,宜采用散射的自然光或柔和的灯光。直射的太阳光会对观察者的眼睛造成伤害。

转动转换器,使低倍镜正对通光孔,将聚光器上的虹彩光圈开到最大,观察目镜中视野亮度,同时调节反光镜角度,使光照达到最明亮、最均匀。

自带光源的显微镜,可通过调节电流旋钮来调节光照的强弱。

3. 装置待检玻片:将待观察的样品制作成临时或永久装片,放在载物台上,用弹簧夹固定,有盖玻片的一面朝上。移动推进器,调节待检样品至通光孔的中心。

4.低倍镜观察:将低倍镜对准通光孔,缓缓转动粗准焦螺旋,将物镜与装片的距离调至最近。注意不要压碎盖玻片。通过目镜观察,同时用粗准焦螺旋缓慢调节,直至物像出现,再用细准焦螺旋微调,同时调节光源亮度与虹彩光圈的大小,使物像达到最清晰的程度。并利用推进器把需要进一步放大观察的部分移至视野中央。

如果使用双筒目镜,应在观察前先调整双筒距离,使两眼视场合并。

5.中、高倍镜观察:转动转换器,按照由中倍镜到高倍镜的次序,选择相应倍数的物镜,用细准焦螺旋调节焦距,到物像清晰为止。

6.油镜观察:油浸物镜的工作距离(指物镜前透镜的表面到被检物体之间的距离)很短,一般在 0.2 mm 以内,且一般光学显微镜的油浸物镜没有"弹簧装置",因此使用油浸物镜时,调焦速度必须放慢,避免压碎玻片,并使物镜受损。

(1)在低倍镜下找到观察目标,中、高倍镜下逐步放大,将待观察部位置于视野中央,调节光源和虹彩光圈,使通过聚光器的光亮达到最大。

(2)转动粗准焦螺旋,将镜筒上旋(或将载物台下降)约 2 cm,加一小滴香柏油于玻片的镜检部位上。

(3)将粗准焦螺旋缓缓转回,同时注意从侧面观察,直至油镜浸入油滴,镜头几乎与标本接触。

(4)从目镜中观察,用细准焦螺旋微调,直至物像清晰。

(5)镜检结束后,将镜头旋离玻片,立即清洁镜头。一般先用擦镜纸擦去镜头上的香柏油滴,再用擦镜纸蘸少许乙醚—酒精混合液(2∶3),擦去残留油迹,最后再用干净的擦镜纸擦净(注意向一个方向擦拭)。

7.还原显微镜:关闭内置光源并拔下电源插头,或使反光镜与聚光器垂直。旋转物镜转换器,使物镜头呈八字形位置与通光孔相对。再将镜筒与载物台距离调至最近,降下聚光器。罩上防尘罩,将显微镜放回柜内或镜箱中。

二、几种特殊的光学显微镜

(一)暗视野显微镜

暗视野显微镜不具备观察物体内部的细微结构的功能,但可以分辨大小为 0.004 μm 以上的微粒的存在和运动。因而常用于观察活细胞的结构和细胞内微粒的运动等。

暗视野显微镜的基本原理是丁达尔效应。当一束光线透过黑暗的房间,从垂直于入射光的方向可以观察到空气里出现的一条光亮的灰尘"通路",这种现象即是丁达尔效应。暗视野显微镜在普通的光学显微镜上换装暗视野聚光镜后,由于该聚光器内部抛物面结构的遮挡,照射在待检物体表面的光线不能直接进入物镜和目镜,仅散射光能通过,因而视野是黑暗的。操作者通过目镜观察到的,是被检物体的衍射光图像(附图1-2)。

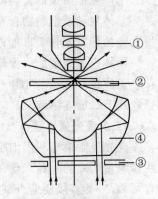

附图 1-2　暗视野显微镜
①物镜　②样本　③环状缝隙　④暗视场聚光镜

暗视野显微镜的基本使用方法如下：

①安装暗视野聚光器（或用厚实的黑纸片制成遮光板，放在普通显微镜的聚光器下方，也能得到暗视野效果）。

②选用强光源，一般用显微镜内置光源照明，防止直射光线进入物镜。

③在聚光器和玻片之间加一滴香柏油，避免照明光线于聚光镜上进行全反射，达不到被检物体，而得不到暗视野照明。

④进行中心调节，即水平移动聚光器，使聚光器的光轴与显微镜的光轴严格位于同一直线上。升降聚光器，将聚光镜的焦点（附图 1-2 中圆锥光束的顶点）对准待检物。

⑤按普通显微镜的操作方法，选用与聚光器相应的物镜，调节焦距，观察待检物。

（二）体视显微镜

体视显微镜又称实体显微镜或解剖镜，其成像为正立三维的空间影像，从而能获得立体感强且清晰宽阔的成像，同时，它还具有长工作距离（通常为 110 mm）以及对于某一个待检物可以进行连续放大观看等特点。生物学上常用于解剖过程中的实时观察与分析（附图 1-3）。

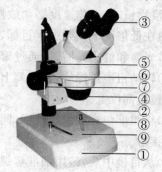

附图 1-3　体视显微镜
①镜座　②镜架　③目镜　④物镜
⑤放大倍数调节螺旋　⑥粗调螺旋
⑦细调螺旋　⑧弹簧夹　⑨黑白板

普通光学显微镜的光源为平行光，因而形成的是二维平面影像；而体视显微镜采用双通道光路，双目镜筒中的左右两个光束具有一定的夹角——体视角（一般为 12°～15°），因而能形成三维空间的立体图像。

体视显微镜与普通光学显微镜的使用方法相近，但更为便捷。二者的主要区别在于：

①体视显微镜的镜检对象可以不必制作成装片。

②体视显微镜载物台直接固定在镜座上，并配有黑白双面板或玻璃板，操作者可根据镜检的对象和要求加以选择。

③体视显微镜的成像是正立的，便于解剖操作。

④体视显微镜的物镜仅一只，其放大倍数可通过旋转放大倍数调节螺旋连续调节。

（三）荧光显微镜

荧光显微镜是利用细胞内物质发射的荧光强度对其进行定性和定量研究的一种光学工具（附图 1-4）。细胞内的荧光物质有两类，一类直接经紫外线照射后即可发出荧光，如叶绿素等；另有一些物质本身不具有这一性质，但如果以特定的荧光染料或荧光抗体对其进行染色，再经紫外线照射后亦可发出荧光。

荧光显微镜的原理为利用一个高发光效率的点光源（如超高压汞灯），经过滤色系统发出一定波长的光（如紫外光 3 650 Å　附图 1-4　荧光显微镜

或紫蓝光4 200 Å)作为激发光,激发标本内的荧光物质发射出各色的荧光后,再通过物镜后面的阻断(或压制)滤光片的过滤,最后经由目镜的放大作用加以观察。阻断滤光片的作用有二:一是吸收和阻挡激发光进入目镜以免干扰荧光和损伤眼睛;二是选择并让特定的荧光透过,表现出专一的荧光色彩。

荧光显微镜按照光路原理可分为两种:

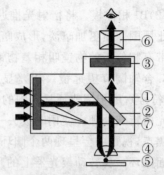

1.透射式荧光显微镜。较为旧式的荧光显微镜,其激发光源通过聚光镜穿过标本材料来激发荧光。其优点是低倍镜时荧光强,而缺点是随放大倍数增加其荧光逐渐减弱。所以它仅适用于观察较大的标本材料。

2.落射式荧光显微镜。激发光从物镜向下落射到标本表面,即用同一物镜作为照明聚光器和收集荧光的物镜(附图1-5)。光路中需加上一个双色束分离器(分色镜),它与光轴呈45°角,激发光被反射到物镜中,并聚集在样品上,样品所产生的荧光以及由物镜透镜表面、盖玻片表面反射的激发光同时进

附图1-5　落射式光源原理图
①激发滤光片　②分色镜　③阻断滤光片　④物镜　⑤镜检对象　⑥目镜　⑦光源

入物镜,返回到双色束分离器,使激发光和荧光分开,残余激发光再被阻断滤片吸收。如换用不同的激发滤片/双色束分离器/阻断滤片的组合插块,可满足不同荧光反应产物的需要。此种荧光显微镜的优点是视野照明均匀,成像清晰,放大倍数愈大荧光愈强。

(四)相差显微镜

相差显微镜是能将光通过物体时产生的相位差(或光程差)转变为振幅(光强度)变化的显微镜。主要用于观察活细胞、不染色的组织切片或缺少反差的染色标本。

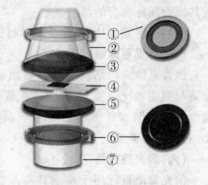

人眼只能鉴别可见光的波长(颜色)和振幅的变化,不能鉴别相位的变化。而大多数生物标本高度透明,光波通过后振幅基本不变,仅存在相位的变化。相差显微镜的基本原理是;把透过标本的可见光的光程差变成振幅差,从而提高了各种结构间的对比度,使各种结构变得清晰可见。光线透过标本后发生折射,偏离了原来的光路,同时被延迟了$1/4\lambda$(波长),如果再增加或减少$1/4\lambda$,则光程差变为$1/2\lambda$,两束光合轴后干涉加强,振幅增大或减小,提高了反差(附图1-6)。

附图1-6　相差显微镜原理
①相位板　②偏转光　③物镜　④样本　⑤聚光器　⑥环形光阑　⑦光源

从结构上看,相差显微镜与普通光学显微镜具有下列不同之处:

1.环形光阑。具有环形开孔的光阑,安装在光源与聚光器之间,作用是使透过聚光器的光线形成空心光锥,聚焦到标本上。

2.相位板。相差显微镜在物镜内部增加了涂有氟化镁的相位板,其作用是将直射光或衍射光的相位推迟 $1/4\lambda$。相位板上有两个区域,直射光通过的部分叫做"共轭面",衍射光通过的部分叫做"补偿面"。相位板按工作效果分为两种类型:

(1)A^+ 相位板。将直射光推迟 $1/4\lambda$,两组光波合轴后光波叠加,振幅加大,标本结构比周围介质更加明亮,形成亮反差(或称负反差)。

(2)B^+ 相位板。将衍射光推迟 $1/4\lambda$,两组光线合轴后光波相减,振幅变小,标本结构比周围介质更加暗淡,形成暗反差(或称正反差)。

带有相位板的物镜叫相差物镜,常在物镜外壳上标以"Ph"字样。

3.合轴调节望远镜。相差显微镜配备有一个合轴调节望远镜(在外壳上标有"CT"符号),用于调节环状光阑的像与相位板共轭面完全吻合,以便实现对直射光和衍射光的特殊处理。使用时拨去一侧目镜,插入合轴调节望远镜,调节合轴调节望远镜的焦点,视野中会呈现两个圆环,分别是明亮的环状光阑圆环与较暗的相位板上的共轭面圆环。再转动聚光器上的环状光阑的两个调节螺旋,使两环完全重叠。如明亮的光环过小或过大,可调节聚光器的升降旋钮,使两环完全吻合。如果聚光器已升到最高点或降到最低点而仍不能矫正,说明载玻片太厚了,应予以更换。调好后即可取下合轴调节望远镜,换回目镜。

4.绿色滤光片:用于调整光源的波长。由于照明光线的波长不同,会引起相位的变化,为了获得良好的相差效果,相差显微镜要求使用波长范围比较窄的单色光,通常是用绿色滤光片来调整。

相差显微镜的使用步骤如下:

①根据待检标本的性质及要求,挑选适合的相差物镜。

②将标本玻片放到载物台上,进行光轴中心的调整。

③使用合轴调节望远镜,调整环状光阑与相位板上的共轭面圆环完全重叠吻合后,换回目镜。在观察过程中,每次更换物镜倍数时,必须重新进行环状光阑与相位板共轭面圆环吻合的调整。

④加绿色滤光片,按普通光学显微镜的操作步骤进行观察。

(五)倒置显微镜

倒置显微镜的结构和普通显微镜基本相同,只不过物镜与照明系统位置交换,前者在载物台之下,后者在载物台之上。倒置显微镜主要用于观察培养的单细胞藻类,在使用时需要配有相差物镜。

(六)偏光显微镜

偏光显微镜可用于检测具有双折射性的物质,如染色体、胶原、纤维丝、纺锤体等(附图1-7)。它和普通显微镜的不同有以下几点:

①偏光显微镜光源前配备有偏振镜(起偏器),使进入显微镜的光线为偏振光。

②镜筒中有检偏振镜(又叫检偏器,是一种偏振方向与起偏器垂直的起偏器)。

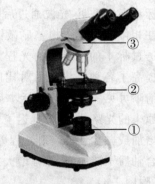

附图 1-7 偏光显微镜
①起偏器 ②旋转载物台 ③检偏器

③使用旋转载物台。当载物台上放入单折射的物质时，无论如何旋转载物台，由于两个偏振片是垂直的，显微镜里看不到光线，而放入双折射性物质时，由于光线通过这类物质时发生偏转，因此旋转载物台便能检测到这种物体。

④配备补偿器或相位片。

⑤使用专用无应力物镜。

三、电子显微镜

电子显微镜是利用高速运动的电子束来代替光波的一种显微镜。光学显微镜下只能清楚地观察大于 0.2 μm 的结构。而小于 0.2 μm 的结构称为亚显微结构（submicroscopic structures）或超微结构（ultramicroscopic structures；ultrastructures）。要想看清这些更为细微的结构，就必须选择波长更短的光源，以提高显微镜的分辨率。电子束的波长要比可见光和紫外光短得多，并且电子束的波长与发射电子束的电压平方根成反比，也就是说电压越高波长越短。因此，电子显微镜的分辨率远高于光学显微镜，目前可达 0.2 nm，放大倍数可达 80 万倍。

电子显微镜的主要结构包括镜筒、真空系统和电源柜三部分。镜筒主要由电子枪、电子透镜、样品架、荧光屏和照相机构等部件自上而下地装配成一个柱体；真空系统包括机械真空泵、扩散泵和真空阀门三部分，并通过抽气管道与镜筒相连接；电源柜由高压发生器、励磁电流稳流器和各种调节控制单元组成。

电子透镜是电子显微镜镜筒中的关键部件。现代电子显微镜大多采用电磁透镜，由稳定的直流励磁电流通过带极靴的线圈产生的强磁场使电子聚焦。

电子枪的作用是发射并形成速度均匀的电子束，由灯丝（阴极）、栅极和阳极（加速极）构成。阴极管发射的电子通过栅极上的小孔形成射线束，经阳极电压加速后射向聚光镜，起到对电子束加速、加压的作用。使用中加速电压的稳定度要求不低于万分之一。

电子显微镜按其结构和用途可分为透射式电子显微镜、扫描式电子显微镜、反射式电子显微镜和发射式电子显微镜等。其中生物学研究中使用最为广泛的是透射式和扫描式电子显微镜。前者常用于观察那些用普通显微镜所不能分辨的细微物质结构，后者主要用于观察物体表面的形貌。

（一）透射式电子显微镜

透射电子显微镜（transmission electron microscope，TEM）的主要组件包括：

1. 电子枪：发射电子，由阴极、栅极、阳极组成。

2. 聚光透镜：即电子透镜，能将电子束聚集，可用于控制照明强度和孔径角。

3. 样品室：放置待观察的样品，并装有旋转台，用以改变所观察样品的角度，还有装配加热、冷却等设备。

4. 物镜：为放大率很高的短距透镜，其作用是放大电子像。物镜是决定透射电子显微镜分辨能力和成像质量的关键。

5. 中间镜：为可变倍的弱透镜，作用是对电子像进行二次放大。通过调节中间镜的电流，可选择物体的像或电子衍射图来进行放大。

6. 透射镜：为高倍的强透镜，用来将二次放大后的中间像进一步放大后在荧光屏上成像。

　　7. 二级真空泵：对样品室抽真空。

　　8. 照相装置：用以记录影像。

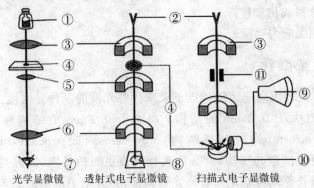

光学显微镜　　　　透射式电子显微镜　　　扫描式电子显微镜

附图 1-8　光学显微镜、TEM、SEM 成像原理比较

①光源　②电子束　③聚光透镜　④样本　⑤物镜　⑥目镜　⑦眼部成像
⑧荧光显示器成像　⑨荧光屏成像　⑩探测体　⑪偏转线圈

　　由于电子易散射或被物体吸收，所以它的穿透力低，因此，所观察样品的密度、厚度等都会影响到最后的成像质量，必须制备更薄的超薄切片，通常为 50～100 nm。这就要求用透射电子显微镜观察的样品需要处理得很薄。通常用超薄切片机运用薄切片法制作样品切片或是使用冷冻蚀刻法来制备。具体操作如下：

　　(1)薄切片法：通常以锇酸和戊二醛固定样品，以环氧树脂包埋，以热膨胀或螺旋推进的方式推进样品切片，切片厚度 20～50 nm，采用重金属盐染色，以增大反差。

　　(2)冷冻蚀刻法，亦称冰冻断裂法。将标本置于 −100℃ 的干冰或 −196℃ 的液氮中冰冻后，以冷刀急速断开标本。断裂的标本升温后，冰在真空条件下迅即升华，暴露出断面结构，称为蚀刻。蚀刻完成后，向断面以 45° 角喷涂一层蒸气铂，再以 90° 角喷涂一层碳，加强反差和强度。然后用次氯酸钠溶液消化样品，剥下碳和铂的膜，即为覆膜，能显示标本蚀刻面的形态。在电镜下观察得到的影像即代表标本中细胞断裂面处的结构。

(二)扫描式电子显微镜

　　扫描电子显微镜(scanning electron microscope, SEM)于 20 世纪 60 年代问世，目前分辨力可达 6～10 nm。其工作原理是由电子枪发射的精细聚焦电子束经两级聚光镜、偏转线圈和物镜射到样品上，扫描样品表面激发出次级电子，次级电子的产生量与电子束入射角有关，即与样品的表面结构有关。次级电子经探测体收集后，由闪烁器转换为光信号，再经光电倍增管和放大器转变为电信号来控制荧光屏上电子束的强度，显示出与电子束同步的扫描图像。图像为立体形象，反映了标本的表面结构。

　　扫描电镜的标本在检验前，需进行固定、脱水处理，再喷涂上一层重金属微粒，重金属在电子束的轰击下发出次级电子信号。

附录2　常用仪器的使用

一、常用容量仪器及其使用方法

实验室常用的容量玻璃仪器分为装量和卸量两类。前者包括量瓶和单刻度吸管，而滴定管、一般吸管和量筒等均属于卸量仪器。近年来广泛应用于实验室溶液移取的自动取样器，是一种取液量连续可调的精密仪器，使用极为方便。

（一）吸管

吸管是植物生物学实验中最常用的卸量容器。

1.吸管的种类。根据其刻度、使用方法等可分为以下几种：

（1）无分度吸管（单刻度吸管，移液管）。使用普通无分度吸管卸量时，管尖所遗留的少量溶液不要吹出，停留等待 3 s，同时转动吸管。

（2）分度吸管（多刻度吸管、直管吸管）。分度吸管有完全流出式、吹出式和不完全流出式等多种型式。

①完全流出式：上有零刻度，下无总量刻度的，或上有总量刻度，下无零刻度的为完全流出式。这种吸管又分为慢流速、快流速两种。按其容量和精密度不同，慢流速吸管又分为 A 级与 B 级，快流速吸管只有 B 级。使用时 A 级最后停留 15 s，B 级停留 3 s，同时转动吸管，尖端遗留液体不要吹出。

②吹出式：标有"吹"字的为吹出式，使用时最后应吹出管尖内遗留的液体。

③不完全流出式：有零刻度也有总量刻度的为不完全流出式。使用时全速流出至相应的容量标刻线处。

为便于准确快速地选取所需的吸管，国际标准化组织统一规定：在分度吸管的上方印上各种彩色环，其容积标志如下表。

附表 2　吸管上的色标与容积之间的关系

标称容量(mL)	0.1	0.2	0.25	0.5	1	2	5	10	25	50
色　标	红	黑	白	红	黄	黑	红	橘红	白	黑
标注方式	单	单	双	双	单	单	单	单	单	单

不完全流出式吸管在单环或双环上方再加印一条宽 1～1.5 mm 的同颜色彩环以与完全流出式分度吸管相区别。

2.吸管的使用方法。移取溶液前，如吸管不干燥，应预先用待取的溶液将吸管润洗 2～3 次，以免影响操作溶液的浓度和成分。吸取溶液时，一般用右手的大拇指和中指拿住管颈刻度线上方，把管尖插入溶液中。左手持吸耳球，先把球内空气压出，然后把吸耳球的尖端接在吸管口，慢慢松开左手指，使溶液吸入管内。当液面升高至刻度以上时，移开吸耳球，立即用右手的食指按住管口，大拇指和中指拿住吸管刻度线上方，再使吸管离开液面，保持管的末端仍与盛溶液器皿的内壁接触。略为放松食指，使液面平稳下降，直到溶液的弯月面与刻度标线相切时（平视观察），立即用食指压紧管口,取出吸管,插入接受器中,管尖贴在接受器内壁上,此时吸管应垂直,并与接受器约呈15°夹角。松开食指让管内溶液自然地沿器壁流下。遗留在吸管尖端的溶液及停留的时间要根据吸管的种类进行不同处理。

3.使用注意事项。使用时应注意以下几点:

(1)应根据不同的需要选用大小合适的吸管,以减小实验误差。如欲量取0.7 mL的溶液,显然选用1 mL吸管要比选用0.5 mL或2 mL吸管误差小。

(2)吸取溶液时要把吸管插入溶液深处,避免吸入空气而使溶液从上端溢出。

(3)吸管从液体中移出后必须用滤纸擦干吸管外壁,再行放液。

(二)滴定管

为具有精细刻度的玻璃管,下端呈尖嘴状,并有截门用以控制滴加溶液的速度。可用于测量所放出的溶液的体积。常见的滴定管容积为50 mL或25 mL,最小刻度为0.1 mL,读数可估计到0.01 mL,也有容积为10 mL以下的半微量和微量滴定管。

1.滴定管的种类。根据截门构造的不同,滴定管分为酸式和碱式两种(附图2-1)。

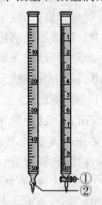

2.滴定管的使用方法。酸式滴定管以玻璃活塞为截门,可盛放酸性或氧化性溶液,但不宜盛放碱性溶液,因为碱性溶液能腐蚀玻璃而使活塞黏合。为保证酸式滴定管的活塞不漏液且转动灵活,必须事先在活塞上涂凡士林。其方法是,将滴定管平放于台面上,取出活塞,用滤纸将活塞及活塞槽内的水擦干。取少许凡士林在活塞的两头涂上薄薄的一层,将活塞插入活塞槽内并向同一方向转动,直到其中的油膜变得均匀透明时为止。若活塞转动不灵活或油膜出现纹路,说明凡士林涂得不够,这样会导致漏液,但若凡士林涂得太多,会堵塞活塞孔。此时必须将活塞取出重新进行处理。涂好凡士林后,用乳胶圈套在装好的活塞末端,以防滴定时活塞脱落。

附图2-1 酸式滴定管(右)与碱式滴定管(左)
①玻璃活塞 ②乳胶管

碱式滴定管的下端连接一乳胶管,内置一玻璃球以控制溶液的流出。碱式滴定管可盛放碱性溶液,但不宜盛放能与乳胶管起化学反应的氧化性溶液,如碘溶液或高锰酸钾溶液等。为保证碱式滴定管不漏液且易于控制,应选择大小合适的玻璃球。

装配好的滴定管要检查是否漏液。即将充满水的滴定管垂直夹在滴定管架上,放置一两分钟,观察管内液面是否降低。若液面降低表明滴定管漏水,需重新进行处理。

(三)量筒

量筒不是吸管或滴定管的代用品。在准确度要求不高的情况下,用来量取相对大量的液体。不需加热促进溶解的定性试剂可直接在具有玻璃塞的量筒中配制。

(四)容量瓶

容量瓶具有狭窄的颈部和环形的刻度。是在一定温度下(通常为20℃)检定的,含有准确体积的容器。使用前应检查容量瓶的瓶塞是否漏水,合格的瓶塞应系在瓶颈上,不得任意更换。容量瓶刻度以上的内壁挂有水珠会影响准确度,所以应该彻底洗净。所称量的任何固体物质必须先在小烧杯中溶解或加热溶解，冷却至室温后才能转移到容量瓶中。容量瓶绝不可加热或烘干。

二、常用称量仪器及其使用方法

实验室常用的称量仪器有台秤、光学分析天平和不同型号的电子天平。使用前可根据称量范围、精密度等加以选择。

(一)台秤

台秤又称药物天平，是用于粗略称量的仪器。常用的有 100 g(感量 0.1 g)、200 g(感量 0.2 g)、500 g(感量 0.5 g)和 1 000 g(感量 1 g)4 种。

1.台秤的使用方法包括以下几点：

(1)根据所称物品的重量选择合适的台秤。

(2)将游码移至标尺"0"处，调节横梁上的螺丝使指针停止在刻度中央或使其左右摆动的格数相等。

(3)将称量纸或玻璃器皿置于左盘(易吸潮的药品称重时应放在带盖的器皿中)，砝码放在右盘上。使指针重新平衡摆动，则右盘上的砝码总量与游码刻度之和即代表左盘上称量用纸(或器皿)的重量，记录该数值。

(4)向称量纸上或器皿中加入称重的物品，再向右盘上加砝码并调节游码使重新达到平衡，将所得砝码总重减去纸或容器的重量即得所称物品的重量。

(5)称量完毕，将游码重新移至"0"处，清洁称重盘，放回砝码。

2.使用中的注意事项包括以下两点：

(1)易吸潮的药品称重时应放在带盖的器皿中。

(2)必须用镊子夹取砝码，加砝码的顺序是从大到小。

(二)光学分析天平

1.光学分析天平的使用步骤如下：

(1)慢慢旋动升降旋钮，开启天平，观察指针的摆动范围，如指针摆动偏向一边，可调节天平梁上零点调节螺丝。

(2)将要称量的物质从左门放入左盘中央，按先在托盘天平上称得的初称质量用镊子夹取适当砝码从右门放入右盘中央，用左手慢慢半升升降旋钮(因天平两边质量相差太大时，全升升降旋钮可能会引起吊耳脱落，损坏刀刃)，视指针偏离情况由大到小添减砝码。待克组砝码试好后，再加游码调节。在加游码调节天平平衡过程中，右门必须关闭，这时可以将升降旋钮全部升起，待指针摆动停止后，要使标牌上所指刻度在零点或附近。

2.称量方法：包括直接称量法、减量法和指定法三种。

(1)直接称量法：所称固体试样如果没有吸湿性并在空气中是稳定的，可用直接称量法。先在天平上准确称出洁净容器的质量，然后用药匙取适量的试样加入容器中，称出它的总质量。这两次质量的数值相减，就得出试样的质量。

(2)减量法：在分析天平上称量一般都用减量法。先称出试样和称量瓶的精确质量，然后将称量瓶中的试样倒一部分在待盛药品的容器中，到估计量和所求量相接近。倒好药品后盖上称量瓶，放在天平上再精确称出它的质量。两次质量的差数就是试样的质量。如果一次倒入容器的药品太多,必须弃去重称,切勿放回称量瓶。如果倒入的试样不够可再加一次,但次数宜少。

(3)指定法:对于性质比较稳定的试样,有时为了便于计算,则可称取指定质量的样品。用指定法称量时,在天平盘的两边各放一块表面皿(它们的质量尽量接近),调节天平的平衡点在中间刻度左右,然后在右边天平盘内加上固定质量的砝码,在左边天平盘内加上试样,直至天平的平衡点达到原来的数值,这时,试样的质量即为指定的质量。

3. 使用光学分析天平的注意事项包括以下几点:

(1)称量要求精确到 1 mg 时才准使用分析天平。被称物重量不得超过天平最大载荷。较重的被称物应先在粗天平上试称。

(2)在同一次实验中应使用同一台天平和同一盒砝码。不同砝码盒内之砝码不能随意调换。

(3)每次称量前检查天平位置是否水平、零点偏差多少。零点偏差超过 1 mg 时,需调整后再用。

(4)天平机构有任何损坏或不正常情况时,在未消除故障以前应停止使用。

(5)使用过程中要特别注意保护玛瑙刀口,起落升降横梁时应缓慢,不得使天平剧烈振动。

(6)取放被称物或加减砝码都必须把天平横梁托起(关闭天平)以免损坏刀口。

(7)被称物的温度必须和天平室的室温一致。

(8)被称物须盛在干净的容器中称量。具有腐蚀性蒸气或吸湿性的物质必须放在密闭的容器内称量。

(9)被称物和砝码要放在天平盘的中央。

(10)天平的前门不得随意打开。称量过程中只能打开左、右两个边门。取放物品或加减砝码时开关门要轻而慢。称量时天平的各玻璃门要紧闭。

(11)必须用镊子夹取砝码,严禁用手拿取。按从大到小顺序缓慢增加砝码。加环码时要注意避免环码跳落或变位以致影响称量数据。

(12)使用完毕后必须将天平横梁托住(将开关手柄关闭,最好取下),然后将砝码放回原位(包括盒砝码和环砝码)。清洁天平,断开电源,再用罩把天平罩好。必须登记使用情况后方可离开天平室。

(13)天平使用一段时期后,要送计量部门进行检定和调修。天平的全面清洁工作每年应进行两次。

4. 天平的调整:要调整以下几个部分,其中较大的调整应由保管天平的专人或教师进行。

(1)调水平。用天平前位两个底脚螺丝调正水准器。气泡在水准器正中央即为水平。

(2)调零点,即使微量标尺上的"0"点与游标(光屏)刻线完全重合。

①较大的零点调整可移动横梁上左右平衡螺丝的位置。

②较小的零点调整即微量标尺"0"点与游标(光屏)刻线相距 3 格以内,可转动底板下面的拨杆。

（3）调光学系统，主要注意射影部分的调整。

①射影颜色：若灯光射影显示干扰的颜色，明暗不一，可转动和移动聚光镜的位置。

②射影不正：如光学投影上的刻度偏上或偏下，可移动一次反射镜的角度来调整。

③射影明晰性：如光学投影上的射影不清晰或有重线，可调放大镜的距离。

（4）调感量。用重心螺丝调感量。重心螺丝向上移动时感量增大。重心螺丝向下移动时感量减小。没有一定经验的人，不要随意自行调整感量。

（5）调秤盘摩擦的适度。当天平停止使用时，秤盘应正好与下面的托盘轻微接触，如托盘太高或太低，可将托盘拨下，调整托盘螺丝的长短使其摩擦适度。

（6）不正常运转时的检查。当天平开动后，光学投影在停止前应左右摆动自如。如摆动突然停止，则指针阻尼器等发生摩擦，应仔细检查各部分安装是否有不正确处，然后纠正其不正确处，让天平自由地摆动。

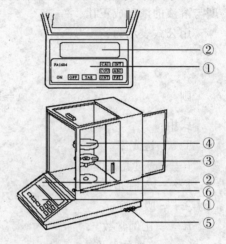

附图 2-2　电子天平

①面板　②电子显示屏　③传感器
④称量盘　⑤平衡螺丝　⑥水平指示器

（三）电子天平

1.电子天平的使用方法包括以下几个步骤：

（1）将天平置于水平台面，调节平衡螺丝，使水平指示器中的水泡处于中央位置。

（2）接通电源，预热。

（3）轻按天平面板上的控制长键（TAR），电子显示屏上出现 0.000 0 g 闪动。待数字稳定下来，表示天平已稳定，进入准备称量状态。

（4）打开天平侧门，将样品放到物品托盘上（化学试剂不能直接接触托盘）。关闭天平侧门。待电子显示屏上闪动的数字稳定下来，读取数字，即为样品的称量值。

当称量了第一个样品以后，若再轻按控制长键，电子显示屏上又重新返回 0.000 0 g 显示，表示天平准备称量第二个样品。重复操作（4），即可直接读取第二个样品的质量。如此重复，可以连续称量，累加固定的质量。

2.注意事项。主要要注意以下几点：

（1）电子天平的传感器极易受损，且天平的精度越高，其重力传感簧片也越薄，所以在使用中应特别注意加以保护，不要向天平上加载重量超过其称量范围的物体，绝不能用手压称盘或使天平跌落地下，以免损坏天平或使重力传感器的性能发生变化。另外，称量一个物体（特别是较重的物体）一般不要超过 30 s，搬动和运输时应将称盘及其托盘取下来。

（2）电子天平是对环境高度敏感的精密电子测量仪器，使用时应小心操作，避免台面振动。

三、分光光度计

分光光度计是根据物质对光的选择性吸收来测量微量物质浓度的仪器,具有灵敏度、准确度高,操作方便、快速等特点。其工作原理为光的吸收定律(朗伯—比尔定律):一束单色光(强度为 I_0)通过某吸光物质的溶液时,其光能量的被吸收与该物质浓度的关系符合朗伯—比尔定律,即当入射光波长、温度和溶液的厚度一定时,吸光度与溶液的浓度成正比。

用公式表示为:

$$T = \frac{I}{I_0}。$$

则

$$A = \lg(\frac{1}{T}) = Kbc。$$

式中:

T——透光率。

I——透过光强度。

I_0——入射光强度。

A——吸光度。

K——比例常数。

b——溶液的厚度。

c——溶液的浓度。

不同型号的分光光度计其外形、内部结构和性能各有区别,但都是依据以上原理设计制造的。实验室较常用的分光光度计有以下几种。

(一)722 型分光光度计

722 型分光光度计能在 $300\sim800$ nm 波长区域内对样品物质作定性和定量的分析。其色散元件为衍射光栅,波长精度比 721 好,且数字显示读数(附图 2-3)。

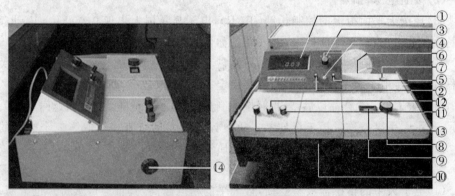

附图 2-3　722 型分光光度计

①数字显示器　②吸光度调零旋钮　③选择开关　④吸光度调斜率电位器　⑤浓度旋钮　⑥光源室　⑦电源开关　⑧波长手轮　⑨波长刻度窗　⑩试样架拉手　⑪100% T 旋钮　⑫0 T 旋钮　⑬灵敏度调节旋钮　⑭干燥器

1.使用方法包括以下几点:

(1)将灵敏度调节旋钮调整到"1"挡(放大倍率最小)。

（2）开启电源,指示灯亮,仪器预热 20 min,选择开关置于"T"。波长调置测试用波长。预热 20 min。

（3）打开样品室盖（光门自动关闭）,调节"0 T"旋钮,使数字显示为"00.0"。

（4）将装有参比溶液与被测溶液的比色皿放置比色架中。

（5）盖上样品室盖,将参比溶液比色皿置于光路,调节"100％ T"旋钮,使数字显示为"100.0"[如果显示不到 100％,则可适当增加灵敏度的挡数,同时应重复几次操作步骤（3）,待显示数值稳定后,仪器才可以进行测定]。

（6）将被测溶液置于光路中,从数字表上可直接读出被测溶液的透过率（T）值。

（7）通过步骤（3）、（6）调"0"和"100％"后,将选择开关置于"A",旋动吸光度调零旋钮,使得数字显示为".000",然后将被测溶液置于光路,显示值即为试样的吸光度 A 值。

（8）选择开关由 A 旋至 C,将已标定浓度的溶液移入光路,调节浓度旋钮,使得数字显示为标定值,再将被测溶液移入光路,即可读出试样的浓度值。

2.注意事项。主要为以下几点:

（1）在接通电源之前,应该对于仪器的安全性进行检查,电源线接线应牢固,接地要良好,各个调节旋钮的起始位置应该正确。

（2）尽量使灵敏度调节旋钮置于较低的挡位,以提高仪器的稳定性。

（3）仪器的连续使用时间不应超过 2 h。使用后必须间歇 0.5 h,才能再用。

（4）务必保持比色皿透光面的清洁。不要用手摸比色皿的光滑表面,更不要用毛刷刷洗比色皿,以免影响读数的准确。脏的比色皿可浸泡在肥皂水中,然后再用自来水和蒸馏水冲洗干净。倒置晾干备用。比色皿外边沾有水或待测溶液时,可先用滤纸吸干,再用镜头纸揩净。

（5）每台仪器所配套的比色皿不能与其他仪器上的比色皿单个调换使用。

（6）如果大幅度改变测试波长时,需稳定数分钟后,经过重新调"00.0"和"100.0"才能正常工作（因波长由长波向短波或短波向长波移动时,光能量变化急剧,光电管受光后响应较慢,需一段光响应平衡时间）。

（7）仪器的周围应保持干燥。仪器使用完后,应该用塑料套子罩住,并经常注意干燥剂是否受潮,及时予以调换或烘干。

（二）751G 型分光光度计

可测定各种物质在紫外光区、可见光区和近红外区的吸收光谱,供实验室进行各种物质的定性及定量分析。

1.使用方法包括以下几点:

（1）检查电源电压是否与仪器所要求的电压相符,然后再插上电源插头。

（2）根据测定所要求的波长选择光源灯。在波长 320～1 000 nm 范围内用钨灯作为光源。在波长 200～320 nm 范围内,用氢弧灯作为光源。拨动光源选择杆使所需要的光源灯进入光路。根据需要可以把滤光片推入光路,以减少杂散光,但通常情况下没有这种必要。把波长刻度旋到所要的波长上。

（3）检查仪器的各种开关和旋钮使之处于关闭位置,然后再打开电源开关,使仪器预热 20 min。

（4）选择适当波长的光电管。如测定的波长在 200～625 nm 范围内,用紫敏光电管,此时应将手柄推入;如测定的波长在 625～1 000 nm 范围,用红敏光电管,应将手柄拉出。

(5)根据波长选择比色皿。测定的波长在 350 nm 以上时,用玻璃比色皿;测定波长在 350 nm 以下时,则需用石英比色皿。在比色皿中装好溶液,放在暗箱内的托架上,然后把暗箱盖好。

(6)把选择开关拨到"校正"位置上。调节暗电流使电表指针指到"0"。为了得到较高的准确度,每测量一次都应校正一次暗电流。

(7)在一般情况下,旋转灵敏度旋钮从左边停止位置顺时针转动三圈左右。

(8)旋转读数钮,使刻度盘位于透光率 100% 位置上。把选择开关拨到"×1"处,然后拉开暗电流闸门,使单色光进入光电管。

(9)调节狭缝,使电表指针接近零位。尔后再用灵敏度旋钮细致调节,使电表指针正确地指在"0"上。

(10)把比色皿定位装置的拉杆轻轻地拉出一格(注意应使滑板处在定位槽中),使试样溶液进入光路,这时电表指针偏离零位。

(11)转动读数电位器旋钮,重新使电表指针移到"0"位上,此时刻度盘上的读数即为试样的透光率和相应的光吸收值。

(12)取得读数后,应立刻将暗电流闸门重新关上,以保护光电管,防止受光时间过长而疲劳。

(13)在读取透光率和相应消光值的数值时,若选择开关在"×1"处,透光率范围为 0～100%,相应消光值范围在 ∞～0。当透光率小于 10% 时,则可把选择开关拨到"×0.1"位置,此时所读取的透光率数值应以 10 除之,而所读出的消光值应加上 1.0。

(14)需要用同一标准溶液测定几个样品时,可重复以上的操作。

(15)测定完后,应把各个旋钮和开关复原或关闭,拔下插销,并把仪器罩好。

2.注意事项。主要要注意以下几点:

(1)在电压变动较大的地方,应使用稳压器,以确保仪器稳定工作。

(2)其他见 722 型分光光度计。

(三)754 型紫外可见分光光度计

一种可供在紫外到红外区(200～1 000 nm)测量吸收光谱的较高级分光光度计。此仪器的光学部分与 721 型分光光度计相类似,但它采用石英棱镜作单色光器,有钨丝灯和氢弧灯两种光源。754 型分光光度计的电学部分较为复杂。光电流经过放大线路加以放大后,此时得到的样品信号变为与透光率成比例的值。其后,调零、变换对数、浓度计算、打印数据等均由微处理机进行。

1.基本使用方法包括以下几点:

(1)打开电源开关之前,检查一下试样室是否放置遮光物。

(2)接电源开关(如果波长工作在 200～360 nm 时需按氘灯触发按钮)。显示器显示"754"后,显示:"100.0",则表示仪器已通过自检程序。

(3)仪器预热 30 min 后,保持在"T"状态,当关上试样室盖,且试样架处于"参考"位置(完全推进)时,屏幕自动显示"100.0",打开试样室盖,屏幕自动显示"000.0",重复 2～3 次,待数值稳定后,即可开始测量。

(4)将装有参比液的比色皿放入光路,关上试样室盖,按"A/C"键,调到适当的倍率后,屏幕显示"0.000",将其余测试样品一一拉入光路,按打印键或记下测量数值即可(不可用力拉动拉杆)。

(5)每当需要调换波长时,必须把试样槽置"参考"位置,重新按"T"键调满度。

2.注意事项。主要有如下几点:

(1)如果在幅度范围内设定测试波长时,需等待数分钟后,才能工作,因这时光能量变化急剧,使光电管受光后响应缓慢,需一段光响应平衡时间。

(2)在紫外光区进行测定,必须使用石英比色皿。

(3)其他见 722 型分光光度计。

四、离心机

离心机是利用离心力把比重不同的固体或液体分开的装置。根据转速的不同,可分为低速、高速和超速等不同类型。植物学实验中如需保持分离物质的活性,必须要使用冷冻离心机。

1.使用方法包括以下几点:

(1)检查离心机调速旋钮是否处在零位,外套管是否完整无损和垫有橡皮垫。

(2)离心前,先将样品溶液转移入合适的离心管中,其量以距离心管口 1～2 cm 为宜,以免在离心时物质甩出。将离心管放入外套管中,在外套管与离心管间注入缓冲水,使离心管不易破损。

(3)取一对外套管连同内部的离心管一起放在台秤上平衡。如不平衡,可调整缓冲用水或离心物质的量。将平衡好的套管放在离心机十字转头的对称位置上,把不用的套管取出,并盖好离心机盖。

(4)接通电源,开启开关。

(5)设定操作参数(时间、速度、温度等),启动开关开始离心。

(6)离心完毕,关闭开关,切断电源。

(7)待离心机完全停止转动后,才可打开机盖,取出离心样品。

(8)将外套管、橡胶垫冲洗干净,倒置干燥备用。

2.注意事项。主要要注意以下几点:

(1)离心机要放在平坦和结实的地面或实验台上。

(2)离心机应接地线,以确保安全。不允许倾斜。

(3)离心机启动后,如有不正常的噪音及振动时,可能离心管破碎或相对位置上的两管重量不平衡,应立即关机处理。

(4)须平稳、缓慢增减转速。关闭电源后,要等候离心机自动停止。不允许用手或其他物件迫使离心机停转。

(5)一年检查一次电动机的电刷及轴承磨损情况,必要时更换电刷或轴承。注意电刷型号必须相同。更换时要清洗刷盒及整流子表面的污物。新电刷要自由落入刷盒内。要求电刷与整流子外圆吻合。轴承缺油或有污物时,应清洗加油,轴承采用二硫化钼锂基脂润滑。加量一般为轴承空隙的 1/2。

五、干燥箱和恒温箱

干燥箱用于物品的干燥和干热灭菌,恒温箱用于微生物和生物材料的培养。这两种仪器的结构和使用方法相似,干燥箱的使用温度范围为 50℃～250℃,常用鼓风式电热以加速升温。恒温箱的最高工作温度为 60℃。

1.使用方法包括以下几点:

(1)将温度计插入座内(在箱顶放气调节器中部)。

(2)把电源插头插入电源插座。

(3)将电热丝分组开关转到 1 或 2 位置上(视所需温度而定),此时可开启鼓风机促使热空气对流。电热丝分组开关开启后,红色指示灯亮。

(4)注意观察温度计。当温度计温度将要达到需要温度时,调节自动控温旋钮,使绿色指示灯正好发亮。10 min 后再观察温度计和指示灯,如果温度计上所指温度超过需要,而红色指示灯仍亮,则将自动控温旋钮略向逆时针方向旋转,直接调到温度恒定在要求的温度上,指示灯轮番显示红色和绿色为止。自动恒温器旋钮在箱体正面左上方。它的刻度板不能作为温度标准指示,只能作为调节用的标记。

(5)在恒温过程中,如不需要三组电热丝同时发热时,可仅开启一组电热丝。开启组数越多,温度上升越快。

(6)工作一定时间后,可开启顶部中央的放气调节器将潮气排出,也可以开启鼓风机。

(7)使用完毕后将电热丝分组开关全部关闭,并将自动恒温器的旋钮沿逆时针方向旋至零位。

(8)将电源插头拔下。

2.注意事项。主要要注意以下几点:

(1)使用前检查电源,要有良好的接地线。

(2)干燥箱无防爆设备,切勿将易燃物品及挥发性物品放入箱内加热。箱体附近不可放置易燃物品。

(3)箱内应保持清洁,放物网不得有锈,否则影响玻璃器皿的洁度。

(4)使用时应定时监看,以免温度升降影响使用效果或发生事故。

(5)鼓风机的电动机轴承应每半年加油一次。

(6)切勿拧动箱内感温器,放物品时也要避免碰撞感温器,否则温度不稳定。

(7)检修时应切断电源

六、电热恒温水浴锅

电热恒温水浴用于恒温加热和蒸发,最高工作温度为 100℃,此仪器利用控温器控制温度,所以工作原理和使用方法与干燥箱相似。但应注意使用前在水浴槽内加足量的水以避免电热管烧坏。如较长时间不使用,必须放尽水槽内的全部水。

七、阿贝折射仪

阿贝折射仪是能测定透明、半透明液体或固体的折射率 n_D 和平均色散 $n_F - n_C$

的仪器(其中以测液体为主),如仪器上接恒温器,则可测定温度为 0℃～70℃内的折射率 n_D。

1.使用方法。包括以下步骤:

(1)在开始测定前,必须先用标准试样校对读数。对折射棱镜的抛光面加 1～2滴溴代萘,再贴上标准试样的抛光面,当读数视场指示于标准试样的折射率数值上时,观察望远镜内明暗分界线是否在十字线中间,若有偏差则用螺丝刀微量旋转附图 2-5 上小孔⑯内的调节螺丝,带动物镜偏摆,使分界线像位移至十字线中心,通过反复地观察与校正,使示值的起始误差降至最小。校正完毕后,在以后的测定过程中不允许随意再动此部位。如果在日常的工作中,对所测量的折射率示值有怀疑时,可按上述方法用标准试样进行检验是否有起始误差,并进行校正。

(2)每次测定工作之前及进行示值校准时必须将进光棱镜的毛面、折射棱镜的抛光面及标准试样的抛光面用无水酒精与乙醚(1∶4)的混合液和脱脂棉花轻擦干净。

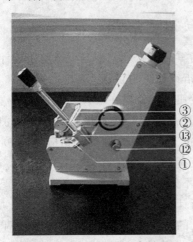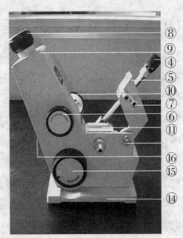

附图 2-5　阿贝折射仪

①反射镜　②转轴　③遮光板　④温度计　⑤进光棱镜座　⑥色散调节手轮　⑦色散值刻度圈　⑧目镜　⑨壳体　⑩手轮　⑪折射棱镜　⑫聚光镜　⑬温度计座　⑭底座　⑮折射率刻度调节手轮　⑯调节螺丝

(3)测定透明半透明液体。将待测液体用干净滴管加在折射棱镜表面,并将进光棱镜盖上,以手轮锁紧,要求液层均匀,充满视场,无气泡。打开遮光板,合上反射镜,调节目镜视度,至十字线成像清晰,此时旋转折射率刻度调节手轮并在目镜视场中找到明暗分界线的位置,再旋转色散调节手轮使分界线不带任何彩色,微调折射率刻度调节手轮,使分界线位于十字线的中心,再适当转动聚光镜,此时目镜视场下方显示示值即为被测液体的折射率。

(4)测定透明固体。被测物体上需要有一个平整的抛光面,把进光棱镜打开,在折射棱镜的抛光面上加 1～2 滴溴代萘,并将被测物体的抛光面擦干净放上去,使之接触良好,此时便可在目镜视场中寻找分界线,后续步骤如前所述。

(5)测定半透明固体。被测半透明固体上也需要有一个平整的抛光面。测量时将固体的抛光面用溴代萘粘在折射棱镜上,打开反射镜并调整角度,利用反射光束测量,具体操作方法同上。

(6)测量蔗糖内糖量浓度。操作与测量液体折射率时相同,此时视场中显示值上半部读数即为蔗糖溶液含糖量浓度的百分数。

(7)测定平均色散值。基本操作方法与测量折射率时相同,只是以两个不同方向转动色散调节手轮,使视场中明暗分界线无彩色为止,此时需记下每次在色散值刻度圈上指示的刻度值 Z,取其平均值,再记下其折射率 n_D。根据折射率 n_D 值,在阿贝折射仪色散表的同一横行中找出 A 和 B 值(若 n_D 在表中二数值中间时用内插法求得)。再根据 Z 值在表中查出相应的 δ 值。当 $Z>30$ 时取负值,当 $Z<30$ 时取正值,按照所求出的 A、B 值代入色散公式 $n_F-n_C=A+B\delta$ 就可求出平均色散值。

2. 注意事项。若需测量在不同温度时的折射率,将温度计旋入温度计座中,接上恒温器通水管,把恒温器的温度调节到所需测量温度,接通循环水,待温度稳定 10 min 后,即可测量。

八、DDS-11A 型电导率仪的使用方法

1.未打开电源开关之前,电表指针应指零;否则,应调整表头螺丝使指针指零。

2.打开电源开关,指示灯即亮,预热至指针稳定为止。

3.把开关拨至"校正"挡,调节"调正"旋钮使指针停在最大刻度。

4.当"高、低周开关"拨向"低周"时,应使用①～⑧量程进行电导率的测量,被测液体电导率应低于 300 μS/cm。当"高、低周"开关拨向"高周"时,应使用⑨～⑩量程进行电导率的测量,而被测液体的电导率应高于 300 μS/cm。

5.将量程开关打到所需范围。若初测不知测量范围大小,应先将量程开关打到最大位置,然后逐格下降,以防过载,否则指针迅速摆动时易被打弯。

6.将电极插入电极插口内,旋紧插口上的紧固螺丝,同时把电极常数调节器调节在与之配用的电极常数相应的位置上(测量范围在 $10\sim10^4$ μS/cm 时,使用 DJS-I 型铂黑电极;当被测物的电导率大于 10^4 μS/cm 时,则应选用 DJS-10 型铂黑电极,这时应调节在与之所配用电极常数 1/10 的位置上,例如:电极常数为 9.8,则应调节在 0.98位置上,但要将测得的读数乘以 10,即为被测液的电导率)。

7.将电极完全浸入待测液中,把开关打到"测量"挡,此时的电表读数乘以量程开关所指的倍数(量程开关指红色时,读表中的红色数字;指黑色时,则读黑色数字),即为被测溶液的电导率。

8.每测完一个样品,必须用蒸馏水冲洗电极,然后用滤纸吸干水珠,再测另一个样品。

附录 3　植物生理实验中材料的采集、处理与保存

实验材料的选择是植物生理测定的第一环节。选择有代表性的植物材料,并在适宜条件下对各种材料进行处理与保存,其测定结果方可代表植物群体的生理状态。因此,实际工作中,不仅要注意在具体的测定过程中减少误差,也要注意样品采集、处理和保存的规范操作。

植物生理实验所使用的材料的分类依据主要有两个方面:根据材料来源有自然分布的植物材料(如自然条件下生长的植物根、茎、叶等器官或组织等)和人工培育的植物材料(如杂交种、诱导突变种、植物组织培养突变型细胞、愈伤组织等)两大类;根据材料的水分状况、生理状态可划分为新鲜植物材料(如水稻功能叶,绿豆幼苗下胚轴,浸种 24 h 的小麦种子等)和干植物材料(如小麦面粉、脱水处理的叶片等)两大类。实际实验过程中,应根据目的和条件不同加以选择。

一、植物材料的采集

植物材料选择的首要标准是具备对总体的代表性。实验最终的数据结果是否准确、是否具备科研意义,都建立在这一标准之上。所以,采集过程中必须根据不同测定项目的具体要求,考虑到采集部位、时间以及外界环境的影响,正确采集所需的实验材料。还要运用统计学手段,遵循田间试验抽样技术的一般原则,决定采样的范围、数量和方式。目前,随着研究技术的不断发展,应该不断提高采样技术的标准和水平。

针对不同的测定项目,对材料的采集部位有不同的要求,如某种用于实验的植物部分组织或部分器官有时并不等同于该种植物的整个植株。一般来说,以苗期作物为研究对象的生理测定项目大多需要采集整株样品;而以作物生长中后期为考察对象的生理测定项目中,也需要以整株样品作为研究材料。另有一些测定项目,虽然只是测定植株的部分器官或组织的功能,但为了维持所测定器官或组织的正常生理状态,也需要进行整株采样。但这里所说的"整株",一般仅指植株的地上部分,没有必要连根采集。需要连根采集的植物样品一般用于对作物群体物质生产的研究以及针对根系的研究。

采样时间因研究目的不同而异,除考虑不同时间内的环境因素外,有时也参照植物本身的生理状态,如选择特定的生育时期或根据细胞分裂周期选择某一特殊时间等。

除逆境生理研究等特殊需要外,一般实验材料应选择能够代表试验小区正常生育且无损伤的健康植株。

此外,为了保证植物材料的代表性,还必须运用科学统计方法进行取材。从大田或实验地、实验器皿中采取的植物材料,称为"原始样品"。按照原始样品的种类(如植物的根、茎、叶、花、果实、种子等)分别选出"平均样品",最后根据分析的目的、要求和样品种类的特征,采用适当的方法,从"平均样品"中选出供分析用的"分析样品"。

(一)原始样品的取样法

1.随机取样：在所研究植物的生长区域，选择有代表性的取样点，取样点的数目视该植物所分布区域的大小而定。确定取样点后，随机采集一定数量的样株，或在每一个取样点上按规定的面积从中采取样株。

2.对角线取样：在所研究植物的生长区域中，随机划分出面积较为规则的小块区域，按对角线选定 5 个取样点，然后在每个点上随机取一定数量的样株，或在每个取样点上划分一定的面积，从中采取样株。

(二)平均样品的取样法

1.按比例取样法：在取样点采集的原始样品，特别是作物块根、块茎、鳞茎以及果实等材料，往往有生长状态不均等的情况。此时应将原始样品分为不同类型，按比例选取平均样品。例如，对甘薯块根、马铃薯块茎、洋葱鳞茎、苹果果实等材料选取平均样品时，应按个体大小、生长方位、采摘部位、成熟度的差异等，细致区分为若干类型，每一类型的样品随机选取同等数量，然后再将每一单个样品纵切剖开，每个切取 1/4、1/8 或 1/16，混在一起组成平均样品。

2.混合取样法：混合取样法又叫"四分法"，适用于颗粒状(如种子等)或粉末状的样品。首先，在清洁的平面上将采回的原始样品均匀摊铺成一层，再按照对角线将其划分为四等分。随机选择对角的两份为进一步取样的材料，而将另外的对角两份舍弃。将已取中的两份样品再次充分混匀后，重复上述方法取样。反复操作，每次均淘汰 50% 的样品，直至所取样品减少至所要求的数量为止。

该方法如果运用于种子的取样，需要在混合前对种子进行筛选，剔除其中发育不正常的种子及其他混杂物。

注意：

①取样的地点，根据项目要求在特定的取样区内取样。一般不要在取样区边缘处或是靠近路边的地方取样，以避免环境的干扰。取样点的四周不应该有缺株的现象。

②使用锋利的取材工具，以尽量减少对样品的损伤和汁液的流失。对一些含水分较多，容易变质或霉烂的样品材料，在取材后应根据实验要求尽快进行低温冷藏或烘干处理，有些样品材料还需要进行灭菌处理。

③样品根据分析的目的分类后，必须及时整理捆齐，并附上标签，注明采集地点、时间等，装入纸袋。

④选取平均样品的数量应当不少于供分析用样品的两倍。

二、样品的处理

采集到的样品，无论是整体植株，还是从植株上采取的部分器官或组织，在正式测定之前都必须经过正确、妥善的保存和处理，这一过程同样也关系到测定结果的准确性和代表性。

1.样品处理前的保鲜：离体材料的剧烈失水会导致许多生理过程发生明显变化。因此，在外界环境中取样带回室内的过程中，取下的植株或器官组织的新鲜样品必须尽快放入保湿容器中，尽可能维持试样的水分状况和采集前基本一致。对于整株试样,可在剪取后立即插入水中。对于枝条,还应该立即在水中进行第二次剪切,即将第一次切口上方的一段枝条在水中剪去,以防输导组织中水柱被拉断,影响正常的水分运输。对于如叶片或叶组织等样品,一经剪取应立即放入已铺有湿纱布的瓷盘中,或铺有湿滤纸的培养皿中,并迅速加盖。

2.材料净化与杀青:经筛选出的新鲜样品的净化不能用水冲洗,而应用柔软湿布轻轻擦净,以去除材料上的泥土与杂质。

带有叶片的一些材料需要进行杀青,以保持植物体能够在一定时间内继续其内部的一些生理生化反应,从而避免某些待测的化学成分发生转变或损耗。常用的杀青方法是将样品置于105℃的烘箱中烘15 min,以终止样品中酶的活动。如果没有烘箱,也可以水蒸气杀青,缺点是容易造成可溶性物质的外渗损失。

3.干燥:杀青后的样品仍然置于烘箱中,降低温度至70℃～80℃(注意温度不可过高,否则会把样品烤焦,特别是含糖较多的样品,更易在高温下焦化),并定时称量,直到样品恒重。烘干所需的时间取决于样品量和含水量、烘箱的容积和通风性能等。为了加速烘干,对于茎秆、果穗等器官组织应事先切成细条或碎块。如果没有烘箱,也可在阴凉处风干样品,但耗时较长。种子样品在剔除杂质和破损籽粒后,一般可用风干法进行干燥。此外,为了更精密地分析,避免某些成分的损失(如蛋白质、维生素、糖等),在条件许可的情况下最好采用真空干燥法。

如需测定酶的活性或某些成分(如维生素、DNA、RNA 等)的含量时,样品一般不经过杀青、干燥处理,以免对待测样品的结构和功能造成破坏。

4.光照预处理:对于供光合作用、蒸腾作用、气孔阻力等方面测定的样品,测定前的 0.5～1 h 内,应以正式测定时的光照条件对材料进行光照预处理,也叫光照前处理。其目的是保证气孔能正常开放,同时也使一些光合酶类能预先被激活,以便在测定时能获得正常水平的值,而且还能缩短测定时间。

5.磨碎处理:经杀青、干燥处理后的茎秆样品,一般均需以磨茎秆专用的工具进行切割和磨碎后保存待测。为保证试样的纯度,一般在磨碎样品前后都应彻底清除碾磨用具内部的残留物,以免不同样品之间的机械混杂,也可将最初磨出的少量样品弃去,然后正式磨碎。

碾磨成粉末状的样品最后还应全部无损地通过特定规格的筛子,充分混合后作为分析样品贮存于具有磨口玻塞的广口瓶中,并贴上标签,注明样品的采集地点、日期、处理步骤和采样人姓名等。长期保存的样品,贮存瓶上的标签还需要涂蜡,防止老化或字迹污染、模糊。

某些项目的测定需将种子也磨碎后以干粉形式保存或测定,可以使用磨粉机、研钵等工具。但测定某些油料作物种子的含油量时,不可使用磨粉机磨碎种子,否则样品中所含的油会吸附在磨粉机上,造成损耗,严重影响分析的准确性。此时应取少量样品,放在研钵内研碎,或用切片机将其切成薄片作为分析样品。

6.多汁样品的处理:柔嫩多汁的新鲜样品(如蔬菜、浆果、瓜、块根、块茎、球茎、鳞茎等)细胞内某些成分(如维生素、蛋白质、可溶性糖等)很容易发生代谢变化和损失,因此一般不经过杀青和干燥处理,而常用其新鲜样品直接进行各项测定及分析。一般在临测定前将新鲜的平均样品切碎,置于电动组织捣碎机内进行捣碎,直至样品呈现均一的浆状。含水量较低的样品(如某些植物的块根、块茎等)还应根据样品重量加入定量的蒸馏水。有些含水量较低的蔬菜的平均样品也可以用研钵充分研磨成匀浆,再进行分析。

如待测指标为活性成分(如酶活性),匀浆、研磨等过程一定要在冰浴上或低温室内操作,并可添加缓冲液作为研磨介质。

三、样品的保存

经过处理的样品,最好立即进行测定;如果不能立即进行测定,也可放在 0℃~4℃ 的冰箱中短期保存。已进行匀浆,尚未完成提取、纯化的样品,可以加入适量防腐剂(甲苯、苯甲酸等),以液态保存在缓冲液中,置于 0℃~4℃ 的冰箱中即可,但时间不宜过长。需要保存更长时间的样品可在液氮中或 -70℃ 冰箱内冷冻保存,或用冰冻真空干燥法得到干燥的制品。

冷冻保存的制品,每次冻融均会造成部分活性成分的损耗。因此,应在保存前分装成少量多份。经融化的样品测定后如有剩余,已不再具有保存和测定的价值,应予以丢弃。

供试样品一般应该置于暗处保存,但是,对于供光合作用、蒸腾作用、气孔阻力等测定的样品,在光下保存更为合理。

磨碎成粉末状的干燥样品一般可在阴凉处(如条件许可,应使用真空干燥器)保存较长时间。对于易生虫的样品,在不影响待测物质的前提下,还可在瓶中放置少量樟脑或对位二氯甲苯。

附录 4　植物显微制片技术

在显微镜下观察植物体内部的细微结构之前,必须根据植物材料的特性,采用不同的方法,对植物材料进行处理,把材料制成透明的玻片标本。根据材料的性质和制作方法的不同,常用的植物显微制片技术可以分为切片法与非切片法两大类,前者常用的有徒手切片法、冰冻切片法、火棉胶切片法、石蜡切片法、冷冻切片法等,其中以徒手切片法和石蜡切片法最为常用。后者包括整体封藏法、涂布法、压片法等。

一、徒手切片法与临时装片法

(一)徒手切片法

徒手切片法简称手切片法,即以手持刀片,将材料切成能在显微镜下观察其内部结构的薄片的方法。它是植物形态解剖学实验及研究中最简单和常用的一种制取切片的方法,也是最重要的基本实验技能之一。这种切片方法易于学习与应用、简单而又快捷,同时,制得的切片还可以保持材料的自然结构和天然颜色,常用于对一些新鲜植物材料的快速处理和临时观察。其缺点是不易做到将整个切面切得薄而完整,往往厚薄不一;过软过硬的材料比较难切。

徒手切片所用材料除新鲜材料外,也可以使用一些预先固定好的材料。

以下是徒手切片的操作过程:

1.一般选择生长正常、软硬适中的植物器官或组织为材料,将其切成约 2～3 cm 左右的小段,将切面削平。如材料过于粗大,可将其修切成 0.5 cm 见方、2 cm 长的长方条。所取的新鲜材料应保持一定的湿度,以免萎蔫。

坚硬的材料要经软化处理后再切。软化的方法:对于比较硬的材料,切成小块煮沸 3～4 h,再浸入软化剂(50％酒精：甘油＝1：1)中数天至更长些时间,尔后再切。对于已干或含有矿物质,更为坚硬的材料,要先在 15％氢氟酸水溶液中浸渍数周,充分浸洗,再置入甘油里软化后再切。

2.用左手大拇指和食指的第一关节指弯夹住材料,使之固定不动。为防止被刀片切伤,拇指应略低于食指指弯,并使材料上端超出食指指弯约 2～3 mm,但也不可超出过多,否则在切片时材料容易弯折,所切的切片歪斜,影响观察效果。

3.用右手大拇指和食指捏住刀片的右下角,刀口向内,使刀片与材料切面平行。左手保持不动,以右手大臂带动前臂,将刀片由左外侧向右内侧作均匀的拉切动作,同时观察切片的进展情况。注意只用臂力而不要用腕力或指关节的力量,不要两手同时拉动,两手不要紧靠身体或压在桌子上,并且动作要敏捷,材料要一次切下,切忌中途停顿或推前拖后作"拉锯"式切割。关键是要切得薄而平。如此连续切 5～6 片后,将刀片放入水中,使刀片上的切片进入培养皿中,再重复以上切片动作进行持续切片。初次学习徒手切片法,必须反复练习,以求掌握徒手切片技术。用湿毛笔将切片轻轻移入培养皿的清水中备用。

4.当培养皿内已经积累有一定数量的切片后,用毛笔从中蘸取较薄而平的切片,应用临时装片法制成临时装片,供镜检。由于所选择的切片不一定能达到观察要求,可以在制作临时装片时,在一张载玻片上同时放置2～3个切片,以节省时间。如确有必要,也可以将切片制成永久装片。挑选切片时,材料关键是切得平而薄,不要求切得很完整,有时只要有一小部分就可以看清其结构了。一次可多选几片置于载玻片上,制成临时装片,通过镜检再进一步选择理想的材料用以观察。

5. 一些过于柔软或微小的材料,无法直接用手执握切片,可将其夹入较为坚韧而易切的夹持物中,再进行切片。常用的夹持物有已去除木质部的胡萝卜、萝卜等肉质根,土豆块茎以及陆英茎中的髓等。使用时,先将夹持物切成长方小体,削平上端,再沿着夹持物中部纵切一条缝,将叶片等难以手执的材料夹于缝中。然后用手握住夹持物,按照上述方法进行切片。最后,除去夹持物的薄片,便能得到材料的薄片。

注意:

①徒手切片时所用的刀片,刀口要保证锋利,双面刀片不可重复使用。

②在切片过程中刀口和材料要不断蘸水,以保持刀口锋利和避免材料失水变形。

③切片时,材料和刀片一定要保持水平方向,不要切斜,否则切片会发生偏斜而影响切片质量。

(二)临时装片法

使用徒手切片所获得的切片需要快速地制作成临时装片,以便在显微镜下进行观察。这种制片方法就叫做临时装片法。临时装片法也适用于一些极小的或外形扁平的植物材料的临时制片与观察,如:单细胞、丝状或叶状的藻类植物,菌类植物,蕨类植物的原叶体和孢子囊,纤细的苔藓植物等。其操作过程具体如下:

1. 将载玻片和盖玻片用清水洗净,再用纱布擦干。擦玻片时用左手食指和拇指夹住玻片的两边,右手食指和拇指包住纱布,同时擦到玻片的两面。由于盖玻片薄脆易碎,擦拭时要特别小心,用力要轻而均匀。

2. 将载玻片平放在桌面上,中央加一滴蒸馏水或稀甘油,然后用镊子镊取或吸管吸取少量植物材料,放在水滴或甘油中,再用镊子和解剖针将材料小心地展平或分散开,避免材料折叠或干燥。

3. 大拇指和食指拿着盖玻片的两个角或用镊子夹住其一端,使盖玻片的一边先与载玻片上的水滴边缘接触,而后徐徐放下另一边,当盖玻片被夹持的一边将贴近载玻片时,则可放手或抽出镊子,使其自然轻轻覆盖,这样可以挤出盖玻片下的空气,避免产生气泡。

制作临时装片时,载玻片中央的液滴量要适中,使其恰好充满盖玻片下方。盖玻片的上面及载玻片的其他区域必须保持干燥。液滴量如果不够,易产生气泡,可用吸管小心地从盖玻片的边上再滴入一小滴水,使它和盖玻片下面的水相接触;如果水太多,溢出盖玻片,会使盖玻片浮动或从盖片下外溢,此时可用吸水纸吸去。

4. 如果切片需要染色,可在做好的临时水装片的盖玻片一侧加一滴染液,用吸水纸条在盖玻片的另一侧吸水,引入染液,静置片刻,以使盖片下的材料均匀着色。

5. 有时,某些实验需要提前一段时间准备好一些观察材料的临时装片;有时,在实验中会发现一些需要保留一定时间的临时装片。这样一类临时装片必须制成甘油装片,以防止水分蒸发,导致材料收缩现象的发生。用甘油封片时,保留时间较短者,可用10％甘油水溶液；保留时间长者，则需要经过梯度浓度的甘油溶液的处理。首先，滴加10％甘油在装片材料上；几分钟后，用吸水纸吸干后，再滴加50％甘油；再过几分钟，将甘油吸干，用纯甘油封片。用此法封片不仅可使临时装片保留较长的时间，而且还具有加强材料透明的作用。

如果在观察中，发现有理想的临时装片，可根据观察材料的特性，选择适宜的染料进行染色，再制成永久制片。临时装片法所制作的临时装片也可以用某些化学试剂做一些组织化学反应。

二、石蜡切片法

石蜡切片法是以石蜡作包埋剂，用旋转切片机将材料切成薄片，经一系列处理制成永久制片的方法。在研究植物的细胞、组织、胚胎以及形态等方面，石蜡切片法是最理想的制片方法。

石蜡切片法的一般流程为：取材→固定→抽气→洗涤→脱水→透明→浸蜡→包埋→修块→切片→粘片→染色→封片。

(一)取材

用锋利的刀片切取新鲜的植物材料，选定适宜的材料，立即固定。

取材的注意事项如下：

1.所取材料要新鲜。动作要迅速，以免挤压损坏组织；取病理材料时，应设置对照材料。

2.所取材料大小要适当。根和茎一般直径不超过5 mm，切取成5～10 mm小段；叶片一般取过中脉处，切成2～5 mm宽、5～8 mm长。在切材料时，必须注意刀片与中轴成直角，两切面平行，否则制成的切片细胞是斜的。雌、雄蕊一般不需分割。

3.取材时间可根据切片要求有所区别，如在进行植物发育的研究过程时，需要找到细胞分裂相，一般在晴天的早晨9：00～10：00取材，此时植物细胞分裂活动较明显。

4.取材不易过老，否则制片有难度（过老的材料须在滑走切片机上进行）。对纵切的材料适当多取材，如根尖、茎尖等，因为切到材料正中的概率较低。

(二)固定

将已切好的材料尽快地浸入相当于材料10～15倍体积的固定液中。借助固定液的作用，使细胞的新陈代谢瞬时停止，并保持细胞或组织的形态构造及其内含物的状态不发生变化。从而达到使组织变硬、增强切片中内含物的折光度、令细胞易于着色的目的，同时具有防腐作用。固定液以新鲜配制的效果较好。固定的时间依材料的种类、性质、大小等而定。材料固定完毕，保存于加盖的容器，贴上标签。

良好的固定剂，应是穿透力强，使细胞立刻致死，原生质全部凝固，不发生任何变形，增强折光率，并且不妨碍染色。

常用固定液：

1.简单固定液。以一种化学药品配制的固定液。

(1)乙醇，为凝固型固定剂。常用无水乙醇或95％乙醇。乙醇的穿透力强，固定时间一般在1 h以内。高浓度酒精会使材料收缩。70％酒精可作保存液。配制低度酒精必须要用普通酒精即 95％酒精,绝不可用纯酒精。酒精为还原剂,不能与铬酸、锇酸、重铬酸钾等氧化剂配合。酒精可使核酸、蛋白质及肝糖等发生沉淀,但能溶解脂肪及拟脂。

(2)甲醛,为非凝固性固定剂。具有强烈刺激性气味。纯净的甲醛为无色透明液体。固定用的浓度为 4％～10％。甲醛也是很好的硬化剂、强还原剂,渗透力弱,不能与铬酸、锇酸等氧化剂配合使用。经固定后,材料变硬,通常不引起皱缩,但随后经过其他种类药剂处理时,就会出现皱缩。所以甲醛一般不单独作固定剂使用,而与其他液体混合使用。

(3)醋酸,为凝固型固定剂。醋酸为无色透明的液体,刺激性极强,低温下凝结成冰,故又名冰醋酸。醋酸易与水和酒精配成各种比例的溶液,所用浓度为 0.2％～5％,也常与其他固定剂配合使用。醋酸穿透性很强,单独使用,有使原生质膨胀的作用,故常与酒精、甲醛等合用。固定染色体的固定液中,几乎都含有醋酸。

2.混合固定液。由几种试剂适量配制而成。混合遵循原则:①优缺点互补;②膨胀与收缩相互平衡;③强氧化剂与还原剂应分别配置。

常用混合固定液有下列几种:

(1)FAA 固定液(福尔马林—冰醋酸—乙醇),广泛适用于根、茎、叶、花药、子房的组织切片,所以又称为万能固定液。一般固定时间不低于 24 h。该固定液优点是在较低温度下(10℃左右)适用于材料的长期保存,可兼作保存液。并且固定的材料,不妨碍染色,但用于细胞学上的固定效果较差。

配方:福尔马林(38％甲醛)5 mL＋冰醋酸 5 mL＋50％或 70％乙醇 90 mL(通常根据材料含水量确定乙醇等的浓度。如水生植物体内含水分较多,所以用 70％乙醇)。另固定液中可加入 5 mL 甘油(丙三醇),可有效降低固定液蒸发,防止材料变硬。

(2)纳瓦兴(Navaschjn's)固定液,1912 年首创。适用于细胞学与组织学研究的切片观察。但渗透慢,不能长期保存;主要用于显示分裂相。一般用于海氏苏木精或番红—结晶紫—橘红 G 三重染色。原初的配方已很少应用,现所用的都是改良液,如冷多夫(Randoph)改良液等。如材料较柔嫩,含水量较多,可用配方Ⅰ、Ⅱ;材料较坚硬,含水量较少,可用Ⅳ、Ⅴ;植物胚胎学制片常用配方Ⅱ。为了使用方便,常分别配成甲、乙两种基液,用前等量混合。固定时间为 12～24 h,固定后用 70％酒精洗涤数次。

附表 4-1　纳瓦兴固定液原配方与改进配方表(单位:mL)

配 方		纳瓦兴原配方	Ⅰ	Ⅱ	Ⅲ	Ⅳ	Ⅴ
甲液	1％铬酸	75	20	20	30	40	50
	10％冰醋酸			10	20	30	35
	1％冰醋酸		75				
	冰醋酸	5					
乙液	甲醛	20	5	5	10	10	15
	饱和苦叶酸			65			
	蒸馏水				40	20	

（3）卡诺氏（Carnoy's）固定液，用作细胞或组织的固定，有极快的渗透力，作用迅速。一般材料不超过 24 h，固定根尖和花药只需 40～60 min。固定后用 95％酒精冲洗，如不能立即处理，需转入 70％酒精中保存。配法有两种：

附表 4-2　卡诺氏固定液配方表（单位：mL）

	Ⅰ	Ⅱ
无水乙醇	3	30
氯仿		5
冰醋酸	1	1

（三）抽气

植物材料内部多由于含有空气，导致固定液不能完全深入。材料投入固定液后需要立即抽气，以便让固定液有效透入材料组织中，并排除材料内气泡的干扰。一般抽气时间为 20～30 min。抽过气的材料在停止抽气后，应沉入底部。

（四）洗涤

固定液中的成分有可能会妨碍染色或发生沉淀或结晶，影响观察；有的还会继续作用，使材料变质等。因此，在使用材料时，需根据固定液的种类，用水、缓冲液或 70％乙醇洗去渗入细胞内部的固定液。如：用 FAA 固定的材料在脱水时用 70％乙醇反复洗涤数次。如用水洗涤，可将材料自固定液中取出，放入指形管，加入半管水，用纱布将管口扎紧，置于水槽内，进行流水冲洗。流水冲洗时间一般为 12～24 h。

（五）脱水

材料经洗涤后含有部分水分，会使材料分解。而且透明剂与水是不相混合的，不利于材料的透明和包埋等后期处理。因此，需用脱水剂逐渐除去材料中的水分，以便让石蜡渗透进细胞。所以，脱水是制片的关键环节。脱水剂要求能与水混合，而且能与其他有机溶剂互相替代。

脱水必须在有盖的玻璃器皿中进行，防止材料吸收空气中的水分；在更换高一级的脱水剂时，最好不要移动材料，以免损坏材料。

常用脱水液有下列几种：

1.乙醇，由于其价廉而应用广泛。但它易使组织收缩和硬化，不能溶解石蜡。一般经 50％、70％、85％、95％直至无水乙醇，每级停留约 30 min 至 1 h。如需过夜，应停留在 70％酒精中。因为高浓度的乙醇会使材料硬化，过久则材料由硬而变脆，切时易粉碎。

2.正丁醇，能和石蜡融合，优点是不需要再经过透明。缺点是可能使组织较硬化。常和乙醇混合成一定比例使用（见下表）。

附表 4-3 常用 30 mL 脱水液配方(单位:mL)

瓶 号	蒸馏水	95％乙醇	100％乙醇	正丁醇
2	9	15		6
3	4.5	15		10.5
4	1.5	12		16.5
5			7.5	22.5(加入少量曙红)
6				30
7				30

注:1 号瓶为 70％乙醇,用于洗涤材料。每级停留 2~3 h,在 7 号瓶中过夜。第二日直接进入浸蜡阶段。

3.叔丁醇,不会使组织收缩或变硬,不需要再透明,在包埋时由于它比融化的石蜡轻,所以很容易从组织中除尽。近年来在电子显微镜上也常用它作为中间的脱水剂。

(六)透明

透明剂要具有既能与脱水剂相混合又能和石蜡相混合的性质,可以将材料中的脱水剂置换出来,使石蜡能顺利进入材料中。当材料为透明剂所占,会增强组织的折光系数并能和封藏剂混合,在显微镜下观察成透明状态。透明也是渐次由低浓度至高浓度。以二甲苯为例,材料先在无水乙醇和二甲苯各半的混合液中浸 30 min,再二次转入纯二甲苯中透明(至透明为止),一般每次 30 min。透明必须在有盖的玻璃器皿中进行,更换时动作要迅速,以免空气中的水分进入。如在透明过程中,材料周围出现白色雾状,应退回到无水乙醇中重新脱水;材料必须脱尽水分,否则会发生乳状浑浊。

二甲苯是目前应用最广的透明剂,作用迅速,但易使材料变脆。二甲苯能溶于乙醇,也能溶解石蜡,透明力强,但处理时间过长时使材料容易收缩变脆、变硬。其他常用的透明剂还有苯、甲苯、氯仿、香柏油和丁香油等。如使用正丁醇和叔丁醇脱水,不需要再透明。

(七)浸蜡

浸蜡是指逐步清除材料中的透明剂,以使石蜡充分渗透于材料内部的过程。这样,材料的各部分都能保持原来的结构与位置,切片不致发生破裂或其他变形。一些过小过软的材料被封埋在石蜡中,受到硬度适中的石蜡支持,可以切出所需厚度的切片。植物材料常用的石蜡熔点为 48℃~60℃。气温较低时,选用熔点较低的石蜡;气温较高时,宜选用熔点较高的石蜡。石蜡的质地要纯净。用过的纯蜡比新蜡好。可先将石蜡切成小块,置于浸蜡缸中,预热待用。在浸蜡的全部过程中,恒温箱温度的设置要高于石蜡熔点 2℃为宜,过低石蜡不能熔解,过高对植物材料有所伤害。

浸蜡是一个渐进的过程,以常用的正丁醇为例。将材料连同脱水过夜的正丁醇倒入小烧杯中,正丁醇的量以漫过材料为宜。再由烧杯一侧慢慢倒入约为正丁醇 1/3 量的已熔解石蜡。在操作的过程中,石蜡会再度凝固。约 3 h 后,倒去约 2/3 含有正丁醇的石蜡,换入等量的熔解的石蜡。约 3 h 后,倒去所有含正丁醇的石蜡,换入熔解的纯蜡。2 h 后,再次更换已熔的纯蜡。2 h 后,即可进行包埋。

每次浸蜡的时间,视材料大小而调节,如植物材料大,时间必须加长。每次换出的纯蜡,要倒入准备的烧杯中,用电炉加温,可使蜡中的正丁醇挥发出来,留待下次再度使用。

(八)包埋

材料经过足够时间的浸蜡后,需包入蜡块,以备切片。

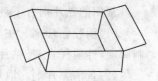

做蜡块用的纸盒,宜选择表面光滑、较厚且不易沾蜡的纸制作,纸盒的尺寸依据所包埋材料的大小而定。包埋盒外形可参照附图4-1。

附图 4-1 包埋盒的外形

包埋时,先将部分纯石蜡熔解待用。在纸盒内倒入少量纯石蜡,将镊子在酒精灯上加热,稍冷却后,夹取材料,按切面要求放入纸盒石蜡内(通常将材料的切面朝下)。一个纸盒内,可以摆放2~3个材料;如果材料为根尖纵切,可将3~4个根尖平放在一起,提高切到根尖正中的机会。缓缓添入纯石蜡,直至将材料深埋。在倒入纯石蜡的过程中,盒内的石蜡容易产生气泡,要用烧热的镊子赶走气泡。待盒内的石蜡稍稍凝固,将纸盒两侧的把手提起,慢慢地平放在冷水的水面上,待石蜡的表面凝固,将纸盒慢慢浸入水中,待石蜡完全凝固(约60 min)后,将纸盒撕除,取出蜡块分类摆好备用。

(九)切片

将包埋好的材料块用切片机切成所需厚度的切片带。

1.切片前的准备工作要做到以下几点:

(1)石蜡块的固着。先用刀片将蜡块切成头小尾大的矩形,材料四周各留下2~3 mm宽的石蜡。用烤热的解剖刀放在台木和蜡块之间,利用其温度熔化两者的蜡,把蜡块黏附在台木上。

(2)整修。用单面刀片将蜡块四周修整平行,放置于冰箱中待切。只有平整的蜡块,才能切出平整的蜡带。

2.切片机调试。常用的切片机为轮转式切片机。切片时,须安装切片刀,调整石蜡块与刀口之间的角度与位置,刀片与石蜡切约成15℃~30℃。一般情况下,切片机上刀的角度已经调试好,无需变动。根据需要,调节切片厚度,进行切片,调整厚度调节器到所需的切片厚度,一般4~10 μm。

3.切片的方法包括以下几点:

(1)将石蜡块台木装在切片机的夹物台上。将护刀盖推至打开位置。

(2)摇动快速进退手轮,使石蜡块与刀口贴近,但不超过刀口。注意在转动手轮时,应保证机头在红、绿线之间移动。

(3)右手摇动大手轮,开始切片。待所切蜡带的长度约为3 cm时,用左手持毛笔将蜡带提起,以免蜡带粘连于切片刀上。切片机大手轮的摇转速度以每分钟40~50转为宜。

(4)切成的蜡带到20~30 cm时,锁紧大手轮,用右手持另一支毛笔将蜡带挑断,两手协同将蜡带平放在蜡带盘上(注意:靠刀面的一面较光滑朝下),随手将蜡带盘盖上,以防微风或人的呼吸将蜡带吹动。

4.切片时的注意事项:切忌手指触及刀口,并且防止切片刀跌落,以免发生刀伤事故；切片后，应锁紧大手轮，将护刀盖推至合并位置；及时清除废蜡，保持设备清洁。

（十）贴片

用黏贴剂把切片平铺贴在载玻片上，以便于染色和观察。

常用的黏片剂有下列两种：

（1）明胶黏片剂。在 100 mL 蒸馏水中，加明胶 4 mg，加热熔化，过滤即得。其配制简便，性质优良，是粘片最常用的胶液。

（2）蛋清黏片剂。取鸡蛋清 50 mL、甘油 50 mL，再加入少量防腐剂如麝香草酚（按 1：100 加入），用力摇荡后，用纱布过滤去除泡沫和杂质，保存在冰箱内待用，可保存几个月到一年。贴片时，取滤液 3～5 滴，加蒸馏水 50 mL，混匀后即可使用。

贴片步骤：

①取清洁过的载玻片，在载玻片近中央位置，均匀滴上数滴黏片剂。

②用解剖刀将蜡带分割成若干段合适长度的小段蜡带。用解剖刀沾上少量黏片剂，粘起蜡带，再按顺序放在载玻片上。注意蜡片光面贴于玻片上，载玻片两端留下足够的位置供贴标签。

③将载玻片置于酒精灯上，渐渐加温，直到蜡片伸展摊平。注意，展片时，既要使蜡带充分展开，切片不至于折断；又不能使蜡带溶化，以免损坏切片材料。

④展片后把玻片标本编好记号，按序放在平盘上。放入温箱中烘干，烘片温度设定为 33℃，约需烘片 1 d 以上。

（十一）染色

染色即根据植物细胞中不同的化学性质，用染料分别进行染色，以利于观察切片中细胞与组织的形态与构造及其内含物等。染色基本程序为脱蜡、染色、分色封片。

染色方法可分为下列几类：

①单染。只用一种染料染色。

②双重染色。两种染料染色，如番红—固绿，苏木精—曙红。

③多重染色。多种染料染色，如番红—固绿—橘红 G，酸性品红—苯胺蓝—橘红 G 等。

下面介绍几种常用的染色方法（染色在盛有各种溶液的染色缸内进行）：

1.铁矾—苏木精染色法。该染色法适用于细胞学和胚胎学研究，特点是可以将细胞分裂时期的染色体染成蓝黑色，清晰可见，并能长久保持；同时，细胞质仅被染成浅灰色或近于无色。

步骤：将贴有蜡带的载玻片置于纯二甲苯中（将染色缸置于 60℃ 温箱内，直至蜡脱净为止）→1/2 二甲苯→100％乙醇（如蜡未脱干净，切片呈白色，须再依次返回到纯二甲苯中脱蜡）→95％乙醇→85％乙醇→70％乙醇→50％乙醇→30％乙醇→自来水洗涤→蒸馏水洗涤→4％铁矾媒染 30 min→自来水洗涤数次→蒸馏水洗涤数次→苏木精染色 1～2 h→自来水洗涤数次→蒸馏水洗涤数次→2％铁矾分色，并在显微镜下镜检→分色后立即用自来水冲洗 30 min→蒸馏水洗涤数次→30％乙醇→50％乙醇→70％乙醇→85％乙醇→95％乙醇（尽量用吸水纸在切片边缘将溶液吸净，以免带水）→100％乙醇（尽量用吸水纸在切片边缘将溶液吸净，以免带水）→1/2 二甲苯→纯二甲苯→中性树胶封片。

注意：

①一般每道程序约为 3～5 min。

②苏木精用 100％乙醇配制成 10％的母液，经过一个月的氧化后方可使用。使用时稀释到 0.05％的溶液。

苏木精是用乙醚从南美的苏木干枝中浸制出来的一种色素，是最常用的染料之一。苏木精不能直接染色，必须暴露在空气中，变成氧化苏木精（又叫苏木素）后才能使用，这一过程叫做"成熟"。苏木精的"成熟"过程需时较长，配置时间愈久，染色力愈强。被染材料必须经金属盐作媒剂作用后才有着色力。所以，在配制苏木精染剂时都要加入媒染剂。常用的媒染剂有硫酸铝铵、钾明矾和铁明矾等。

天然苏木精是淡黄色到锈紫色的结晶体，易溶于酒精，微溶于水和甘油，是染细胞核的优良材料，能使细胞中不同的结构分化出各种不同的颜色。分化时组织所染的颜色因处理方式而异，用酸性溶液（如盐酸—酒精）分化后呈红色，水洗后恢复青蓝色；用碱性溶液（如氨水）分化后呈蓝色，水洗后呈蓝黑色。

2.PAS 染色法。该组织化学反应法，适用于高等植物纤维素细胞壁及淀粉粒的染色，表现植物不同发育时期淀粉粒的动态。

步骤：将贴有蜡带的载玻片置于纯二甲苯（置于 60℃温箱内，直至蜡脱净为止）→1/2 二甲苯→100％乙醇→95％乙醇→85％乙醇→70％乙醇→50％乙醇→30％乙醇→自来水洗涤→蒸馏水洗涤→1％ H_5IO_6 处理 10 min→自来水冲洗 5 min→Shiff 氏试剂中 10 min→漂洗液即 0.05 mol/L（0.52％）$NaHSO_3$ 连续经过 3 份，每份 2 min→自来水冲洗 10 min→蒸馏水洗涤数次→4％铁矾媒染 30 min→自来水洗涤数次→蒸馏水洗涤数次→苏木精染色 1～2 h→自来水洗涤数次→蒸馏水洗涤数次→2％铁矾分色，并在显微镜下镜检→分色后立即用自来水冲洗 30 min→蒸馏水洗涤数次→30％乙醇→50％乙醇→70％乙醇→85％乙醇→95％乙醇（尽量用吸水纸在切片边缘将溶液吸净，以免带水）→100％乙醇（尽量用吸水纸在切片边缘将溶液吸净，以免带水）→1/2 二甲苯→纯二甲苯→中性树胶封片。

注意：

①Shiff 氏试剂的配制：0.5 g 碱性品红溶于 100 mL 蒸馏水，加热搅拌，冷却至 50℃，过滤至棕色细口瓶中，再加入 10 mL 1 mol 浓度的盐酸；冷却至室温，再加入 0.5 g 偏重亚硫酸钠 $Na_2S_2O_5$（或 0.5 g $NaHSO_3$），塞紧盖子后间歇地振荡 2 h。此时溶液应呈清亮的浅黄色；加入 2 g 活性炭粉末，用力振荡数分钟后过滤。过滤后的溶液应是清澈无色的，经 24 h 后即可使用。在 5℃下贮存溶液，可保持活性数月。室温过高反应受影响。一段时间后可能出现白色沉淀，过滤后再用。如溶液呈红色时应废弃。

②Shiff 试剂如用 $NaHSO_3$，漂洗液必须也用 $NaHSO_3$，反之亦然。

③该染色法不能用于苦味酸的固定剂中。

碱性品（复）红是碱性染料，呈暗红色粉末或结晶状，能溶于水（溶解度 1％）和酒精（溶解度 8％）。碱性品红在生物学制片中用途很广，常用来染维管束植物的木质化壁，又作为原球藻、轮藻的整体染色。在汝尔根氏反应中用作组织化学试剂，以核查脱氧核糖核酸的存在。在配制脱色碱性品红时，须十分注意干净。试剂应保存于冷暗处,否则容易变质。此液反应受温度的影响,如室温过高(≥35℃)会受影响。

3. 番红—固绿染色法。将贴有蜡带的载玻片置于纯二甲苯(置于 60℃ 温箱内,直至蜡脱净为止)→1/2 二甲苯→100％乙醇→95％乙醇→85％乙醇→70％乙醇→1％番红 6 h 或过夜(用 50％乙醇配制)→70％乙醇→85％乙醇→0.5％固绿 5～30 s 或用滴染法(95％乙醇配制)→95％乙醇(尽量用吸水纸在切片边缘将溶液吸净,以免带水)→100％乙醇(尽量用吸水纸在切片边缘将溶液吸净,以免带水)→1/2 二甲苯→纯二甲苯→中性树胶封片

注意:

①番红、固绿在乙醇中易掉色,所以脱水不宜过久,约 0.5～1 min 即可。

②番红染色应该过一点,否则红色太淡,经固绿复染后,切片可能全是绿色,失掉了双色染法的用意。

③染色时间常因材料种类、切片的厚薄而变化。在没有把握时,最好先用少数材料试染,再依次大批染色。

染色液的配制:取 1 g 番红,溶于 99 mL 蒸馏水中,即成 1％番红溶液。取 0.5 g 亮绿,溶解在 100 mL 蒸馏水中,即成 0.5％亮绿溶液。

番红是碱性染料,能溶于水和酒精,是细胞学和动植物组织学常用的染料,能染细胞核、染色体和植物蛋白质,以及维管束植物木质化、木栓化和角质化的组织,还能染孢子囊。

固绿是酸性染料,能溶于水和酒精。固绿是一种染含有浆质的纤维素细胞组织的染色剂,在染细胞和植物组织上应用极广,所以常和苏木精、番红并列为植物组织学上三种最常用的染料。

用番红和固绿复染法染成的切片,木化、栓化和角质的细胞壁被番红染成鲜红色,纤维素的细胞壁被固绿染成绿色。就维管束来讲,木质部染红,韧皮部染绿,区别极显著。

4. Sharman 染色法。将贴有蜡带的载玻片置于纯二甲苯(置于 60℃ 温箱内,直至蜡脱净为止)→1/2 二甲苯→100％乙醇→95％乙醇→85％乙醇→70％乙醇→50％乙醇→30％乙醇→自来水洗涤→蒸馏水洗涤→2％ $ZnCl_2$ 2 min(有使细胞壁膨胀的效果)→蒸馏水冲洗 5 s→1:25 000 碱性复红 5 min→蒸馏水冲洗 5 s→A 液 1 min→蒸馏水冲洗 5 s→B 液 5 min→蒸馏水冲洗 1～3 s→1％铁矾 2 min→蒸馏水冲洗 15 s→30％乙醇→50％乙醇→70％乙醇→85％乙醇→95％乙醇(尽量用吸水纸在切片边缘将溶液吸净,以免带水)→100％乙醇(尽量用吸水纸在切片边缘将溶液吸净,以免带水)→1/2 二甲苯→纯二甲苯→中性树胶封片。

注意:

①A 液配制:橙黄 G 2 g,单宁酸 5 g,浓盐酸 4 滴,麝香草酚晶体少许,加蒸馏水至 100 mL。

②B 液配制:单宁酸 5 g,麝香草酚晶体少许,加蒸馏水至 100 mL。

5. 鞣酸—三氯化铁染色法,又是一种植物细胞染色方法。

将贴有蜡带的载玻片置于纯二甲苯(置于 60℃ 温箱内,直至蜡脱净为止)→1/2 二甲苯→100％乙醇(如蜡未脱干净,切片呈白色)→95％乙醇→85％乙醇→70％乙

醇→50％乙醇→30％乙醇→自来水洗涤→蒸馏水洗涤→1％鞣酸水溶液 10 min→水洗→3％三氯化铁水溶液 2～5 min→水洗→50％酒精 2～3 min→1％番红(溶于 50％酒精)12～24～48 h→水洗→70％酒精分色→95％酒精(尽量用吸水纸在切片边缘将溶液吸净,以免带水)→100％乙醇(尽量用吸水纸在切片边缘将溶液吸净,以免带水)→1/2 二甲苯→纯二甲苯→中性树胶封片

注意:

①此种染色法常用于分生组织,特别是生长锥的制片。染色特点是将薄壁组织的细胞壁染成黑色或深蓝色,细胞质呈现灰色,而细胞核则为红色。

②鞣酸用于媒染,必须洗净后才能进入三氯化铁中,否则会生成大量沉淀,不易洗净。

③在三氯化铁中正确染色后,细胞壁应被染成黑色或深蓝色,如果染上的颜色太淡,可将切片重新放回水中,再在鞣酸中媒染相当时候。必要时,须在鞣酸与三氯化铁步骤之间重复操作,以达到满意的效果。

④每 100 mL 鞣酸水溶液中加入 1 g 水杨酸钠用作防腐。

(十二)封藏

封藏于中性树胶中,使材料能在显微镜下清晰地显示出来,并能长期保存。

方法:将含材料的载玻片放在吸水纸上(切片一面向上),迅速地在切片的中央滴一滴树胶(必须在二甲苯干燥前进行),用右手持小镊子轻轻地夹住盖玻片的右侧,稍微倾斜使其左侧与封藏剂接触,然后再缓慢地放下,避免产生气泡。

三、冰冻切片法

冰冻切片法具有制片速度快,并能完整保存细胞结构及生物大分子活性(如脂肪、酶等)的优点,常用于细胞化学的制片。

(一)方法

1.取材:取新鲜的组织。

2.固定:组织固定于 10％中性福尔马林,冰冻切片。

3.切片。包括以下步骤:

(1)利用切片机的厚度调节旋钮调节切片厚度,调整切片角度,安装切片刀。

(2)将样品放到样品托上,利用包埋剂固定,放到冷台上冷冻,在即将完成冷透前用热交换装置压平。

(3)将样品放到样品台上,用样品快进按钮将样品移近刀口,利用慢进按钮开始修片,修好后即可放下防卷板切片,使切出的样品进入防卷板与刀片的狭缝,取出后染色观察。

4.染色(显示脂类的苏丹黑 B 法):

(1)用 10％中性福尔马林或 10％钙福尔马林液固定,冰冻切片。

(2)于 70％酒精中略为清洗。

(3)苏丹黑 B 染液 5～15 min。

(4)70％酒精洗涤。

(5)少量清水洗涤。

（6）甘油明胶或阿拉伯糖胶封藏。

此方法可将脂滴染成蓝至黑色。

四、组织离析法

组织离析法指通过化学试剂的作用，溶解细胞的胞间层，使细胞分离，从而获得分散的、单个的完整细胞的方法。从而便于观察不同组织的细胞形态和特征。离析法中使用的离析液种类很多，最常用的是铬酸—硝酸离析液，是以 10％铬酸液和 10％硝酸液等量混合而成。适用于木质化的组织，如导管、管胞、纤维、石细胞等。

组织离析法方法如下：

1. 离析。将植物材料先切成小块或小条，放在具塞的小瓶中，倒入 10 倍体积的离析液，盖紧瓶塞，在 40℃左右的温箱中保温 1～2 d。草本植物可不必加温。

2. 检验。取出材料少许，放在载玻片中央，加一滴水，盖片后轻轻敲压，若材料分离表明材料已经离析，可进行后续操作。

3. 洗酸。将材料从离析液中取出，转入蒸馏水中浸洗至水中无色。

4. 保存。洗去离析液的材料转至 70％酒精中保存。可按需要以临时装片法制片观察，也可制成永久制片。

五、压片法

植物的幼嫩器官，如根尖、茎尖和幼叶等，可以直接在载玻片上压碎后在显微镜下观察，这种非切片的制片技术称为压片法，主要用于植物细胞遗传学，尤其是有丝分裂观察或染色体数目的检查等方面。

压片法的步骤如下：

1. 取材。根据实验目的选择适合的材料。

2. 材料的处理。用等量的浓盐酸和 95％酒精配成混合液，此液即能迅速地杀死细胞并保持其细胞结构接近于生活状态，又能溶解细胞间的胞间层，在压片时使细胞易于分离，故称其为固定离析液。

当洋葱根长至 2～3 cm 时，于上午 10：00～11：00 之间，将根尖端的 3 mm 左右剪下，立即投入上述固定离析液中，经 10～20 min，取出放入清水中漂洗 10～20 min即可制片。也可经过 30％、50％酒精后将其保存在 70％酒精中备用。

3. 压片的制作。取经过固定离析的根尖一段，放在干净的载玻片上，用镊子将此根尖压碎，加 2 滴醋酸洋红或地衣红染色，放置几分钟后加盖盖玻片，用铅笔的橡皮头，轻轻敲击盖玻片下的材料，将材料压成均匀的单层细胞。用吸水纸吸去溢出的药液，即可在显微镜下观察。此时的细胞彼此分离，清晰可见。若细胞核内的染色质和染色体的颜色尚浅，不易观察，则可手持玻片标本在酒精灯上微微加热，其温度以不灼手为宜，有增进染色和使细胞伸展的效果。必要时可反复烘烤多次。如染液烘干，可再补加一滴，直到染色体着色清晰。如果染色过深，可加一滴 45％醋酸进行分色。

用此法制作的玻片标本，即可用做临时观察，也可经过一系列的处理制成永久性玻片标本。

需要注意的是,由于不同植物根尖细胞有丝分裂活动的高峰时间不同,故取材固定的时间亦不一样;如适宜的取材时间,小麦在上午 11:00 至下午 1:00,水稻在下午 4:00 左右,玉米、蚕豆在上午 8:00～10:00 和下午 3:00～5:00,洋葱和大蒜在上午 10:00～11:00 或午夜 12:00。

六、涂布法

涂布法是将材料均匀地涂布在载玻片上的另一种重要的非切片制片法。适用于植物的疏松组织。现主要用于减数分裂和花粉粒发育的观察和研究。

其制片方法如下(以制作花粉母细胞减数分裂过程的玻片标本为例):

1. 取材。采集幼嫩的小花或花序。因减数分裂有昼夜的节奏性,所以具体取材时间一般于清晨 6:00～7:00 和下午 4:00～5:00 为宜。

2. 固定与保存。将采集的幼嫩小花或花序固定于卡诺固定液中,大型花朵可以只固定雄蕊的花药。经 2～24 h,逐级换入 95％和 85％酒精浸洗,然后换入 70％酒清中保存。注意浸洗要彻底,以免材料受腐蚀。最后将固定的材料保存在 4℃的冰箱中,随用随取,可作长期保存。

3. 染色与涂布。取固定好的材料转入 50％酒精,经蒸馏水清洗后,取出一个花药置于清洁的载玻片上,加一滴改良的苯酚品红染色液,用刀片切去花药的一端,用镊子夹着花药,将其断面在载玻片上涂抹;或用刀片自花药中部横断为二,再用解剖针从花药的两端向中部切口处压挤,使花粉母细胞散开,并涂布成一薄层(注意去掉药壁的残渣),再滴一滴 45％醋酸使之软化与分色;盖上盖玻片,用橡皮头轻压盖片,使花粉母细胞均匀散开,即可观察。此时细胞核和染色体均被染成鲜艳的紫红色,而细胞质无色或仅显淡粉色。

此法制成的临时玻片标本,也可经过适当的处理,制成永久性的玻片标本。

附录5 生物绘图法

对标本进行镜检后,对一些要重点掌握的内容,需要及时绘图记录观察结果。生物绘图不同于一般的美术绘图,要求将所观察标本的外形和内部结构准确地描绘,然后对各部分分别加以注字说明。

生物绘图注意事项如下:

(1)仔细观察实验对象,各部的结构都要看清楚,再进行绘图。

(2)形态结构要准确,比例要正确,要求有真实感、立体感。注意区分正常的构造和由人为因素造成的一些非正常的构造,然后选择那些有代表性的典型的部位进行绘图。

(3)绘图要用黑色硬铅笔,不要用软铅笔或有色铅笔,一般用2H铅笔为宜。

(4)绘图大小要适宜,一般所作图的位置在靠近中央略偏左,右边留下用来标写图注。图与图注之间用水平注图线联系,注图线之间间隔要均匀,部位接近时可用折线,但不能交叉,图注要排列整齐。如果画两个或更多的图,图与图之间要留有一定距离,以便标注图名。

(5)在绘制植物的构造图时,有时只需要绘出部分切面图,以充分反映出其结构特点。

(6)绘图时,可以先用轻淡小点或轻线条画出轮廓,再依照轮廓绘出与物像相符的线条。所绘线条要清晰流畅,粗细相同,中间不要有断线或开叉痕迹,线条也不要涂抹。结构图的比例要准确,各部分的明暗程度、物质含量多少等则用细点的疏密表示。在打点时,要点成圆点,而不是小撇。更不能用涂抹的手法来表示。

(7)图的下方注明图名及放大倍数。

(8)如果是通过单筒显微镜观察样本,要逐步训练用左眼观察,右眼看图纸。将观察结果准确地描绘出来。

附录6　实验报告范文

植物学实验报告范文之一：

实验一　植物细胞

课程:《植物学实验》　姓名:×××　学号:20040103

合作者姓名:××　学号:20040103

实验日期:×年×月×日

(一)实验目的

观察认识植物细胞的基本结构,质体的形态以及细胞内的几种后含物。

(二)实验材料

洋葱鳞茎,黑藻叶,红辣椒,鸭跖草叶片,马铃薯块茎,蓖麻种子,花生种子。

I-KI溶液,苏丹溶液,显微镜,解剖针,镊子,双面刀片,载玻片,吸管,蒸馏水等。

(三)实验步骤

1.植物细胞的基本结构。

(1)作临时装片:取洋葱鳞茎肉质鳞片叶上表皮做临时装片。

(2)观察:临时装片制成后,置显微镜下观察。

2.质体的观察。

(1)叶绿体。用镊子镊取新鲜黑藻叶片。做临时装片。置显微镜下观察。

(2)有色体。从红辣椒果实上切一小薄片,或取一小块辣椒,用刀片刮去果肉。做临时装片。在显微镜下观察。

(3)白色体。撕取鸭跖草叶表片一小块,做成装片。置显微镜下观察,在细胞核周围可以看到许多透明小粒,即为白色体。

3.植物细胞内的几种后含物。

(1)淀粉粒。切马铃薯块茎一薄片,自切面刮取少量浑浊液体置于载玻片上加水两三滴,放在显微镜下观察。

(2)糊粉粒。将蓖麻种子进行徒手切片,选取几片薄的切片置95%酒精中,以便溶解切片中的脂肪。然后取一片于载玻片中,滴加I-KI,置显微镜下观察。在薄壁细胞中可看到被染成黄色的圆形或椭圆形的糊粉粒。转换高倍镜,观察糊粉中球状体及蛋白质结晶体。

(四)实验结果

植物细胞的基本结构(附图6-1)。

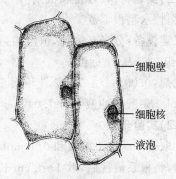

细胞壁

细胞核

液泡

附图 6-1　洋葱表皮细胞结构图

（五）讨论

正常情况下细胞不发生质壁分离，质膜紧贴细胞壁，因此无法区分。

细胞质无色透明，紧贴在细胞壁的内侧，被中央大液泡挤成一薄层，仅在细胞的两端较清楚。当缩小光圈使视场变暗时，在紧贴细胞壁部分及细胞核周围，可见较暗的部分即为细胞质。

（六）结论

成熟植物细胞的基本结构包括细胞壁、质膜、原生质体、液泡和细胞核。

植物细胞中的质体包括叶绿体、白色体和有色体。

某些植物细胞内含有细胞内含物，如淀粉粒等。淀粉粒有单粒、复粒、半复粒三种。每个淀粉粒都具有脐点和轮纹。

植物学实验报告范文之二：

实验二　根系活力测定——α-萘胺氧化法

课程：《植物生理学实验》　姓名：×××　学号：20040103

合作者姓名：××　学号：20040103

实验日期：×年×月×日

（一）实验目的

掌握用小液流法测定植物水势的操作步骤。

（二）实验原理

α-萘胺在根系过氧化酶的催化作用下（在酸性条件下）被氧化成红色的 α-羟基-1-萘胺（红色的 α-羟基-1-萘胺沉淀于有氧化力的根的表面使这部分根染成红色），根据颜色可判断其活力的大小。

测定溶液中未被氧化的 α-萘胺量，以确定根系活力的大小（定量分析）。

（三）实验材料、设备和试剂

材料：水稻根部。

仪器设备：分光光度计，恒温箱（预热），100 mL 三角瓶（2 个/组），25 mL 容量瓶（7 个/组），剪刀，坐标纸。

试剂：0.005% α-萘胺，1% 对氨基苯磺酸 $C_6H_4(NH_2)(SO_3H)$，亚硝酸钠，0.1 mol/L磷酸缓冲液（pH 7.0）。

（四）实验步骤

1. 取 0.005% α-萘胺和 0.1 mol/L pH 7.0 的磷酸缓冲液各 25 mL，置于三角瓶中混匀，将根系清洗后，取 1～2 cm 长，吸干，称取 2 g，放入三角瓶内，用硬棒浸没，并作一对照（不放根系）。5 min 后分别从两瓶中各取 2 mL 作第一次测定。

2. 将三角瓶保温 25℃，60 min 后各取 2 mL 做第二次测定。

3. α-萘胺含量测定：2 mL 培养液＋10 mL 水混匀＋1 mL 对氨基苯磺酸＋1 mL $NaNO_2$（一定要按顺序加入，否则显色较慢），在室温中放置 5 min，待混合液变成红色，加蒸馏水定容至 25 mL，20 min 后 510 nm 处测 OD 值（A 值，即吸光度）。

4. 标准曲线制作：以 0.005% α-萘胺为母液，配制 0.004%、0.003%、0.002%、

0.001%、0.000 5%、0 的稀释液各 10 mL，各取 2 mL 按步骤 3 进行 OD 值的测定，用 0 α-萘胺(即蒸馏水)按步骤 3 调零。以 OD 值为纵坐标，α-萘胺浓度为横坐标，绘制标准曲线(附图 6-2)。

5. 实验结果计算：

α-萘胺生物氧化强度＝48 mL×(c_1-c_1')−48 mL(c_0-c_0')/2(g FW)×1。

[α-萘胺氧化总量(μg)＝48 mL×第一次取液测定值(μg/mL)−48 mL×第二次取液测定值(μg/mL)]。

[α-萘胺自发氧化总量(μg)＝48 mL×空白第一次取液测定值(μg/mL)−48 mL×空白第二次取液测定值(μg/mL)]。

(五)实验结果

1. α-萘胺浓度—吸光度标准曲线：

附表 6　α-萘胺浓度—吸光度数值

管号	5	4	3	2	1	0
OD 510 nm	0.502	0.405	0.30	0.193	0.095	0
OD 510 nm'	0.752	0.605	0.350	0.243	0.145	0

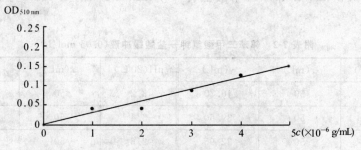

附图 6-2　α-萘胺浓度-OD 值标准曲线图

2. $c_1=18.3\times10^{-5}$，$c_1'=0.57\times10^{-5}$，$c_0=1.87\times10^{-5}$，$c_0'=1.63\times10^{-5}$。

α-萘胺生物氧化强度＝48 mL×(c_1-c_1')−48 mL(c_0-c_0')/2 g×1＝315.6。

(六)讨论

1. 在 5 min 后作第一次测定，是因为在操作过程中 α-萘胺会自发氧化，根所携带的水分也会稀释溶液，所以需要在材料浸入后进行测定。另外，溶液中具氧化性的无机盐离子也会氧化 α-萘胺，而它们的氧化速率要大大快于酶的氧化速率，所以需要反应 5 min 后再测定。

2. 实验过程中保温时要避光，这是因为一般在进行生理生化实验中无论是否是显色反应，为了避免外界的干扰，都要进行避光，确保实验的准确性。

(七)结论

水稻的根系活力为 315.6。

附录7 实验室常用缓冲溶液的配制

(一)甘氨酸—盐酸缓冲液(0.05 mol/L)

x mL 0.2 mol/L 甘氨酸＋y mL 0.2 mol/L HCl,再加水稀释至 200 mL。

附表 7-1 甘氨酸—盐酸缓冲液(0.05 mol/L)

pH	x(mL)	y(mL)	pH	x(mL)	y(mL)
2.2	50	44.0	3.0	50	11.4
2.4	50	32.4	3.2	50	8.2
2.6	50	24.2	3.4	50	6.4
2.8	50	16.8	3.6	50	5.0

甘氨酸相对分子质量＝75.07。0.2 mol/L 甘氨酸溶液含甘氨酸 15.01 g/L。

(二)邻苯二甲酸氢钾盐酸缓冲液(0.05 mol/L)

x mL 0.2 mol/L 邻苯二甲酸氢钾＋y mL 0.2 mol/L HCl,再加水稀释至 200 mL。

附表 7-2 邻苯二甲酸氢钾—盐酸缓冲液(0.05 mol/L)

pH(20℃)	x(mL)	y(mL)	pH(20℃)	x(mL)	y(mL)
2.2	50	46.70	3.2	50	14.70
2.4	50	39.60	3.4	50	9.90
2.6	50	32.95	2.6	50	5.97
2.8	50	26.42	3.8	50	2.63
3.0	50	20.32			

邻苯二甲酸氢钾相对分子质量＝204.23。0.2 mol/L 邻苯二甲酸氢钾溶液含邻苯二甲酸氢钾 40.85 g/L。

(三)磷酸氢二钠—柠檬酸缓冲液

x mL 0.2 mol/L Na_2HPO_4＋y mL 0.1 mol/L 柠檬酸,再加水稀释成 100 mL。

附表 7-3 磷酸氢二钠—柠檬酸缓冲液

pH	x(mL)	y(mL)	pH	x(mL)	y(mL)
2.2	0.40	19.60	3.4	5.70	14.30
2.4	1.24	18.76	3.6	6.44	13.56
2.6	2.18	17.82	3.8	7.10	12.90
2.8	3.17	16.83	4.0	7.71	12.29
3.0	4.11	15.89	4.2	8.28	11.72
3.2	4.94	15.06	4.4	8.82	11.18

续表

pH	x(mL)	y(mL)	pH	x(mL)	y(mL)
4.6	9.35	10.65	6.4	13.85	6.15
4.8	9.86	10.14	6.6	14.55	5.45
5.0	10.30	9.70	6.8	15.45	4.55
5.2	10.72	9.28	7.0	16.47	3.53
5.4	11.15	8.85	7.2	17.39	2.61
5.6	11.60	8.40	7.4	18.17	1.83
5.8	12.09	7.91	7.6	18.73	1.27
6.0	12.63	7.37	7.8	19.15	0.85
6.2	13.22	6.78	8.0	19.45	0.55

Na_2HPO_4 相对分子质量＝141.98；0.2 mol/L 溶液含 Na_2HPO_4 为 28.40 g/L。

$Na_2HPO_4 \cdot 2H_2O$ 相对分子质量＝178.05；0.2 mol/L 溶液含 $Na_2HPO_4 \cdot 2H_2O$ 为 35.61 g/L。

$Na_2HPO_4 \cdot 12H_2O$ 相对分子质量＝358.22；0.2 mol/L 溶液含 $Na_2HPO_4 \cdot 12H_2O$ 为 71.64 g/L。

$C_6H_8O_7 \cdot H_2O$ 相对分子质量＝210.14；0.1 mol/L 溶液含 $C_6H_8O_7 \cdot H_2O$ 为 21.01 g/L。

(四)柠檬酸—氢氧化钠—盐酸缓冲液

附表 7-4　柠檬酸—氢氧化钠—盐酸缓冲液

pH	钠离子浓度（mol/L）	柠檬酸(g) $(C_6H_8O_7 \cdot H_2O)$	氢氧化钠(g)	浓盐酸(mL)	最终体积(L)
2.2	0.20	210	84	160	10
3.1	0.20	210	83	116	10
3.3	0.20	210	83	106	10
4.3	0.20	210	83	45	10
5.3	0.35	245	144	68	10
5.8	0.45	285	186	105	10
6.5	0.38	266	156	126	10

使用时可以每升中加入 1 g 酚,若最后 pH 有变化,再用少量 50％氢氧化钠溶液或浓盐酸调节,冰箱保存。

(五)柠檬酸—柠檬酸钠缓冲液(0.1 mol/L)

附表 7-5　柠檬酸—柠檬酸钠缓冲液(0.1 mol/L)

pH	0.1 mol/L 柠檬酸(mL)	0.1 mol/L 柠檬酸钠(mL)	pH	0.1 mol/L 柠檬酸(mL)	0.1 mol/L 柠檬酸钠(mL)
3.0	18.6	1.4	3.4	16.0	4.0
3.2	17.2	2.8	3.6	14.9	5.1

续表

pH	0.1 mol/L 柠檬酸(mL)	0.1 mol/L 柠檬酸钠(mL)	pH	0.1 mol/L 柠檬酸(mL)	0.1 mol/L 柠檬酸钠(mL)
3.8	14.0	6.0	5.4	6.4	13.6
4.0	13.1	6.9	5.6	5.5	14.5
4.2	12.3	7.7	5.8	4.7	15.3
4.4	11.4	8.6	6.0	3.8	16.2
4.6	10.3	9.7	6.2	2.8	17.2
4.8	9.2	10.8	6.4	2.0	18.0
5.0	8.2	11.8	6.6	1.4	18.6
5.2	7.3	12.7			

$C_6H_8O_7 \cdot H_2O$ 相对分子质量 $=210.14$; 0.1 mol/L 溶液含 $C_6H_8O_7 \cdot H_2O$ 为 21.01 g/L。

$Na_3C_6H_5O_7 \cdot 2H_2O$ 相对分子质量 $=294.12$; 0.1 mol/L 溶液含 $Na_3C_6H_5O_7 \cdot 2H_2O$ 为 29.41 g/L。

(六)醋酸—醋酸钠缓冲液(0.2 mol/L)

附表 7-6 醋酸—醋酸钠缓冲液(0.2 mol/L)

pH	0.2 mol/L NaAc(mL)	0.2 mol/L HAc(mL)	pH	0.2 mol/L NaAc(mL)	0.2 mol/L HAc(mL)
3.6	0.75	9.25	4.8	5.90	4.10
3.8	1.20	8.80	5.0	7.00	3.00
4.0	1.80	8.20	5.2	7.90	2.10
4.2	2.65	7.35	5.4	8.60	1.40
4.4	3.70	6.30	5.6	9.10	0.90
4.6	4.90	5.10	5.8	6.40	0.60

$NaAc \cdot 3H_2O$ 相对分子质量 $=136.09$; 0.2 mol/L 溶液含 $NaAc \cdot 3H_2O$ 为27.22 g/L。

冰乙酸 11.8 mL 稀释至 1 L(需标定)。

(七)磷酸二氢钾—氢氧化钠缓冲液(0.05 mol/L)

x mL 0.2 mol/L KH_2PO_4 $+y$ mL 0.2 mol/L NaOH 加水稀释至 200 mL。

附表 7-7 磷酸二氢钾—氢氧化钠缓冲液(0.05 mol/L)

pH	x(mL)	y(mL)	pH	x(mL)	y(mL)
5.8	50	3.72	6.4	50	12.60
6.0	50	5.70	6.6	50	17.80
6.2	50	8.60	6.8	50	23.65

续表

pH	x(mL)	y(mL)	pH	x(mL)	y(mL)
7.0	50	29.63	7.6	50	42.80
7.2	50	35.00	7.8	50	45.20
7.4	50	39.50	8.0	50	46.80

(八)磷酸缓冲液

磷酸氢二钠—磷酸二氢钠缓冲液(0.2 mol/L)。

附表 7-8　磷酸氢二钠—磷酸二氢钠缓冲液(0.2 mol/L)

pH	0.2 mol/L Na_2HPO_4(mL)	0.2 mol/L NaH_2PO_4(mL)	pH	0.2 mol/L Na_2HPO_4(mL)	0.2 mol/L NaH_2PO_4(mL)
5.8	8.0	92.0	7.0	61.0	39.0
5.9	10.0	90.0	7.1	67.0	33.0
6.0	12.3	87.7	7.2	72.0	28.0
6.1	15.0	85.0	7.3	77.0	23.0
6.2	18.5	81.5	7.4	81.0	19.0
6.3	22.5	77.5	7.5	84.0	16.0
6.4	26.5	73.5	7.6	87.0	13.0
6.5	31.5	68.5	7.7	89.5	10.5
6.6	37.5	62.5	7.8	91.5	8.5
6.7	43.5	56.5	7.9	93.0	7.0
6.8	49.0	51.0	8.0	94.7	5.3
6.9	55.0	45.0			

$Na_2HPO_4 \cdot 2H_2O$ 相对分子质量＝178.05；0.2 mol/L 溶液含 $Na_2HPO_4 \cdot 2H_2O$ 为 35.61 g/L。

$Na_2HPO_4 \cdot 12H_2O$ 相对分子质量＝358.22；0.2 mol/L 溶液含 $Na_2HPO_4 \cdot 12H_2O$ 为 71.64 g/L。

$NaH_2PO_4 \cdot H_2O$ 相对分子质量＝138.01；0.2 mol/L 溶液含 $NaH_2PO_4 \cdot H_2O$ 为 27.6 g/L。

$NaH_2PO_4 \cdot 2H_2O$ 相对分子质量＝156.03；0.2 mol/L 溶液含 $NaH_2PO_4 \cdot 2H_2O$ 为 31.21 g/L。

(九)巴比妥钠—盐酸缓冲液

附表 7-9　巴比妥钠—盐酸缓冲液

pH	0.04 mol/L 巴比妥钠(mL)	0.2 mol/L HCl(mL)	pH	0.04 mol/L 巴比妥钠(mL)	0.2 mol/L HCl(mL)
6.8	100	18.4	7.4	100	15.3
7.0	100	17.8	7.6	100	13.4
7.2	100	16.7	7.8	100	11.47

续表

pH	0.04 mol/L 巴比妥钠(mL)	0.2 mol/L HCl (mL)	pH	0.04 mol/L 巴比妥钠(mL)	0.2 mol/L HCl (mL)
8.0	100	9.39	9.0	100	1.65
8.2	100	7.21	9.2	100	1.13
8.4	100	5.21	9.4	100	0.70
8.6	100	3.82	9.6	100	0.35
8.8	100	2.52			

巴比妥钠相对分子质量$=206.18$；$0.04\ mol/L$ 溶液含巴比妥钠为 $8.25\ g/L$。

(十)Tris-HCl 缓冲液(0.05 mol/L)

50 mL $0.1\ mol/L$ 三羟甲基氨基甲烷(Tris)溶液与 x mL $0.1\ mol/L$ 盐酸混匀并稀释至 200 mL。

附表 7-10　Tris-HCl 缓冲液(0.05 mol/L)

pH	x(mL)	pH	x(mL)
7.10	45.7	8.10	26.2
7.20	44.7	8.20	22.9
7.30	43.4	8.30	19.9
7.40	42.0	8.40	17.2
7.50	40.3	8.50	14.7
7.60	38.5	8.60	12.4
7.70	36.6	8.70	10.3
7.80	34.5	8.80	8.5
7.90	32.0	8.90	7.0
8.00	29.2		

Tris 相对分子质量$=121.14$；$0.1\ mol/L$ 溶液含 Tris 为 $12.114\ g/L$。

Tris 溶液可从空气中吸收二氧化碳，使用时注意将瓶盖严。

(十一)硼酸—硼砂缓冲液(0.2 mol/L 硼酸根)

附表 7-11　硼酸—硼砂缓冲液(0.2 mol/L 硼酸根)

pH	0.05 mol/L 硼砂(mL)	0.2 mol/L 硼酸(mL)	pH	0.05 mol/L 硼砂(mL)	0.2 mol/L 硼酸(mL)
7.4	1.0	9.0	8.2	3.5	6.5
7.6	1.5	8.5	8.4	4.5	5.5
7.8	2.0	8.0	8.7	6.0	4.0
8.0	3.0	7.0	9.0	8.0	2.0

$Na_2B_4O_7 \cdot 10H_2O$ 相对分子质量$=381.43$；$0.05\ mol/L$ 溶液(等于 $0.2\ mol/L$ 硼

酸根)含 $Na_2B_4O_7 \cdot 10H_2O$ 为 19.07 g/L。

H_3BO_3 相对分子质量=61.84;0.2 mol/L 的溶液含 H_3BO_3 为 12.37 g/L。

硼砂易失去结晶水,必须在带塞的瓶中保存。

(十二)甘氨酸—氢氧化钠缓冲液(0.05 mol/L)

x mL 0.2 mol/L 甘氨酸+y mL 0.2 mol/L NaOH 加水稀释至 200 mL。

附表 7-12　甘氨酸—氢氧化钠缓冲液(0.05 mol/L)

pH	X(mL)	Y(mL)	pH	X(mL)	Y(mL)
8.6	50	4.0	9.6	50	22.4
8.8	50	6.0	9.8	50	27.2
9.0	50	8.8	10.0	50	32.0
9.2	50	12.0	10.4	50	38.6
9.4	50	16.8	10.6	50	45.5

甘氨酸相对分子质量=75.07;0.2 mol/L 溶液含甘氨酸为 15.01 g/L。

(十三)硼砂—氢氧化钠缓冲液(0.05 mol/L 硼酸根)

X mL 0.05 mol/L 硼砂+Y mL 0.2 mol/L NaOH 加水稀释至 200 mL。

附表 7-13　硼砂—氢氧化钠缓冲液(0.05 mol/L 硼酸根)

pH	X(mL)	Y(mL)	pH	X(mL)	Y(mL)
9.3	50	6.0	9.8	50	34.0
9.4	50	11.0	10.0	50	43.0
9.6	50	23.0	10.1	50	46.0

$Na_2B_4O_7 \cdot 10H_2O$ 相对分子质量=381.43;0.05 mol/L 硼砂溶液(等于 0.2 mol/L 硼酸根)含 $Na_2B_4O_7 \cdot 10H_2O$ 为 19.07 g/L。

(十四)碳酸钠—碳酸氢钠缓冲液(0.1 mol/L)

附表 7-14　碳酸钠—碳酸氢钠缓冲液(0.1 mol/L)

pH	0.1 mol/L Na_2CO_3(mL)	0.1 mol/L $NaHCO_3$(mL)
9.16	1	9
9.40	2	8
9.51	3	7
9.78	4	6
9.90	5	5
10.14	6	4
10.28	7	3
10.53	8	2
10.83	9	1

$Na_2CO_3 \cdot 10H_2O$ 相对分子质量=286.2;0.1 mol/L 溶液含 $Na_2CO_3 \cdot 10H_2O$

为 28.62 g/L。

NaHCO₃ 相对分子质量＝84.0；0.1 mol/L 溶液含 NaHCO₃ 为 8.40 g/L。

此缓冲液在 Ca^{2+}、Mg^{2+} 存在时不得使用。

(十五)KCl-HCl 缓冲液

25 mL 0.2 mol/L KCl 溶液(14.919 g/L)与 x mL 0.2 mol/L 盐酸混匀并稀释至 100 mL。

附表 7-15　KCl-HCl 缓冲液

pH	x(mL)	pH	x(mL)
1.0	67.0	1.7	13.0
1.1	52.8	1.8	10.2
1.2	42.5	1.9	8.1
1.3	33.6	2.0	6.5
1.4	26.6	2.1	5.1
1.5	20.7	2.2	3.9
1.6	16.2		

(十六)广范围缓冲液

混合液 A：6.008 g 柠檬酸、3.893 g 磷酸二氢钾、1.769 g 硼酸和 5.266 g 巴比妥酸加蒸馏水定容至 1 000 mL。上述 4 种成分在混合液中的浓度均为 0.028 75 mol/L。

100 mL 混合液 A＋x mL 0.2 mol/L NaOH 溶液。

附表 7-16　广范围缓冲液(0.1 mol/L)

pH	x(mL)	pH	x(mL)	pH	x(mL)
2.6	2.0	5.8	36.5	9.0	72.7
2.8	4.3	6.0	38.9 *	9.2	74.0
3.0	6.4	6.2	41.2	9.4	75.9
3.2	8.3	6.4	43.5	9.6	77.6
3.4	10.1	6.6	46.0	9.8	79.3
3.6	11.8	6.8	48.3	10.0	80.8
3.8	13.7	7.0	50.6	10.2	82.0
4.0	15.5	7.2	52.9	10.4	82.9
4.2	17.6	7.4	55.8	10.6	83.9
4.4	19.9	7.6	58.6	10.8	84.9
4.6	22.4	7.8	61.7	11.0	86.0
4.8	24.8	8.0	63.7	11.2	87.7
5.0	27.1	8.2	65.6	11.4	89.7
5.2	29.5	8.4	67.5	11.6	92.0
5.4	31.8	8.6	69.3	11.8	95.0
5.6	34.2	8.8	71.0	12.0	99.6

附录 8　不同温度下以空气饱和的水中的氧含量

附表 8　不同温度下以空气饱和的水中的氧含量

温度(℃)	$O_2 (\times 10^{-6})$	$O_2 (\mu mol/mL)$
0	14.16	0.442
5	12.37	0.386
10	10.92	0.341
15	9.76	0.305
20	8.84	0.276
25	8.11	0.253
30	7.52	0.230
35	7.02	0.219

附录 9　实验室常用的酸碱指示剂

附表 9　常用的酸碱指示剂

酸碱指示剂	变色范围（pH）	pK$_{Hin}$	颜色 酸	碱	浓度	用量（滴/10 mL 试液）
百里酚蓝（麝香草酚蓝）	1.2～2.8	1.65	红	黄	0.1％的 20％酒精溶液	1～2
甲基黄	2.9～4.0	3.3	红	黄	0.1％的 90％酒精溶液	1
甲基橙	3.1～4.4	3.40	红	黄	0.05％的水溶液	1
溴酚蓝	3.0～4.6	3.85	黄	蓝紫	0.1％的 20％酒精溶液或其钠盐水溶液	1
甲基红	4.4～6.2	4.95	红	黄	0.1％的 60％酒精溶液或其钠盐水溶液	1
溴百里酚蓝（溴麝香草酚蓝）	6.2～7.6	7.1	黄	蓝	0.1％的 20％酒精溶液或其钠盐水溶液	1
中性红	6.8～8.0	7.4	红	黄	0.1％的 60％酒精溶液	1
酚　红	6.7～8.4	7.9	黄	红	0.1％的 60％酒精溶液或其钠盐水溶液	1
酚　酞	8.0～10.0	9.1	无	红	0.5％的 90％酒精溶液	1～3
百里酚酞（麝香草酚酞）	9.4～10.6	10.0	无	蓝	0.1％的 90％酒精溶液	1～2
石　蕊	5～8	6.0	红	蓝		1～3

指示剂的变色范围:指示剂发生颜色变化 pH 范围称为指示剂的变色范围。

石蕊指示剂的配制:向 5 g 石蕊中加入 95％ 500 mL 热酒精,充分振荡后静置一昼夜,然后倾去红色浸出液(酒精可回收)。向存留的石蕊固体中加入 500 mL 纯水,煮沸后静置一昼夜后过滤,保留滤液,再向滤渣中加入 200 mL 纯水,煮沸后过滤,弃去滤渣。将两次滤液混合,水浴蒸发浓缩至向 100 mL 水中加入 3 滴浓缩液即能明显着色为止(若用于分析化学,还需除去碳酸根,步骤较繁,此处略)。

附录 10 植物组织培养常用基本培养基配方

附表 10 植物组织培养常用基本培养基配方（mg/L）

培养基成分	MS(1962)	White(1963)	B_5(1966)	MT(1969)	Nitsch(1969)	N_6(1974)
KCl		65				
$MgSO_4 \cdot 7H_2O$	370	720	250	370	185	185
$NaH_2PO_4 \cdot H_2O$		16.5	150			
$CaCl_2 \cdot 2H_2O$	440		150	440		166
KNO_3	1 900	80	2 500	1 900	950	2 830
$CaCl_2$					166	
Na_2SO_4		200				
$(NH_4)_2SO_4$			134			463
NH_4NO_3	1 650			1 650	720	
KH_2PO_4	170			170	68	400
$Ca(NO_3)_2 \cdot 4H_2O$		300				
$FeSO_4 \cdot 7H_2O$	27.8		27.8	27.8	27.8	27.8
$Na_2\text{-EDTA}$	37.3		37.3	37.3	37.3	37.3
$MnSO_4 \cdot 4H_2O$	22.3	4.5	10	22.3	25	4.4
$MnSO_4 \cdot H_2O$						
KI	0.83	0.75	0.75	0.83		0.8
$CoCl_2 \cdot 6H_2O$	0.025		0.025	0.025		
$ZnSO_4 \cdot 7H_2O$	8.6	3	2	8.6	10	1.5
$CuSO_4 \cdot 5H_2O$	0.025	0.001	0.025	0.025	0.025	
H_3BO_3	6.2	1.5	3	6.2	10	1.6
$Na_2MoO_4 \cdot 2H_2O$	0.25	0.002 5	0.25		0.25	
$Fe_2(SO_4)_3$		2.5				
肌醇	100	100	100	100	100	
烟酸 VB_3	0.5	1.5	1	0.5	5	0.5
盐酸硫胺素 VB_1	0.1	0.1	10		0.5	1
盐酸吡哆醇 VB_6	0.5	0.1	1	0.5	0.5	0.5
甘氨酸	2	3		2	2	2

附录 11　植物组织培养常用生长调节剂和激素的配制

附表 11　植物组织培养常用生长调节剂和激素配制表

种类	常用激素	最佳溶剂	称取量(mg)	配制母液的量(mL)	母液浓度(mg/mL)
生长素	NAA	乙醇	100	100	1
	IAA	热水、乙醇	100	100	1
	IBA	乙醇	100	100	1
	2,4-D	乙醇	100	100	1
细胞分裂素	BA	盐酸、热水	100	100	1
	KT	强酸、冰乙酸	100	100	1
	ZT	盐酸	100	100	1

　　植物的正常生长,除需要营养物质外,还需要有各种激素的调节。植物激素是植物体内代谢产生的有机化合物,它产生于植物的一定部位,并能从这些部位转移到其他部位而起作用。人工合成的生长调节剂也能起到类似作用。

　　由于组织培养是应用植物体的某一部分来进行培养,这就使得植物激素的正常供应受到破坏。因此,在培养基中还要加入各种激素或生长调节剂以促使植物材料的正常生长。

　　一般植物激素或生长调节剂都配制成 1 mg/mL 的浓度。在配培养基时,按培养基配方中数值的 10 倍来量取。如某培养基配方为 MS＋BA 0.5,其意义为在每升 MS 基本培养基中加入 BA 0.5 mg。按照我们先前配制的激素储藏液的浓度,我们只需量取 0.5 mL 储藏液注入培养基即可满足 0.5 mg/L 的要求。

附录 12　Hoagland 营养液的配方

　　在无土栽培中使用的营养液,必须含有 13 种必要元素,才能维持植物的正常生长与发育,并且各元素必须呈植物可以吸收的状态即离子解离状态,离子间的比例必须适当。目前世界上发表的营养液配方有数百种,其中以荷格兰氏液(Hoagland Solution,1950)的使用最为广泛。其配方如下:

附表 12　Hoagland 营养液的配方

1. 大量元素		g/L	mmol/L
	KH_2PO_4	0.136	1
	KNO_3	0.51	5
	$Ca(NO_3)_2$	0.82	5
	$MgSO_4$	0.49	2
2. 微量元素		mg/L	μmol/L
	H_3BO_3	2.86	46.256
	$MnCl_2 \cdot 4H_2O$	1.81	9.146
	$ZnSO_4 \cdot 7H_2O$	0.22	0.765
	$CuSO_4 \cdot 5H_2O$	0.08	0.320
	$H_2MoO_4 \cdot H_2O$	0.09	0.500
3. Fe-EDTA		mg/L	μmol/L
	$FeSO_4 \cdot 7H_2O$	5.57	20.032
	Na_2-EDTA	7.45	20.013

　　1. 为方便使用,一般将大量元素、微量元素和 Fe-EDTA 分别配制为高浓度贮备液,临用前按比例混合。

　　2. 大量元素贮备液中的组分需分别溶解,注意各种化合物的组合和加入的先后顺序,以免发生沉淀。或将每种试剂单独溶解后,再逐一将已溶解的试剂混合,或等前一种试剂完全溶解后再加入后一种试剂;在混合时应注意先后顺序,边混合边搅拌以防止局部区域某种离子浓度过高而形成沉淀;由于 Ca^{2+}、Mn^{2+}、Ba^{2+} 和 SO_4^{2-}、PO_4^{2-} 会产生沉淀,在配制母液时应错开。

　　3. 在 Fe-EDTA 的配制时,一般分别溶解 0.557 g $FeSO_4 \cdot 7H_2O$ 和 0.745 g Na_2-EDTA 于 20 mL 蒸馏水中,加热 Na_2-EDTA,加入 $FeSO_4 \cdot 7H_2O$ 溶液,不断搅拌,冷却后定容到 100 mL,为贮备液,储存于棕色试剂瓶中。使用时每升培养液中加入 1 mL 母液。

　　4. 微量元素中一些化合物的称取量极小,易产生误差,可将它们单独配制成 1 000 倍的母液。

附录 13　实验室中常用酸碱溶液的比重和浓度的关系

附表 13　常用酸碱溶液的比重和浓度的关系

名　　称	分子式	相对分子质量	比重	百分浓度%	摩尔浓度（粗略）(mol/L)	配 1 L 1 mol/L 溶液所需毫升数
盐　酸	HCl	36.47	1.19	37.2	12.0	8.4
			1.18	35.4	11.8	
			1.10	20.0	6.0	
硫　酸	H_2SO_4	98.09	1.84	95.6	18.0	28
			1.18	24.8	3.0	
硝　酸	HNO_3	63.02	1.42	70.98	16.0	63
			1.40	65.3	14.5	
			1.20	32.36	6.1	
冰乙酸	CH_3COOH	60.05	1.05	99.5	17.4	59
乙　酸	CH_3COOH		1.075	80.0	14.3	
磷　酸	H_3PO_4	98.06	1.71	85.0	15	67
氨　水	NH_4OH	35.05	0.90		15	67
			0.904	27.0	14.3	70
			0.91	25.0	13.4	
			0.96	10.0	5.6	
氢氧化钠溶液	NaOH	40.0	1.54	50.0	19.3	53
氢氧化钾溶液	KOH	56.10	1.538	50.0	13.7	

参考文献

1. Sculthorpe C D. The Biology of Aquatic Vascular Plants. London：Edward Arnold Publishers，Ltd. 1967

2. 胡适宜. 被子植物胚胎学. 北京：人民教育出版社，1982

3. 李正理，张新英. 植物解剖学. 北京：高等教育出版社，1983

4. 朱广廉，钟海文，张爱琴. 植物生理学实验. 北京：北京大学出版社，1990

5. Fahn A. 植物解剖学. 吴树明，刘德仪，译. 天津：南开大学出版社，1990

6. 陆时万，徐祥生，沈敏健. 植物学（上、下册）. 北京：高等教育出版社，1992

7. 李卓杰. 植物激素及其应用. 广州：中山大学出版社，1993

8. 陈机. 植物发育解剖学（上、下册）. 山东：山东大学出版社，1996

9. 冯彤，于新，庞杰，等. 热激处理对贮藏期间银杏脱水的影响. 中国南方果树，1998，27(4)：43～44

10. 顾采琴，朱冬雪. 草莓成熟过程中生理生化特性的变化. 山地农业生物学报，1998，17(6)：345～348

11. 陆长梅，吴国荣，周长芳，等. 雌雄银杏叶片抗氧化能力的比较. 南京师大学报（自然科学版），1999，22(3)：246～249

12. 谢宗传，邢小黑，朱佳廷，等. 银杏果仁辐照综合保鲜技术研究. 核农学报，1999，13(3)：159～162

13. 杨继，郭友好，杨雄，等. 植物生物学. 北京：高等教育出版社、施普林格出版社，1999

14. 周云龙. 植物生物学. 北京：高等教育出版社，1999

15. Feng T，Yu X，Pang J. et al. Effects of Heat Shock Treatment on Floating Percentage of Ginkgo Seed during Storage. Southwest China Journal of Agricultural Sciences. 1999，12(3)：93～96

16. Raven P H，Evert R F，Eichhorn S E. Biology of Plant, sixth edition. New York：Worth Publishers，Inc. ，1999

17. 杨世杰. 植物生物学. 北京：科学出版社，2000

18. 何凤仙. 植物学实验. 北京：高等教育出版社，2000

19. 郭香凤，张国海，史国安，等. 乙烯利对杏果实后熟的生理效应. 河南农业大学学报，2001，35(2)：122～124

20. 刘穆. 种子植物形态解剖学导论. 北京：科学出版社，2001

21. 李向东，王晓云，张高英，等. 花生叶片衰老过程中某些酶活性的变化. 植物生理学报，2001，27(4)：353～358

22. 李合生. 现代植物生理学. 北京：高等教育出版社，2002

23. 潘庆民，于振文，王月福. 小麦开花后旗叶中蔗糖合成与籽粒中蔗糖降解. 植

物生理与分子生物学学报,2002,28(3):235~240

24.贺新强,崔克明.植物细胞次生壁形成的研究进展.植物学通报,2002,19(5):513~522

25.郭守华,刘永军,崔志霞.乙烯利对巨峰葡萄成熟期及生理指标的影响.河北果树,2002(6):13~14

26.苏金为,王湘平.镉诱导的茶树苗膜脂过氧化和细胞程序性死亡.植物生理与分子生物学学报,2002,28(4):292~298

27.常福辰,施国新,等.水龙营养器官的形态结构与生态适应.南京师大学报(自然科学版),2003,26(1):101~105

28.钱玉梅,高丽萍,张玉琼.采后草莓果实的生理生化特性.植物生理学通讯,2003,3(6):700~704

29.常燕平,王如福.冬枣减压贮藏过程中几种生理生化指标的变化.食品科学,2003,24(12):135~137

30.汪矛.植物生物学实验教程.北京:科学出版社,2003

31.王双明,李琼芳,李庆.雌雄银杏植株叶片生理生化特性的比较研究.农业现代化研究,2003,24(6):470~472

32.武维华.植物生理学.北京:科学出版社,2003

33.陈国祥,张荣铣.小麦旗叶光合功能衰退过程中 PSⅡ 特性的研究.中国农业科学,2004,37(1):36~42

34.G X Chen,S H Liu,C J Zhang,et al. Effects of Drought on Photosynthetic Characteristics of Flag Leaves of a Newly-developed Super-high-yield Rice Hybrid. Photosynthetica. 2004,42(4):573~578 (SCI)

35.王立新,吴国荣,王建安,等.黑藻(*Hydrilla verticillata*)对铜绿微囊藻(*Microcystis aeruginosa*)抑制作用.湖泊科学,2004,16(4):337~342

36.王娜,陈国祥,吕川根.两优培九与其亲本剑叶光合特性的比较研究.杂交水稻,2004,19(1):53~5

37.高慧,饶景萍.不同温度冷藏对油桃生理变化的影响.果树学报,2004,21(2):173~175

38.张志良,瞿伟菁.植物生理学实验指导.北京:高等教育出版社,2004

39.郝再彬,苍晶,徐仲.植物生理学实验.哈尔滨工业大学出版社,2004

40.贺学礼.植物学实验学习指导.北京:高等教育出版社,2004

41.侯福林.植物生理学实验教程.北京:科学出版社,2004

42.潘瑞炽.植物生理学(第五版).北京:高等教育出版社,2004

43.林河通,席芳,陈绍军.龙眼果实采后失水果皮褐变与活性氧及酚类代谢的关系.植物生理与分子生物学学报,2005,31(3):287~297

44.戚建华,梁银丽,梁宗锁.嫁接黄瓜地上部的南瓜根系分泌物对种子萌发的影响.植物生理与分子生物学学报,2005,31(2):217~220

45.施大伟,陈国祥,张成军,等.两种高产小麦旗叶自然衰老过程中生理特性的比较.西北农业学报,2005,14(2):23~26

46.王静,陈国祥,张成军,等.宁麦 9 号功能叶衰老过程中光合膜特性的变化.作物杂志,2005,1:20~24